DIE ANFÄNGE VON ALLEM

万物起源

Jürgen Kaube
（德）尤尔根·考伯——著
王景文——译

辽宁科学技术出版社
·沈阳·

Author: Jürgen Kaube
Title: Die Anfänge von allem

图书在版编目（CIP）数据

万物起源 /（德）尤尔根 · 考伯著；王景文译 . —
沈阳 : 辽宁科学技术出版社 , 2022.4
ISBN 978-7-5591-1869-1

Ⅰ . ①万… Ⅱ . ①尤… ②王… Ⅲ . ①人类起源—普及读物 Ⅳ . ① Q981.1-49

中国版本图书馆 CIP 数据核字 (2020) 第 209591 号

出版发行：辽宁科学技术出版社
（地址：沈阳市和平区十一纬路 25 号　邮编：110003）
印 刷 者：辽宁新华印务有限公司
经 销 者：各地新华书店
幅面尺寸：145mm × 210mm
印　　张：12
字　　数：240 千字
出版时间：2022 年 4 月第 1 版
印刷时间：2022 年 4 月第 1 次印刷
责任编辑：殷　倩
封面设计：周　洁
版式设计：鼎籍文化创意　王天娇
责任校对：韩欣桐

书　　号：ISBN 978-7-5591-1869-1
定　　价：49.80 元

联系电话：024-23280272
投稿与合作等事务请致电
或者 QQ 185495232

献给伊达、艾玛和亨利。

致谢

所有致力于研究人类文明起源的学者都要长期面对那些晦涩的文字，非学科领域内的外行人很难理解。他们付出极大的耐心，坚持自己的观点，追求认知的提升，因此，他们是非凡的人。他们的一些观点，也可能是大多数观点，有一天会过时，这就像一个轮回，他们曾努力更新过时的理论，无论更新与被更新，都不是容易的事情。本书的出版归功于这些学者和他们的著作。法兰克福的马克斯·普朗克法律史研究所所长托马斯·杜夫向我开放了他的图书馆。安德烈·基瑟林和恩斯特·奥托·沃克在我需要时提供了帮助。贡纳·施密特全程参与了本书的出版工作，非常有耐心。

一个完整的事物由开端、中段和结尾组成。开端指不承继他者，但要接受其他存在或后来者自然承继的部分。

——亚里士多德

当猎犬徘徊于两条路之间时，它会回到人的旁边，像是在说：“谢谢……这是你的机会了。”

——保罗·瓦莱里

目　录

引言
车轮

提着灯笼走路的人比跟着灯笼走的人更容易被绊倒。

——让·保罗

那些最重要的发明并没有发明者。我们不知道谁是第一个直立行走的人，谁是说第一句话的人；我们不知道是哪个群体史无前例地沉迷于模糊无形的事物，也不知道谁最先踏出人类的第一个舞步。第一座城市叫什么？是谁第一个想到铸造钱币并最终成就金钱王国？第一对坚守“一生一世一双人”信念的夫妇生活在哪里？

所有这些问题一直难以解答，并不仅仅是因为我们无知。过去留下来的实物不足以让我们将那些遥远的年代看得清楚明白，我们不能准确了解是什么人在何时何地开始这一切。更确切地说，我们甚至无法想象这些真的会是由个体独立创造出来的。

尽管如此，人类长久以来却都愿意这样想象：据说是普罗米修斯带来了火；该隐或者阿里阿德涅建立了第一座城市；代达洛斯和阿里阿德涅被认为是最初的舞者；埃及的神托特，希腊人称他为赫尔墨斯，发明了文字；宗教本来起源于上帝，但当他说“让我们造一个人”时，他说的是“我们”都指谁，我们不得而知。

这些叙述出自这样一个时代，一个相信过去的认知从各方面讲都比当下多的时代。照这个说法所有的开始都是未知的，同样也充满神秘色彩。那些统治社会的贵族显然认为古老的家族出身具有优先权：年代越久远，越引以为傲。英国教士约翰·鲍尔对于这种逻辑诙谐的反驳广为人知：“当亚当耕田，夏娃织布的时候，谁是贵族呢？”这场关于贵族的论战确定了优先权的起源：如果人类一开始时并没有贵族，那恰恰说明最初是存在平等的，后来对平等的要求据说是由此产生的。

这个创世神学思想是具有确定性和广泛性的。从事物进一步发展角度来看，这样的起源说具有非常深远的意义。比如最初的1500年，神学家不仅视亚当为文字的发明者，甚至认为他就是那些经典古籍的作者，可惜这些古籍连同当时的图书馆都消失在大洪水中。而对于亚当自身的不完美性，神学家颇为推崇这样的说法，即在亚当出现之前肯定存在掌握着更多知识的人类。[1]

而后来的传统哲学家摒弃了神话中的名字，根本不提及这些名字，但他们和以前一样会讲到各种起源，他们把人类社会种种发明的神秘性聚焦于它们的起源上。“人类开始成为人类，既是开始，又是结束。”[2]然而他们提出的起源说直到19世纪也没有任何证据能证明。长久以来，《圣经》被视为起源的证据之一，围绕着经文内容展开的各种科学研究不断深入发展，《圣经》起源说受到越来越多的质疑。因为据说像印第安人这样的早期人类掌握的文字极其有限，所以这些关于起源的记载绝非出自他们之手。[3]另外《创世纪》中几乎没有任何关于当时社会状况的记载。

人类自近代起就构建出起源的哲学模式，把起源的各种条件总称为“自然状态”。这种“自然状态”据说就是人在去除所有的文明因素后的自然表现。各种起源说至少要将“自然状态”说出来，哲学的使命是从最基本的“自然状态”出发，使那些能够让人类获得最基本的满足感的统治、分工、财富、契约、道德等思想得以产生、发展。然而，被讲述的历史中总是充斥着矛盾和苛求。

毋庸赘言，我们仅列举最为人们熟知的例子，也就是英国现代国家理论学家、哲学家托马斯·霍布斯的“自然状态”。根据他的理论，国家诞生是因为人生而用资源，而世界上的资源有限，所以人类个体需要依靠自身能力对抗暴力并获取资源，这种“自然状态”是一场所有人相互对抗的战争。战争对个体而言毫无安全感，只会带来短暂的生命、孤独、污秽、贫困和死亡。所以所有人开始共同达成一项契约，根据这项契约他们把自己的自然权利转让给一位统治者，而统治者会以和平的名义独占一切权力。但是，最初达成的契约并不是以信任为前提的，难道在“自然状态”下就不存在这种情况吗？这个理论是这样表述的：这些契约不存在有约束力的限制，因此在社会生活开始之前也就不存在契约。另外，人们会在所有人相互对抗的战争中想到什么呢？原始人之间就完全不会相互为敌吗？

对于文明起源的思考而言，“自然状态”的模式仅仅是一种折中的暂时的方式。其最大的贡献在于，对社会秩序如何产生的问题给出了一个令人满意的回答[4]。其更深远的意义在于它使人们开始接受亚当不再是智者，而是一个未开化的野蛮人这一思想认知。这一认知没有减少人们对亚当、对亚当如何出现的兴趣，而是产生了另外一种声音。起源之时人类没有充裕的物产，只有贫瘠疾苦和一系列必须自己独立面对的问题。18世纪出现一种观点，欧洲在扩张中逐渐注意到这些未开化的居民的存在，他们给出了关于人类历史各种起源的答案。人类历史从这些起源开始，伴随技术和社会进步一路走来。这种观点即使在20世纪科学的形式下仍然站得住脚，“未开化的居民”被称作“我们当代的祖先”[5]。

因为达尔文的物种起源理论，所以18世纪被称为达尔文的世纪。查尔斯·达尔文的进化论让我们在面对所有简单直接、表述丰富的起源说时产生的质疑有了话语工具。有了达尔文，我们认识到对推动文明发展意义重大的事情并不是出自某个发明家之手，也不能归因于某种困境的解决，而是取决于在偶然因素不知不觉的积淀中，那些四处存在又经历过极长时间的细微变化在某一时间导致的某种明显的差异变化，这种差异在后来就被解释为起源。我们从达尔文那里了解到，一个起源可能要持续几百万年，因此经常是毫无征兆和没有规律的。

19世纪的地质学家借助地层学研究岩层，来推测地球的年龄。

从达尔文和这些地质学家那里我们了解到，所有物种的起源经历的时间是多么久远，我们对那些没有化石留下的起源的认知是多么稀缺，对史前的还原重建是多么艰难。当时在某些领域关于起源的哲学理论盛行，以至于很多科学家难以承受。除了起源，还有很多不同的研究内容：事实、构造、功能和发展。早在1866年巴黎语言学会就通过决议，不允许在任何时候再挑起语言起源的争议话题。18世纪后半叶和19世纪的相关研究给人一种感觉，若要真正有意义地谈论历史和文明的起源，人们需要无所不知。这样一来，像古生物学、考古学、史前史学和古代史等诸多新学科就逐渐产生了。人们都力图以实证的方式为涉及久远年代的理论学说奠定基础、提供论据。

1800—1950年，人们发掘出越来越多的关于最早文明的证据。庞贝古城的文物发掘始于1784年，哈尔施塔特的矿山自1824年以来一直是相关科研的所在地。尼安德特人的遗迹是在1856年被发现的，1853年在苏黎世湖旁边发现了木桩式建筑，1849—1859年卡尔·理查德·普莱修斯发表了《埃及和埃塞俄比亚纪念碑》，因此关于“原始时代”的一些见解在各个领域均产生越来越大的差异和分歧，欧洲人的“野性的、未开化的”，不可思议的出身变得越来越让人信服。1836年，丹麦考古学家克里斯蒂安·约根森·汤姆森提出了“石器时代”“铁器时代”和“青铜时代”的概念。对于家庭的起缘是一夫一妻制还是一夫多妻制、是母权制还是父权制、是人人共产还是个人私有等人类社会开始时的一系列问题，一直存在争议。1884年，弗里德里希·恩格斯出版了个人著作《家庭、私有制和国家的起源》，他在书中对当时的民族学研究和法律史研究进行了阐述。我们如今已知最早的文字出现在乌鲁克城，而对乌鲁克文化（约公元前3500—前3100年）的研究始于1849年或1850年。西班牙的一个猎人在1868年发现了阿尔塔米拉洞穴，然而几乎四分之一个世纪后人们才知道这个洞穴中的绘画是石器时代最早的画作。最古老的法律文集残本，也就是《乌尔纳姆法典》，在1952年和1965年被发现。19世纪后我们知道吕底亚人最早使用了硬币，而在此之前对货币起源的争议一直存在，直到本哈德·拉姆斯在1924年出版个人专著《神圣的货币》。对宗教起源的讨论始于19世纪末：它属于万物有灵论吗？是像英格兰考古学家爱德华·博内特·泰勒1871年所说的，不仅人类有灵魂，万物皆有？还是像苏格兰的民族学家詹姆斯·弗拉茨所坚信的更原始的前泛灵论？1890年弗拉茨宣称最初的宗教都有一种超人的力量，能控制万物。

简而言之：在这个属于达尔文、属于历史宗教学、语言和法律史以及考古学的世纪中古老的过去变得越来越清晰。针对早期人类文明的研究如今已由有机化学、基因学、遗传学、语言学、社会学和材料学替代了哲学猜想。19世纪以来形成的研究方法变得更加完善，对有关远古时期的一些结论的分析凭借技术上的支持变得更加可信，同时也出现很多研究起源的专家。

接下来我们需要了解人类文明各项成就的起源。我们对直立行走、语言、跳舞蹈、城市、货币、宗教、国家和叙事的起源了解多少？在寻找经科学证实可信的答案的过程中我们将会看到，那些关于起源的思想问题依然存在，对遥远的起源时代的探索空白没有被填补。通过研究，两者会采纳一种更具争议的解答形式。正是这种研究教会我们思考，因为它总是有各种新的可能，就像一位侦探对史前时代的遗留物的意义进行调查，并提出“是真的吗？”的疑问，以此唤醒质疑的、一探究竟的意识，这是我写这本书的目的之一。

本书德文版的封面是一个车轮，但它在这本书里并没有出现。之所以在书里没有提到它，是因为这本书谈的并不是技术的起源。文字、艺术、法律、语言与车轮不同，它们不是技术概念。因为在没有人际交际和社会关系的情况下人类照样可以使用车轮，而诸如文字、法律这类本书讨论的主题和起源问题，人类是无法在脱离人际交往和社会关系的情况下使用的，甚至直立行走也会被证明是一项社会成就。但车轮对本书所涉及的各种起源具有非常好的示范性。因为它不会凭空出现在大自然中。人们把锤子解释为模仿握紧的拳头的“人体器官投影”，磨盘模仿的是牙齿，而机械杠杆就像是胳膊。被尼古拉斯・冯・库思称为人类设计发明起点的勺子可以追本溯源到张开的手。[6]车轮的构造让它可以旋转360度，当它接触地面时就会有两个自由度，即车轮轮面自身的旋转和轮体的滚动方向[7]。车轮的这种构造无论从人体还是自然环境中都找不到原型。人类四肢不能旋转，即使太阳也仅仅看上去是圆的，并不会转动。因此，车轮不可能是模仿自然界的事物而被设计制造出来的。1903

年，怀特兄弟成功制造第一架飞机，取得巨大突破，而他们的成功有一个前提，就是他们在此之前从事自行车的修理工作，这样他们就不会很长时间受到一种思想的束缚，认为飞行器的结构必须以鸟类的飞行能力为模型。鸟类可没有螺旋桨。

车轮的发明相对较晚，在相当长一段时间内应用很少。陶工的陶轮在青铜时代就已经广为人知——整个时代也被称作“陶器时代”，那时的埃及人在滑轨上拖拽他们建造金字塔的所有石头。有些群体通过水路运输重物，再由人和动物把这些重物运上岸。1833年，一位英国人在游记中说自己在整个波斯境内就没有看到过有车轮的马车。其实最早的车轮可能出现在美索不达米亚（古希腊对两河流域的称谓）[8]。我们完全可以理解为什么在有了适合车轮转动的道路和其他设施之后，车轮才证明了自己的价值。一方面有发明某件东西的需求，另一方面是要怎样使用这项发明，是否可以推广。公元前4000年前后，乌克兰铜矿的开采促使作为运输工具部件的车轮被发明出来。最早的有轮马车都有固定的车轴。矿井中的四轮车不用控制，因为它们在固定的轨道上行驶。

这本书谈及的起源和车轮一样并不是靠模仿产生的，这一点至关重要。我会在这里证明音乐并不是模仿鸟的叫声产生的。人类语言和直立行走在自然界也没有模仿对象，一夫一妻制从一开始也无前例可鉴。最初人类圈地形成城市和动物世界里动物看重领地的习性并不一样。文字也并非是把确定的内容、有声语言模仿性地转换成另外一种视觉体系。人类社会的所有起源都是具有高度建设性的成就，我们一眼看不出它们产生的原因，所以在这方面我们经常犯错误。例如，对我们来说直立行走、语言、货币或者城市的建立对人类的积极作用显而易见，然而研究结果表明，我们所认为的它们各自的有用性在大多数情况下并不是它们产生的原因。猿类并没有为了能看得更远而直立起来，也没有为了交流信息形成语言。货币的出现不是为了交易，最早的城市不会为了给居于其中的人类创造一个不被邻居打扰的空间，更自由地呼吸城市空气，有更加独立自由的生活环境而建立。

这本书不但要细致入微地研究人类交际中的社会性谜团，而且要打开通往文明的，不受我们既有习惯和认知束缚的视角。我们并非是在世界诞生之初就存在的生物，我们所在的社会是很多最不可能发生的事件的结果，是许多相互毫不相干的事物因难以预见的巧合产生的结果。人类并不是万物之王，但人类很神奇。目前仅存在一种文明，我们有充分的理由对其进行探索、思考，但最重要的是去研究我们人类到底有多神奇。

第一章
双腿直立、可持续性、坚定不移
直立行走的起源

所有的四足动物意外落水时没有一种是不会游泳的。但没有专门学过游泳的人类会溺亡，原因在于人类已经摆脱了四肢行走的习惯。

——伊曼纽尔·康德

在荒凉的高原上一群灵长类动物熙熙攘攘徘徊在一个水坑周围。几天前它们用尖叫和威胁动作把另外一群同类赶跑了。这群动物就是用四肢着地行走的，在行走过程中前肢以手指及手背支撑，后肢向前蹬。有一只猴子在貘的残骸中翻找。它停了下来，看着骨头，思考着，它先尝试抓住其中一根，伴随着胜利的鼓点和理查德·施特劳斯的交响曲《查克拉斯特拉如是说》，再果断地把其他骨头分开，最后它在极度的狂喜中打碎死去动物的头。第二天一根骨头被它用来对付同类中的竞争对手，痛打其中一个直至死亡。现在这里已经站着很多这样武装起来的猴子了。

谁能直立行走，谁的双手就会得到解放。那解放双手的目的是什么？这个故事告诉我们，目的是为了杀死对手。直立行走使猿人可以在抢夺稀有资源的战斗中战胜对手。[1]人类的进化会像斯坦利·库布里克在1968年的电影《2001太空漫游》中所阐释的一样吗？但似乎人们忽视了貘在人类诞生的摇篮中——非洲根本就没出现过。

直立行走不可能发生得那么快。起源不是突发奇想、一蹴而就的。起源需要漫长的时间，不会在一夜之间发生，要经过无数细微的变化，其实需要的时间长得难以想象。因此，也就不会存在起源的见证者，充其量是过渡的证据。比如从四肢行走的类人猿到直立行走的猿人的过渡需要数百万年。假如第一批处在类人猿和人类之间的猿人生活在700万—600万年前，（最早出土的乍得人猿、图根原人和地猿始祖种的骨骸所处的时代与类人猿和人类出现的时代非常近，所以，这一观点仍存在争议。）那到最早的有据可证的使用工具的时期还需要大约450万年。人们对现有化石进行了十分细致的研究，直立行走的猿人于360万年前在雷托里踏出最早足迹的化石，和那块显示猿人骨骼运动系统大体接近于人类的化石之间又存在数百万年的时间间隔。很多研究学者认为只有生活在大约180万年前的匠人（*Homo ergaster*）的身体解剖结构与我们人类最类似。[2]

为什么从猿类能直立行走到后来被叫作猿人这个过程要持续这么长时间呢？有证据表明，和我们血缘关系最近的不是四肢行走的灵长类动物，而是手指早已明显分开，习惯于用前肢，在树上生活的眼镜猴，但人类不再会拥有这么灵巧的手了，这样的手真应该保留下来啊，相对于黑猩猩，有谁不希望我们是起源于颜值更高的眼镜猴呢？可惜这个理论是站不住脚的。[3]由四肢行走到双腿行走的过渡应该是通过基因突变和猿类身体结构的选择性淘汰而实现的。举个例子，两腿行走时有一条腿必须摆动，因为仅仅是腿的伸展并不会产生移动，还需要有一条腿承受重心前移的身体。但是只有当往前摆动的腿连带的脚没有立即离开地面，才能形成移动。快速奔跑着的人会有向前摔倒的危险，但强壮的臀部肌肉会帮他避免摔倒，臀部肌肉只有放在人体上而不是在猿类身上，才有“臀大肌”这个名字。此外，直立行走的稳定性还来自猿人自身躯干的缩短：缩短很多的髂骨成为髋部的一部分，同时髋部降低；两条腿走路不同于四条腿行走，并不是借助于强大的髋部，两条腿的肌肉对抬腿瞬间产生的不稳定性起到了平衡、稳定的作用。另外还有膝盖的变化，膝盖是直立行走的身体结构中最敏感的部位。还有双脚的变化，现在它们作为支撑点而不再是夹持工具。[4]

骨盆的结构不仅对身体运动至关重要，而且对双腿行走的雌性动物的分娩十分重要。虽然类人猿在生产过程中很痛苦，但其产程由于体形和骨盆的结构不同，和黑猩猩、大猩猩和猩猩相比要快；椭圆形的产道不会产生什么阻碍。人类的情况不是这样的，女性在分娩时会产生巨大的、伴有娩出阵缩的疼痛感。人类的新生儿脱离母体后很难独自存活，这使得双腿行走的人类的生产、助产从来就是一种社会行为，然而类人猿是自己分娩的。[5]

很难想象猿类站立起来需要如此漫长的时间，这样的过程看上去近乎不可能。事实证明，类人猿、长尾猴和长臂猿一直存在，它们的骨骼肌头系统一直与其周围环境相适应。那究竟为什么从猿到人的漫长过渡所形成的人体结构带来的却是平衡问题、地面运动速度的降低、攀爬中灵活性的下降以及自身分娩难度的增大？起源也意味着别离，它和放弃并存。稳定性需要力量和速度。如果一个人擅于奔跑，那么他就不擅长攀爬。对于直立行走的人来说，阳光不再不分方向地一直照射他们的整个背部，这是直立行走的优点之一。现在头部因为过热而遭遇危险，并且身体控制中枢必须要供应血液以抵抗重力，这是人直立行走的一个缺点。但毕竟，相互之间看得更清楚。直立行走带来的哪些优点可以进一步弥补那些明显的缺点呢？更准确地说，从前的优势有哪些？缺点一旦产生，会立刻在进化过程中被弥补。在争取生存的斗争中，未来的决定意义并不大，是没有争议的。[6]

在获知包括为什么在库布里克的电影场景中仅有一个是“使用武器和工具的”等问题的答案之前，我们必须先弄清楚为什么直立行走要发生在其他起源之前。毕竟人类还可以从其祖先身上辨别出其他特征。他们不在树上生活，是杂食性动物，大脑的脑容量与自己身体的比例大约是类人猿与其身体的比例的3倍；他们有相对于身体尺寸来说小得多的牙列，且更像是抛物线形而不是U形，占主要地位是臼齿；他们有异常灵活的双手，有声道，最终会形成语言系统。此外，人类在性行为和生殖方面与类人猿相比存在明显的不同。

对于“人是什么”这一问题，这份人类特点清单在内容、数量上远不如哲学给出的答案多，从“会说”“会工作”“会笑”的动物到“会说谎”“能做出承诺”的动物，再到“自感无聊”的动物，不一而足。其中有以使用工具为特征的“能干的技术人”（*Homo faber*）；没有防卫意识、凭直觉行动的“徒手的人”（*Homo inermis*）；在奥尔德斯·赫胥黎的著作中甚至提出“喋喋不休的人”，算是我们就要谈到的说话行为的前身。所有这些定义都是以假定人已经掌握了很多技能为前提的，为了表示他可以笑或者撒谎。直立行走作为一个重要特征很早就被注意到。在直立行走前，人只能算作一只迈着极小的步子去适应周围环境的猴子。直立行走的前提条件极其复杂，但不必为了使其成为可能而制造出社会、文化和技术方面的综合复杂因素。赫尔德在1784年写道，很多哲学家由此把直立行走视作为一种“艺术性”存在的起源的化身，它摒弃安逸的现状，克服自然的阻力，期待超越自我和扩大视野。赫尔德已经思考的这一方向后来被达尔文延续：“即使是野人，根据他的机体组织结构，也是有防御意识的；是启发蒙昧的，是站立的——又有哪种动物拥有这种完美艺术品般的器官，如他那般充分体现在自己的臂膊、双手，在身体的每一部分，在所有自身力量中？艺术是最强的步枪，而人类就是艺术，是真正的武器。他只是缺乏用于攻击的利爪和牙齿，因为他是和平的、温柔的生物。”[7]

赫尔德认为，沿着直立行走方向的发展，当时没有能够存续，肯定是“发展”的情况缺少了过渡的自然原因，作为史前杰作的直立行走在促进文明的重大事件中是具备不可思议和难以推理的特点的范例。但随后所发生的不是这样。因此，人们不禁会问，为什么人类努力换来的这个独特性和四肢行走的动物完全不一样。四肢行走成为一种“自然的”运动形式，是因为它放弃了水中浮游动物的机体结构上的安逸性。游泳比四肢行走要更舒服。四肢已经分化为前肢和后肢，其中前肢在可视范围内给出前进的方向，后肢发力，减小重力。就这点而言，直立行走使腿和脚发生的变化并不大，而主要是形成了手，拥有了肢体曾经拥有的控制功能。当一只猴子自己站起来，投掷石块攻击入侵者时，人类就这么突然诞生了。这也是库布里克的人类进化场景中的一幅比较和谐的画面，而这个必经的过程需要的时间长得难以想象，充满神秘色彩。[8]

人类的显著特征在细节上涉及的，基本集中在手和“颅后”，也就是在颅骨下面的部位，经科学认定这些都是直立行走的结果。猿人和猴子的牙齿有很大不同，但人类和猿人的男性和女性的牙齿差别不是很大。猿人的牙齿已经不再是武器。他们是杂食性动物，可以在不同的栖息地找到食物，这表明气候的变化导致他们频繁迁居。而出现时间更早的类人猿，比如山猿和腊玛古猿（被证明是在1400万—800万年前），其门牙要比黑猩猩的门牙更短，这种牙齿的结构和使用工具的关联不会很大。可能使用工具不是犬齿变小的直接原因，而是导致的结果。各种不同的猿人，无论是拉密达猿人

（大约生活在440万年之前），还是非洲南方古猿（250万年前，下文简称非洲南猿），他们牙齿的大小、牙齿的形状、牙釉质的情况和颌骨的结构可以证实他们饮食习惯的巨大变化，还有猿人的牙齿类似于人类的牙齿，同样适应咀嚼软、硬食物。[9]

而这些和直立行走的问题也是有关的。因为获取食物的方法自然取决于要获取的食物是高高挂在树上的水果，还是离地面比较近的浆果、坚硬的种子和甲虫；是要采摘、收集，还是要猎取。前肢逐渐进化成了胳膊，胳膊通过使用工具减轻了牙齿的负担，而牙齿的变化又促进了语言系统和认知能力的发展；大脑从手部动作的细化分工中受益，反过来这些也在大脑的发育成长中日臻完善——所有这些相互促进的条件都是在进化过程中呈现的特征。它们相互促进，不会因为相同的原因出现，在时间衔接上也不会相互紧密相连。猿类会使用工具，即使用双腿行走，也不会使其大脑很快变得更大，即使大脑相对较大的猿人，也不会立即开发出使用工具的技术。但是，所有这些都没回答这个问题：为什么一个物种会进入这种相互促进发展的关联中。不管从哪个角度看，直立行走体现了人类最早的祖先和与其关系最近的猴子的近亲之间信息量最丰富的差异。[10]

如果不考虑直立行走过渡期的时间久远性和艰辛复杂性，我们就会联想到库布里克的电影中一个完全建立在科学假说上的情景，为什么只有某些猿类站立起来了？然后就是查尔斯·达尔文的猜想，双手被解放出来是为了使用由效率很高的人类大脑发明的工具和武器。雷蒙德·A.达特在1953年做出阐释，因为站立起来对于猿人而言不仅可以使用武器，还可以看得远，这样有利于完成有攻击性的、成功的狩猎行为。二十几年前这位澳大利亚的古人类学家又对这一看法进行了整理，认为猿类向人类的进化始于大脑，也就是一种超常的智力，或者更严谨地说：一种更高的认知能力，在向人类进化之初就产生了。因为1924年在南非的石灰岩采石场发现了当时最古老的一具猿人遗骨——这个在塔翁发现的两三百万年前的颅骨化石，根据其尚未完全破碎的牙齿人们将其称为“塔翁之子”——的时候，作为研究颅骨第一人的达特断定，它具备“精致的类似于人类的特征”，是“已经灭绝的猿类的成员”，并非“真正的人类”，而是介于类人猿和人类之间的生物。

达特将这一物种称作*Australopithecus Africanus*，非洲南猿，尽管他感兴趣的恰恰是它这些和大家所熟知的猿类所有特征都不同的特征。枕骨大孔，也就是进入大脑神经系统的入口，位于颅骨的下方，而不是在枕骨中，很长时间以来这一发现向研究者暗示了垂直的脊柱和适应于直立行走的起平衡作用的颅骨位置。为了判定、分析双腿直立行走，今天的生物学家们更倾向于信赖臀部和腿骨，可惜这方面留下来的资料太少。不管怎么说，非洲南猿的大脑仅比其他猿类的大一点儿。其相对小而尖锐的犬牙和人类的非常相似。达特后来认同了达尔文假说中的这个论点，即它们走出原始森林进入热带稀树草原，草原世界使其视野更广阔遥远并促进了武器的使用，这是从猿到人进化中最重要的一步。[11]

专家们在很长一段时间里不相信非洲南猿和猿类是不一样的。它的大脑还非常小，如果不考虑认知能力的不同，通过脑容量的大小就可以把人类和猿类区分开。除此以外人们还坚持达尔文的猜想，使用工具是人类的特征之一，因此，在里面没有发现石器工具的化石就不考虑作为类人猿和人类之间过渡阶段的证据。此外，1912年在伦敦发现了“第一个伦敦人”的颅骨，当时是在英国东南部的村庄皮尔丹发现的，距今在20万—50万年之间。对英国人来说它至少证明了，在人类进化之初有一个英国大脑，要比猿类的大脑大很多。皮尔丹的发现后来被证明是一块由中世纪的人类颅骨和加工过的猩猩下颌骨组合起来的赝品。尽管很早就遭到质疑，但直到40年后才被证实是赝品，因为科技继续进步，可以用多种科学手段确定骨骼所处的年代了。在那之前发现的颅骨可能有类似人类的牙齿，但其大脑远不能达到相关标准，虽有证据表明它能双腿直立行走，但大多数的研究者并没有把它们看作猿人。脑容量的大小不是绝对的，而要与猿人自身的体形进行比较，这一点没有被纳入思考范围。一只雄性黑猩猩体重大约160千克，而一只非洲南猿的体重大约是40千克，且它的脑容量更大一些。相对而言，非洲南猿的脑容量与体重之比实际上是所有已知动物中最大的。[12]

认识到直立行走促进了人类大脑的发育是至关重要的。1947年，在斯托克方丹发现了一个连带有一部分脊柱和一部分股骨的非洲南猿的骨盆，根据髋骨的形状和脊柱的曲率证明了其主人是直立行走的。根据“塔翁之子”的颅骨和它那与猿类典型的小犬齿完全不同的犬齿，研究者很坚定地认为，在猿类开始直立行走之后，猿类和两足行走动物的大脑差异才显现出来。我们头重脚轻的状态要归功于我们特殊的肌肉骨骼系统。最终证明这一点的是1978年在雷托里（坦桑尼亚）潮湿的火山灰中发现的变成化石的脚印。通过这些脚印可以断定，这是一种行走方式和我们一样的生物（非洲南猿）。同样还有在肯尼亚发现的非洲南猿，生活在420万—390万年前。迄今为止，我们发现的最早的石制武器大约比它早100万年，而它现在的体形大小是在人类大脑向双腿直立行走转变400万年后才进化出来的。[13]

就像古生物学家和进化论专家所讨论的那样，对这些结果的解释都是可以理解的。我们仅举一个在著名的人类学家舍伍德·沃什伯恩、拉尔夫·霍洛威、克利福德·耶丽和欧文·洛夫乔伊之间存在历史之争的例子。猿人的犬齿比类人猿的要小，这归因于使用工具带来的进化压力的降低。或者说，大的牙齿对于其主人已没有任何益处可言，因为它们的功能完全可以被武器和工具取代。不是利剑变成了犁头，而是犬齿变成了利剑。因此，舍伍德·沃什伯恩非常赞成雷蒙德·达特的猎人假说。可是狩猎不能被视为使用工具的目的，因为第一个双腿直立行走者并不是猎人，而是被猎杀者，它主要以水果、谷物和树叶为食。同样在近身搏斗中有使用尖锐的犬齿和其他替代工具的机会，尤其是在和同类的战斗中，甚至是在和同一族群的成员争夺雌性的战斗中，但它们根本不知道后来可能用作替代品的武器。

这些没能影响沃什伯恩的看法。他论证说，牙齿变小了，肯定在此之前已经有了对于大的牙齿的替代技术，只是这种技术还没有被发现，或者说要是这些工具不是用经久耐用的材料制成的，可能永远不会被发现。难道真是木质的武器代替了大的牙齿吗？把要论证一个假说的任务推到将来某个时间有些不合适，将来人们可能会发现，假说要证实的内容已经实现了。对通过牙齿在群体里获得成功的猿类而言，它们放弃“这些武器”的选择性优势是什么？难道只是因为当时有了切割类的工具？拉尔夫·霍洛威问了这样的问题，从沃什伯恩那里得到的回答是：那样它们在群体内的打斗中不会再给对方造成重伤害。可是这样一种在群体内的利他主义并不能解释进化生物学现象：它们如此完美地群体复制，拥有小犬齿，仅仅是因为这对整个群体有益吗？

霍洛威也认为非洲南猿牙齿变小是猿人群体的组织性发挥了很大作用。性的优先权不再像猿类一样十分明显地在群体内部执行。换句话说：当侵略攻击减少而共同狩猎和采集的合作增加时，獠牙利齿者不再比生理优势不怎么显眼的小的雄性更成功。这不是技术性的改变，而是和直立行走相关联的社会性的改变影响了身体的进化。[14]

相反，杂食性的黑猩猩合作觅食并不意味着往直立行走和牙齿变小的过渡就结束了。因为牙齿变小并不利于吃肉，双腿直立行走又给自身带来很大的不稳定性，这些刚好对狩猎非常不利。克利福德·耶丽因此提出这是完全中断了对打猎和食肉的偏爱，而寻求更加温和的“解决方案”。而在他自己假说中的“模型猿类”不是黑猩猩，而是在身体结构上更接近猿人的狒狒。这个假说的目的是想说明饮食习惯的改变促进了犬齿的强化，但对于臼齿的发育促进更明显：咀嚼种子，吃小的昆虫、爬行动物和老鼠。草原是猿类过渡到猿人的生活栖息地，在那里它们蹲坐着进食，也就是说它们已经有了直立的脊柱。而第一批类人猿的骨架和颅骨是在树木繁茂的地区被发现的，不是在辽阔的草原，这使直立行走理论站不住脚了。中新世中期和后期的气候变化的重要特点是低温、干燥和强烈分明的季节变化。在一千万年前这不仅直接导致森林的减少，猿类被迫迁居到广阔地带，而且导致马赛克式的地理分布结构，无数各不相同的群落生境相互比邻。

尤其是这些季节变化和各不相同的群落生境为欧文·洛夫乔伊多次提出的模式奠定了基础。他的观点重点在于，把进化的两大主要选择动机，食物和有性生殖联系起来。根据洛夫乔伊的观点，生活在森林里一夫一妻制的雄性猿类必须从不同的地区带来食物——不管是采集到的、猎捕到的、还是找到的腐尸——喂养它们的后代，根据不同的季节这些雄性猿类可能会远离雌性和孩子们栖居的地方。狩猎的时候它们必须考虑在不同的气候中距离的远近，地缝峡谷和可取食物的多少，在这种情况下直立行走的优势凸显出来。一个50千克重的双腿直立行走者和一个身高1.2米的猿人体重相当——行走16千米的路程消耗的能量给一只45千克的雄性黑猩猩的话，它只能“行走”10千米。事实上，猿类在白天移动也不会超过2

千米，而人类大约可以达到16千米。移动的距离越远，通过直立行走节省的能量就越多，大约节省12%～16%。[15]

在不受保护的环境中长途跋涉为后代和自己觅食对雌性而言太危险了，于是就出现了性别的工作分工：一夫一妻制或以食物为分工的前提。雌性可以在多次生育后还活着，后代不必跟随到处颠簸觅食，并受到更好的保护，不受猛兽的侵害，这样也允许雌性生育更多的后代。正如前文所述，直立行走为小家庭的出现做出了贡献。或者更准确地说：直立行走对搜寻更大领域的益处与一夫一妻制对减少雄性之间争斗的益处彼此促进、增强。猿人的犬齿不再是巨齿獠牙也印证了这一点，因为，在一夫一妻制的关系下发生扭打撕咬的必要性很小，伴随着可以觅食的领域范围越来越大，对领域的完全防御也很难做到。

在对黑猩猩做的实验当中，那些特别受欢迎的食物被双腿行走者拖走，而不怎么受欢迎的植物性食物被四肢行走者取走，这同样清楚地表明，直立行走在面临食物竞争时有很大优势。洛夫乔伊的假说中有个疑点，这一假说必须放弃猿类世界里的类比，因为没有明确的证据表明非洲南猿中就存在一夫一妻制的生活方式。相反，很多研究者因为雄性猿人比雌性猿人大得多的体形而认为它们实际是一夫多妻制。有一种对于这种“两性异形”，即雄性和雌性之间的巨大差异的解释，认为这可能是自然而然的事情，这些体形更大、肌肉骨骼更接近人类的雄性猿人离开雌性来到森林边缘的广阔地带觅食，在那里他们没能保留逃到树上的能力，变得没有防御能力。可能他们当中的一部分由于直立行走更快地适应了这种生态环境，由于具备了更强壮的身体结构而适应了所面对的风险，而另外一部分，按照解剖学家兰德尔·萨思曼的解释，还会在更长的时间作为体重较轻的“兼职树上居民”生存。[16]

通过这些探讨的结论可以断定，对于直立行走的产生没有线索贯穿始终的故事可讲，也没有哪个假说不是对自然的推测。就像我们之前所了解到的，非洲南猿进食主要以植物为主，但不仅仅是植物。狩猎的优势也没有对直立行走产生促进作用。显然更有说服力的说法是直立行走使猿类在地面或树枝上站立起来，为了拿到果实。所有研究中85%说黑猩猩为了获取食物才双腿行走，相反很少提及为了提扛、投掷、观察、使用工具和求偶等行为。如果其他动物更早转变成直立行走的双足动物，那么这并不适合后期的猿类和早期的猿人，那些设定使在广阔地区远途奔跑的理论有了局限性。早已偶尔会直立行走，生活在440万年前，于1994年在坦桑尼亚发现的拉密达地猿极少关注某一种食物来源，并没有生活在热带稀树草原上。在“露西”——最著名的非洲南猿的遗骨上，发现了很多生物特征，它仍在树上攀爬，至少夜间在树上躲避掠食者。最早的类人猿生活在枝繁叶茂的森林地带，在那里它们也具备了在其他环境中存活的能力。强烈的季节性气候波动以及由此产生的马赛克式的东非地理结构促进了这种有益的行为灵活性，例如，这种行为灵活性使生物具有不止一种运动潜能。这种进化看上去并没有促成特殊物种的诞生，其身体结构适应某种特定环境、某种小生境，形成一种具有迁徙能力的、杂食性的，同样可以应付树上和陆地上风险的同种生物，它们在250万—180万年前过渡到了“必须双腿行走”的状态。[17]

进化论经常猜测，是那些非常恶劣的环境条件招致了变化。常见的解释，例如生存斗争的残酷性和资源的紧缺性施加了决定性的压力，在这种压力之下某些特征会比其他特征进化得更好。大多数关于直立行走的解释都遵循这一模式。生活在非洲的英国动物学家乔纳森·金顿持有不同意见，认为对于一种最终的优势逐渐而缓慢地被察觉的发展进化而言，一个有促进作用的生态环境是很有必要的。为了能在热带稀树草原上生存，猿类肯定已经会两腿行走了，而在用四肢行走的树上栖息者和双腿行走者之间肯定有一种过渡的运动形式。[18]

从1050万年前开始的大干旱时期，沿着非洲大裂谷，从坦桑尼亚一直延伸到叙利亚，产生了两大区域。几乎所有猿人化石的遗址都在这条线以东。“东区故事”就是以此为基础的。据此了解到在中新世末期（大约600万年前）的地质营力为两个生态系统制造了障碍（山脉、高原），由此导致了向类人猿的进化，发生了向人类的进化。其中大猩猩和黑猩猩被限定在潮湿的森林中，类人猿被限定在一片有热带稀树草原、溪流和小的沿海森林的组合地带。这一假说几乎没有被动摇过，即使1995年在乍得，远离东非大裂谷的西面，也发现了非洲南猿（羚羊河种）的下颚弓和一颗臼齿。

一些猿类由于所处的沿海森林周围地区的荒漠化而被隔绝，

从那时起它们在基因方面的分离进化就受到湿度和温度，尤其是这种群落生境生态变化的很大影响。比如说树木由于气候变干旱而变矮小，某些水果受季节影响后掉落，由于腐叶而导致丰富的土壤生物产生以及由此带来的猿类对土壤进行更系统的搜寻，都属于这当中的变化。猿类最初——这里金顿遵循了由克利福德·耶丽提出的思考方向——先坐起来，为了捡取和食用食物，例如种子、昆虫、爬行动物和浆果。在坐之前出现了蹲坐，而在直立行走的猿人之前出现了乔纳森·金顿所命名的“地猿”，一种拉密达地猿，是地猿始祖种一个比较古老的亚种。因此并不是直立行走导致了猿人在上肢、脊柱和骨盆的变化，而是蹲坐着饮食。一只手扶地的蹲坐解放了一只手，直立行走解放了双手：如果在聚集地的土壤中食物充足，地方更安全，也就是前往附近的森林并非难事的话，直立行走就是由蹲坐发展而来的。在浅水区域蹲坐着采集食物被视作逐渐过渡到双腿直立行走的可能的前提条件。因为通过这两种形式，猿类和其他不在树上生存的动物种群竞争，可能使地面的群居生活生态秩序被重新分配排列，相互之间的交际得到长足发展。换句话说，金顿恰恰没有把资源的竞争作为过渡到这种几乎不可能的、承担高风险的双腿行走的条件，而是减少资源方面对猿类进化的限制。[19]

这仅仅是一种思考模式，一种信息汇总整理，一种猜测。对于直立行走有无数种可能性，对于这些可能性我们可以反过来思考：是否它们在直立行走形成中并不是决定性的条件。因为直立行走是特殊的谱系特征，没有哪个假说可以说明因果关系，即这种运动形式在哪些方面是有用的。“作为绝对工具的手的形成”（黑格尔）的观点没有被忽视，而是继续得到青睐。但手实际上是一种绝对的工具，这种工具可以在像争斗、取火或者助产中做手势、拿取，可是不会只有一种固定的用途，一种固定的选择性优势。因此人们可以说，直立行走使猿类变得不确定。人们对于四肢行走者更了解，为什么它们要去那里，在那里它们要干什么。伴随着生物学、地理学和古生物学知识的进步，600万年后人们已经习惯于双腿直立行走，但对这种运动形式的很多认识仍存在于猜测之中。

第二章
牙齿的时代和节日的时代
烹饪的起源

男孩遇到烧烤。

——罗伯特·威廉·费雷

“人如其食。”[1]路德维希·费尔巴哈的这句话听起来就像有个声音邀请我们去询问，当这位哲学家写下这句话时，他刚刚吃了什么。即使最坚定的素食者也不会愿意自己的饮食被减少。有人和他们探讨素食营养的意义时，他们会把证据而不是蔬菜摆在桌子上。如此看来，人并非如其食，而是不同的人对饮食有不同的意见。人吃什么呢？出于人类本能的回答：什么都好，多多益善。个别的答案：绝不是越多越好，也绝不会很多。比如过去的因纽特人，他们在冬季以生鱼、肉和海豹血为食，并由此在人和动物之间产生了神奇的医学道理，而耆那教徒不仅不吃肉，而且不吃根茎类蔬菜，不吃蘑菇和蜂蜜，也不吃任何过夜的食物，因为他们认为这类饮食具有暴力性，他们认为所有的植物都有灵魂，而多核植物像西红柿、黄瓜和甜瓜等，甚至有很多灵魂，存在很多的可能性。人类的饮食并不固定。这是长期以来他们一直为自己的饮食寻找各种正当理由的原因。[2]

那人们又是怎样吃这所有的食物呢？有很多种可能性：生吃、熟吃、碾磨、炸、烤、煎、烘、焯、腌渍、加糖、调味等。人类在很久以前就会加工食物，不仅在技术上，而且在不同的时代和社会群体中形成了不同种类的饮食。大型的猿类大约用白天一半的时间来咀嚼，而人类只用了不到猿类1/5的时间，并且主要用在了共同进食上。[3]当然，人一生中会有大约100万顿饭，而用于吃饭的时间会有十几年。不管快餐店的推出是否影响了这个数字，据说心理学家们已经确定了快餐和急躁之间的关联。[4]

动物要比人吃得多很多。因为它们通过摄取特殊营养为自身提供能量。如果有人想了解为什么一只食蚁兽、蜜蜂、青蛙成为如今的样子，就必须从蚂蚁、花粉和苍蝇开始了解。相比之下，当今人类的身体结构就没有可以大书特书的，因为人类不是“只能”吃某种东西。这些人类不停需要的、无数的膳食不会害死人类。动物界没有什么饮食艺术。食物营养实际上是动物与环境的直接联系。当营养不再被动物吸收而是被动物改变时，动物与环境之间的联系也会改变。严格地说，人类的生食主要限定在水果、蔬菜和坚果。其他的食物人类一般加工后食用，对此涉及的不是费尔巴哈而是詹姆斯·鲍威尔所说的话：“野兽不会成为厨师”。人类是会烹饪的动物。[5]

人类的很多食物和他们生物学上的祖先的食物相比大不相同，其中一个原因就是烹饪。很多他们不能直接消化的食材，经过加工就可以消化。非洲南猿，人类最早的祖先之一，如果要在咀嚼的时候对食物施加与人类咀嚼相同的压力，它们的牙齿要用人类4～5倍的力量。换句话说，非洲南猿为了从中获得相同的能量收益必须吃更多的食物，因为它们吃的食物非常难消化，甚至不能消化。[6]烹饪极大地延展了难以消化食物的界限，因为软的食物不仅降低了咀嚼系统的辛苦程度，而且使消化食物所需的能量消耗减少很多。动物实验表明，在某些食物中加入空气就足以使其变软，从而减少因消化而消耗的能量。烹饪要远胜于这种技术。[7]这限制了伟大的人类学家克洛德·列维-斯特劳斯对烹饪的看法。加热食物是动物界的一条象征性的界线。不仅人际交流可以区分生熟，身体也可以做到。

但到底什么可以食用？1773年，苏格兰的旅行作家博斯威尔在他的日记中记录了“烹饪的动物”一词，而他的同胞詹姆斯·博内特在他关于语言的起源的文章中写到，从“食果动物”到“食肉动物”的过渡一定对人类的性格改变很大。对于一种本来逃避多于攻击的无害生物而言，一直是其本性一部分的兽性因为生活方式过渡到狩猎而发挥主导作用，从那时起战争和自相残食就不再遥远了。[8]

时至今日这两种区别，“生/熟”和“采集/狩猎”，仍是描述史前人类与其食物的核心。除此以外，提供信息量很丰富的原始人的遗骨是颅骨、颌骨和牙齿，对牙齿的检测以及对拓片和骨骼结构的显微镜检查都可以对肌肉的强度、咀嚼方式和进食方式进行推测。[9]科学家们已经证明，咀嚼面积的大小在进化中一方面取决于动物自身的大小，另一方面取决于动物的饮食。也就是说，即使一个普通的雌性非洲南猿的标本体形略小于一只普通的雌性黑猩猩，其臼齿也明显大得多，从中可得出结论，在雌性非洲南猿的饮食结构中硬的生食，比如草籽和叶子，所占的份额很高。

烹饪起源的问题和从原始人到人之间的过渡问题紧密相关。因为从240万年前的能人到生活在190万年前的直立人，再到20万年前的智人，在这个序列中一开始就会发现他们身体结构存在巨大差异。直立人相对于之前的能人而言，牙齿要小很多，身体不再适合攀爬，脑容量明显更大，男性和女性标本在身体上的相似程度较之前更高，并且是在非洲以外发现的第一种早期人类：170万年前在亚洲，160万年前在印度尼西亚，140万年前在西班牙。[10]

这里使人感兴趣的是牙齿和大脑。因为大脑作为一个大的，不，是人类体内最大的能量源，其生长取决于整个生活方式的改变。一只脑容量为450立方厘米的非洲南猿要消耗身体10%的能量供应大脑，而脑容量900立方厘米的直立人要消耗17%。[11]当人体的控制中心出现了如此显著的发展时，原始人类能量平衡的基本要素肯定已经改变了。

灵长类动物的脑容量和消化道长度的比例在19世纪末已经为大家所熟知：思考和控制器官越大，它们的消化道就会越短。食肉动物的消化道的长度要短于食草动物的，因为脂肪和动物蛋白要更容易消化。在向人类的过渡中消化道消耗的能量由于有利于大脑的饮食习惯转变而减少。[12]

这种饮食的变化不仅仅是因为狩猎。狩猎比采集需要更高的认知能力，我们觉得在发展过程中两者之间存在相互依赖的阶段。食物中更多的肉类成分供应了人类智力的增长，同时更高的智力是获得相应肉类的前提条件。因为动物不同于植物，动物如果感觉人们想吃它，就会跑开；如果猎物跑得比猎人快，那狩猎就更是一项智力测验，连同能量的获取问题也在其中。也许腐尸——不能跑的动物作为更温和的食物来源方式有助于这一循环。在已发现的骸骨中，食肉动物的牙齿痕迹中叠加有早期人类的切割痕迹，就支持了这一论断。[13]

但也可能烹饪起到了作用。臼齿在进化过程中变得更小，因为如果事先对食物进行一定加工或者食物从一开始就是软的，牙齿在撕碎食物时就不必再用那么大的力了。非洲南猿的牙齿已经适应不时食用硬的谷物和种子的需要，然而从其结构上看特别不适合食用生的肉类。但是通过对其牙齿的同位素分析我们知道，非洲南猿实际上是吃肉的，这说明，食物在食用之前已经加工过或者腐尸自身已处于分解状态。[14]

相比之下，直立人明显更小的牙齿又一次证明了饮食情况的改变。这种改变不是很多，因为他们有选择的优势，即把精力放在其他事情上，而不是一旦掌握了替代下颌力量的技术就去做一副坚固的假牙。测量表明，自更新世结束以来已经过去了500多代，其中每一代的牙齿尺寸都会减少0.21平方厘米，这并不意味着生存方面的竞争优势。[15]相反，咀嚼器官逐渐缩小的原因是，牙齿较小的个体——顺便说一下，嘴巴也比任何类人猿小得多——如果有了足够的替代品代替强大的牙齿发挥作用，就不再有选择的压力。进化意味着自身不再依赖于那些太过狭隘的优势因素。人类学家查尔斯·罗林·布雷思和他的研究团队计算出来，自从有了对食物加工的相应支持技术，每隔2000年，人类牙齿的大小会缩小1%。从生食到熟食的过渡长时间以来被认为是大迁徙的结果，来自非洲的迁徙大军为躲避气候的寒流经西亚来到欧洲。在25万多年前的冰河纪对于身体能量的需要非常巨大，而当时欧洲的植物群不足以满足这一需求。根据经验看来，越往北，越倾向于吃肉。然而冰河纪的猎手们很难在一个周末吃完刚杀死的野牛、马和马鹿——这些将在很久以后的中欧和西南欧的洞穴墙壁上看到，上面画了很多，因此，为了储存肉，使肉免受霜冻或者烹饪已经被冻住了的动物残骸，火的使用是不可或缺的。人们将之称为“强制性烹饪”，因为这样做完全没有考虑到除避免食物被冻住之外的其他好处。[16]频繁出现在洞穴遗址中的炉膛以及过去10万年以来欧洲人的牙齿逐渐变小均印证了这一假说。尼安德特人——很多人将他们的灭绝归咎于吃肉——已经被证实不仅吃植物性食物，而且会烹饪。[17]后来将研磨、用研钵研碎以及作为文化技术的陶瓷引入烹饪，食物可以被做成一种流体。如此一来，每2000年人类牙齿尺寸变小就会加速到2%。已发现的没有牙齿的颌骨出自新石器时代，大约公元前9000年，非常罕见，由此已经能够证实，死者多年以来肯定在一种没有牙齿的状态下生活。假如用不超过一句话来描述饮食习惯进化的所有研究，“汤”这个字肯定出现在其中。

科学家对冰河纪时期的状况做出的解释只涵盖了尼安德特人、海德堡人和智人。大约200万年前从直立人到智人的过渡中，身体发生的巨大变化是什么导致的呢？对于这一变化的传统解释是饮食的转变：从坚果和浆果转变为捕获的猎物。可以把人类和他最近的亲属区分开的，就是肉类之于他们所扮演的角色。达尔文是提出这一设想的第一人，在他的设想中，直立行走把手解放出来使用工具和武器，这样就会带来更多的能量供应并促进大脑的发育。雷德蒙·A.达特——第一位鉴定和分析非洲南猿的研究者——早在1949年就提出把人类的进化和狩猎联系起来。显然，达特受两次世界大战的影响很大，他把对其他动物的杀戮和食用，包括同类相食以及杀死动物用作祭品看作人和类人猿的本质区别。他根据在早期人类骨骼的发现地周围出土的有孔的动物骨骼推断出原始人就是猎人，这是有失偏颇的。这些孔完全与豹子和鬣狗的牙齿相吻合，也和猛禽相吻合——很显然非洲南猿更可能是被猎杀者，而不是猎人。[18]

这没有妨碍一些科学家继续把狩猎作为早期人类社会组织的中心。在1966年召开的主题为“人类猎手”的著名会议中，人类，尤其是男人被称赞为猎人：男性的大脑要比女性的大，因为狩猎对相互配合和相互交流的要求产生了针对性别的选择性的压力。尤其是性别的分工意味着狩猎的效果：男性狩猎并预想参与围猎的人如何分工合作，把大型动物驱赶到峡谷和山崖边。男性最早开始制造工具、武器和屠宰的器械。女性为男性提供性生活，把他们的后代养育成人，为此女性反过来会从男性那里得到保护，这样后代就会得到必要的成长时间来掌握那些文化技术，这个时间要比猿类长很多。因此，要想使后代兴旺，就要获取更多的食物，这迫使技术改进提高，反过来这又促使认知能力螺旋式上升，直到进化成人类。因此，决定性的进化过程是向狩猎的过渡。[19]

就像在古生物学中所描述的，这是众多的“可能是这样的”故事中的一个。我们还会再提到古生物学家发现史前时代存在明确的性别角色时的愉悦心情。我们继续当前的话题，向狩猎的过渡也使社会关系发生了剧烈变化。不仅因为狩猎是一项合作性的活动，在狩猎的同时可以组成一个团体，其成员可以在抵御进攻的时候相互帮助，而且因为猎人猎取的大型动物，若家人吃不完，就可以与他人分食，于猎人而言，有机会享用其他猎人的食物盈余。狩猎的成功在很大程度上取决于运气，这就是为什么即使对优秀的猎人来说，这样互助共享换来的双保险也是有吸引力的。[20]

这种肉类食物会强化个人体魄，而其获取方式决定社会的观点产生了几个问题。首先，它所描绘的是一个非常依赖男性的文明蓝图，女性在其中除了生儿育女和配置饮食外几乎没有其他作用。反之，如果植物，甚至烹饪在早期人类的饮食中扮演了重要角色的话，她们的地位会更加重要。[21]此外，肉类食物会遗留下来骨骼，即使过了100万年，研究者也还可以对其进行研究，而植物性食物留传下来的可能性微乎其微，这一附带的事实是不是反证了史前男性狩猎群体的友谊被过分偏爱了呢？

其次，是否真的有证据表明肉类食物对身体更有益处，狩猎中的能量平衡是否优于采集中的能量平衡。如果一个动物被猎杀，当然不会缺少蛋白质，但是在猎杀成功之前肯定要为了不确定的成功消耗相当多的能量。除此以外，人类可消化的蛋白质摄入量有个最高上限。如果蛋白质摄入量超出每天摄入量的1/3（一般情况下在6%～15%），几周后就会危及生命。对于主要依赖狩猎的原始人类而言，这种危险会更大，因为野生动物的肉中所含的脂肪和水更少。[22]

就狩猎所产生的社会结果而言，还有进一步的疑问，向食肉过渡是否造成了更多的冲突。动物越大，针对它产生的要求更多，猎物的分配事实并没有证明，在分配中“所有者”会有主动权。有人类学家称之为“容忍性盗窃”：因为一无所有者为分到一份猎物而花费更多的力气战斗，而猎人愿意投入防御中，换句话说，狩猎之初额外的能量消耗产生的好处最大，随后急剧减少，因为要重新分配。[23]

此外，让人怀疑的是，那位成功的猎手是否就被当作被杀死野兽的所有者。一项关于坦桑尼亚地区狩猎-采集群体的狩猎行为和猎物分配的研究这样表述，问题并不在于猎人们为什么进行分配，而在于为什么他们去打猎，而收获的猎物竟然不属于他们。答案在于打猎成功的归因和猎物的支配是两件事情。成功的猎人得到的并不是更多的肉，而是更多的关注和喜爱。他并没有进餐后的饱腹感，而是非常有名，这几乎与进化生物学家的猜想不谋而合，就像条件反射般联系在一起。他——猎人，而不是生物学家——是一位特别受欢迎的性伴侣。[24]

但是名气不能拿来当饭吃，性也解决不了果腹问题。至于可以解决狩猎中的能量平衡的，是所处地方的可食用的根茎和块茎，这些在手边就存在很多，而且优于其他一切猎物。在坦桑尼亚的热带稀树草原上，每平方千米的区域内能找到40吨可食用根茎。当含淀粉的植物被煮熟时，酶就会产生作用，加速大脑的发育，这被称作伴随产生淀粉酶的烹饪的协调进化。猎人在狩猎时为了耗尽猎物的体力要长距离奔跑，这会随时消耗他体内的葡萄糖，而烹饪过的食物会让葡萄糖得到更好的释放。[25]

由此，这一推断可以理解为，对生的、难以消化的植物进行加热意味着人类发展的一个重大进步。向狩猎的过渡因为对根茎和块茎的蒸煮烹饪而变得更加容易和顺利。前面提到的直立人据说已经完成了这一过渡，相较于他们的祖先，他们的能量需求大很多。换句话说：从他的体重、他的脑容量、他的牙齿的特点以及他更为细长瘦削的躯干可得到一种解释，他已经超越了捕获生肉和完全吃生食的阶段。对于最后的狩猎-采集群体的研究表明，当他们的饮食主要以肉类为主时，他们的体重会下降，即使是烤制过后的肉类，而当额外吃一些蒸煮过的根茎和块茎时，体重反而上升。[26]根据灵长类研究专家理查德·兰厄姆的观点，食用生食通常被建议用作瘦身的方式，这绝非偶然。此外，蒸煮使处于生食状态时根本不能吃的食物变得易吸收；蒸煮解了很多食物中的毒并杀死其中的细菌，还改变了食物中的化学结构，这样本来难以消化的食物就变得容易消化了。例如生吃马铃薯，不仅费力，而且毫无意义，因为在这种状态下人类的消化酶无法将淀粉转化为能量。[27]

在受气候条件影响而食物短缺的时期，蒸煮植物的优势更加明显，在这种条件下自然选择变得更加苛刻，狩猎获取的猎物由于干旱也不会丰盛，相反在地里生长的植物受到的影响不大。它们成为一种“储备食物”——并非首选，但性命攸关。另外，动物和人在根茎和块茎植物上的竞争要远远低于在水果和肉类上的竞争。与之相应的，在这种模式中不只是狩猎，烹饪也会对早期人类的社会结构造成改变：女性体能较弱，她们负责烹饪，由此会在日常自我保护的一个关键部分获得影响力，可以直接获取食物，可以在体能方面追赶男性——根据这一模式判断，这实际上发生在直立人时代。

如果有可控制的火，人类的形成会从淀粉的提供者（可以说是马铃薯的前身）和对淀粉的加热中受益。但到底真的有火可用吗？这又一个“可能是这样的”历史缺乏证据支撑，即在骸骨发现地的火、烧烤或煎炸的痕迹，或者是在190万年前向直立人过渡期间使用炉膛的证据。因为具有烹饪能力的前提就是能够控制火。这方面可能直立人早在100万年前就已经掌握了。[28]可是现在已经证明的在欧洲发现的最古老的炉膛遗迹表明，非洲来的移民并没有带来火。直到40万—30万年前这里一直不存在任何相关迹象。矛是我们已知最古老的狩猎工具之一，在舒林根发现的大约旧石器时代的矛估计超过30万年了，在它附近发现了一种壁炉和一块可以理解为烤肉炙叉的木头。人们在以色列发现了一个有79万年历史的炉灶，甚至在南非发现了更古老的火炉。但是将这项文明飞跃的开端论断建立在这些“证据”基础上是有些冒失的，不仅由于证明一项重要的文化技术的推断所使用的出土物的数量很少，而且在某些情况下所发现的是否是炉灶通常也难有定论。在像西班牙的格兰多利纳洞穴这样的定居点，其岩层至少持续了80万年，直到20万年前仍没有任何使用可控火的证明。关于烹饪的起源的两个假说基本一致：既没有确凿的证据表明，早期人类把火带到欧洲，也无法证明他们在迁居后使用火渡过严寒时期。[29]

有一部分人从中得出结论，会烹饪的人属于后期现象，由于气候条件的影响取代了吃生食者。相反，另外一部分人认为烹饪完美而彻底地解释了直立人那些出现得非常早、非常清晰的身体结构的变化，也说清楚了猎人是怎样满足身体能量需求的。这一观点遭到反驳，假如烹饪开始得这么早的话，将有利于肉类消耗，那就根本不需要植物块茎食材的假说了。于是很多人就强调，狩猎经常是无功而返的。对此又有人指出，块茎类植物生长在地表土壤深处，能量密度只相当于人工栽培的同类物种的一半，野生的很难生长茂盛。还有人坚持认为，没有人可以只吃生肉、水果。一部分人坚持说，几乎没有发现烧过的骨头。其他人回答说，肉也可以在没有骨头的状况下烤制，火炉的痕迹在经过数百万年的风雨侵蚀后消失了。并且他们强调，假如在考古中没有发现，那么在生物方面必须归因于不同的饮食结构，即直立人的身体结构是没有考古的出土物证明的。有人认为，没有说话的能力就可以控制火是不可能的。其他人反问，为什么一种生物具备集体狩猎的能力却守不住一个火炉呢。[30]他们的出发点是，人类浓密体毛的脱落使狩猎更加方便，在热带稀树草原身体因劳顿而过热的可能性更小。但这样失去了一个在夜里体温保持稳定的因素——火的使用弥补了这一点。但可以用兽皮代替火保温的事实又是怀疑论者可以反驳的点，而兽皮是无法留存或被考古学家们检测到的。[31]

至今仍不存在确凿的证据可说明这些观点是有道理的。研究者们都是根据自己的性情对此做出反应和回答。一些人遵循我们已知的少量信息，而另外一些人认为在可靠的知识体系中存在断层，认为这些断层之间有一座桥梁连接。他们把这种桥梁称之为假说。相反，怀疑论者把它们说成是故事，甚至是童话。一篇关于早期人类饮食的文章写得很有讽刺意味，“人类学家很少意见一致，但他们的很多见解真的互相矛盾”。[32]

例如，他们一致认为，借助沸腾的水蒸煮食物的方法肯定是一项非常晚出现的人类成就，因为这个过程需要热的石块或者是锅。而陶制品作为全新世时代在世界上绝大部分地区都有的发明，大约出现于公元前1.2万年。有可能把热的石块放入装满水的木质容器中或者触火易燃的敏感材料中。这类因为受过强热发生改变的石块自公元前3.5万年才大量出现。因此，尼安德特人和与他们同时代的人是没有沸水可用的。那直立人又是怎样蒸煮根茎蔬菜的呢？他们肯定不会使用耐火的容器，即使这一论点的支持者们多次阐释，直立人做到这一点了。

在这场关于火是在什么时间点被引入人类的饮食行为的辩论中，所有的参与者都假定，刚开始食物被烤、烘或者焙是完全自然而然发生的。事实上，3万年前从欧洲经日本传播到澳大利亚的主导技术就是土制炉的技术，而在岩石层中发现的大多数的植物性食物都没有经过火的加工。然而美国考古学家约翰·D.斯佩斯对此指出，每个开拓者都学着加热在像纸杯或塑料杯、木质容器或者甚至是树叶这样易燃性容器中的水，通过这种方式会观察到，火焰仅仅会到达容器内部液体所能覆盖的部分，这同样适合兽皮或树皮做的容器。人们可以在没有耐火的或者没有灼热的石块的情况下烹饪。有证据显示，尼安德特人从树上剥去了桦树皮，同样，他们对谷物进行湿热处理。当然这不能证明他们在烹饪。但是早期的人类不仅仅是一种只会烧烤、烘烤的动物——据记载第一批面包出现在公元前3550年前后，他们也是会烹饪的生物吗？[33]

最后，当涉及史前烹饪的社会环境问题时，绝大多数考古学家都关心在食物获取和食物烹制中的性别分工问题。经典画面是：男性狩猎，女性采集；男性狩猎，女性烹饪；女性被理解为男性的延伸。从以经验为依据的视角看这种男性猎人-女性采集者的划分模式不是完全错误的。即在今天这种狩猎-采集群体中，这种方法只是被谨慎地使用，因为从人体结构以及认知层面上看其成员类似于现代人类：在179个这样的群体中，只有13个是男女共同狩猎的，没有一个群体是只有女性单独狩猎的，而在剩余的群体中采集主要是女性的任务。女性从事狩猎的要比男性少很多，因为男性和女性在身体结构方面有差异，长时间投入狩猎中使女性生育率下降，因为女性要抚养后代，而且狩猎会使猎人丧命，对孩子而言，失去母亲比失去父亲后果更严重。但这种模式并不排除女性会猎捕小动物获得肉食。当家里没有男性时，女性会狩猎；或者当狩猎很少成功，女性工作不顺或者出现特殊的植物时，男性参与采集是必要的。女性不是完全不参加狩猎的，而是定期参加。[34]

一本记录狩猎-采集群体研究的手册包含了对意识形态立场的批判。人类学家夸大了这种性别分工，男性被赋予推动人类进化的主导角色，甚至是唯一的角色，这完全是荒谬的，就像古生物学家对早期人类营养技术的思考，在认清“性别政治”的实验中，试图把20世纪50年代的北美女性拴在家中操持家务。[35]因为对于存在于20万年前的社会的真实状况而言，今天被视为合法的对平等的要求根本没有任何作用。这种“男性作为猎手”的进化模式正确与否，并不取决于这种模式的创造者或者科学批判者希望他们的妻子或者丈夫是什么样的，不取决于他们有一种——一般只有一种——保守的还是激进的性别观念，唯一重要的是，这种模式能否解释尽可能多的调查结论和处理各种异议。

是谁最先开始烹饪不得而知。其中一个原因就是，相对于骨头来说，饭食非常不易保存，不具有经久性。女性更多忙于采集，而男性主要负责狩猎，从这种性别的分工中烹饪随之产生，看起来完全不是强制性的。男性外出狩猎，家中的饭食已经准备好了，这种情景所要表达的就是，女性可能会内疚地缺席采集，她们要忙于烹饪。相反，男性却不会缺席狩猎，因为狩猎有赖于所在集体所有男性的共同参与。但这种看法是非常武断的。

烹饪而随后的食物消耗在多大程度上是社会行为并不受性别的影响。很明显，烹饪将吸收营养的进食行为转化成一种社交过程。研究者对此不是很感兴趣的一个原因可能在于他们主要把进食行为看成了提高个体生存能力的方式。根据社会学家乔治·西美尔的观察，饮食完全属于最自私的行为。“我所想的，我可以让他人知晓；我所看的，我可以让他人看见；我所说的，数百人都可以听见——但是一个人吃的，另外一个人无论如何也不会吃到。”[36]对此很多进化论研究者认为烹饪对于个体能力的贡献是个体自身能量的再生产，是自身利益的中心。

然而，烹饪可以促进共同饮食，前提是克服立刻就吃掉采集物和在杀死猎物的狩猎现场就吃掉猎物的冲动。烹饪意味着，当拥有可食用的东西时不吃，烹饪意味着，将饥饿延时。一旦食物被烹饪完成，食物和做食物的目的之间会产生一个过程，而这一过程需要社会性组织。食物被烹饪完成后，无论是采集者还是狩猎者，都不再是食材的直接消耗者，食物被带到一个中心地点，即聚居的大本营，做成一顿饭后才被吃掉。只要涉及共同饮食，那就像西美尔所表达的，“第一次克服了饮食方面的自然主义”。[37]因为这些大本营经常一整年都被占用，于是就成了公元前1.25万—前1万年的狩猎-采集群体时代往定居生活过渡的发源中心。烹饪转移到室内进行，一般是面积不超过30平方米的房子，里面有一个或几个炉灶。根据已有的考古发现证明，在这里会对当时保留的食物尝试不同的烹饪方法。但是并没有发现在这一时期对食物进行储存的痕迹，这就说明，当地的群居集体和以往一样，经常或者说肯定是勉强糊口的。[38]

当有剩余食物可以储存时，怎样对食物进行保存和储存就发展为一种实验行为。例如，用在炉灶中加热过的黏土球烤、烘、煮和焙。我们已知在公元前9000年前后基本的烹调方法包括对肉食的烤制和腌渍等，并且在烹饪中增加了盆、研钵、杵和捣碎器等工具。这些工具经常是用花纹图案装饰过的，出现在随葬品当中，来表明它们的私有化——是“他的”或“她的”财产。我们今天会给死人陪葬打蛋器或寿司刀吗？如果我们记不起来了，看宗教对于随葬品的漠视可得到一个原因。另一个原因就是，相对于他们基本上仅限于衣服和首饰之类的财产，这类物品尤其能反映出他们的自我形象。今天的非洲农民和牧民们平均列举110件物品属于他们自己，而对此进行研究的民族学学生又数出了3000多件。值得注意的是，在早期人类的随葬品中，无论如何看不出随葬品本身和死者的性别、年龄有任何关联。如果一个勺子被一起放进坟墓中，那死者可能是一个男性，也同样可能是一个女性，可能是一个年轻人，也同样可能是一位老者。因此，实际上对食物的烹调不仅仅是女性的任务，而是一种共同的行为。[39]

关于饮食说得够多了。在一幅关于人类如何成为会烹饪的动物的图画中，如果里面对于酒的起源没有任何描述，那它肯定是不完整的。对饮品而言，天然的加工明显要更晚。成熟的水果在热的状态下会发酵，比如说它们的表皮有一道裂缝，酵母细菌会通过裂缝进入，毫无疑问，长时间主要以水果为食的早期人类对此早已熟知，甚至猴子也知道。但是已发现的最早的含酒精的饮品出现在新石器时代的中国，就在贾湖（河南省）一个有7600—9000年历史的古墓附近，被证实是由葡萄或者山楂、蜂蜜酒和米酒混合而成的。这种“新石器时代的格罗格酒”（帕特里克·麦格文）黏附在一个容器中，是作为死者的随葬品陪葬的，据猜测可能是当时殡葬礼仪风俗的一部分。那里还发现了两支骨笛和有花纹图案的玳瑁壳，是用作乐器的，和饮品放在一起。这些发现表明有可能与宗教节日和萨满教的仪式有关。[40]

从美索不达米亚和古埃及的葡萄酒和啤酒生产起源中，我们看到了不那么令人欣喜的结果。在美索不达米亚城邦乌鲁克时代（公元前3500—前2900年）的戈丁遗址以及公元前6世纪的伊朗北部，都发现了装过葡萄酒的容器。葡萄的发酵始于陶器发明后不久，而到实现对葡萄的人工驯化种植，达到甜的目的，又持续了2000多年。经证实，在戈丁遗址也存在大麦啤酒。有可能在这里用谷物酿造啤酒甚至早于用谷物烤制面包。大麦早在公元前9000年就已经被人工驯化种植，并且在20世纪50年代考古学家罗伯特·J.布雷德伍德就猜测，出现了大麦的种植才使人类的定居生活成为可能。植物学家乔纳森·D.苏尔也认同这一论断，但他认为大麦不是生产面包最重要的原料，而是生产啤酒的。谷物发酵后醉人的特性和干渴要比饥饿和在营养方面甚至相对不丰富的糕饼更能激发人的欲望。可是对问题“过去人单独靠啤酒能存活吗？”——这也是对布雷德伍德和苏尔的观点进行讨论的一个会议的主题——各方面的回答都很消极：如果啤酒成为决定谷物种植的最终产品，那酿酒知识应该得到更加广泛的传播。使用大麦作为谷物的糁出现在制作面包之前，大麦啤酒的制作肯定很繁复，因为在发酵之前还要进行淀粉分解，这样更容易获取葡萄酒和蜂蜜酒中的麻醉品。最后会议的参与者这样表述：难道我们该相信，西方文明是由一群营养不良的人们在半醉半醒的状态下建立的吗？[41]

但是为什么偏偏在人类向定居生活过渡的时期出现了葡萄和谷物的发酵？一个合理的理由就是，节日在那个时代有着特殊的意义。一部分原因是，气候的变化使食物产生了盈余，刚好用在盛大庆祝活动上。任何想要庆祝的人必须先留下一些东西，反过来说，无论是谁有多余的东西剩下来都想要庆祝一番。另一部分原因是，建造神庙这类集体服务可以通过盛宴庆祝活动的形式回报参与建设的个体。庆祝既是为了证实已经取得的成就，又是为以后的目标创造动力。最后一部分原因是，伴随着人类生活方式由狩猎-采集向村落定居过渡，群体的规模增长扩大了，节日可以增强人们的社会凝聚力，而不像以前大家仅仅是由于贫困聚在一起。节日庆祝把大家联系起来。在最早的神话中就有很多对节日宴会饮食的描述，可是那仅仅是在神仙和社会上层成员间举行的。节日宴会显示了主人的社会地位，因为获得越多食物盈余，他的成果越大，不仅令他声誉大涨，而且会让他以后获得更多的资源。[42]

这种声望还建立在强大的组织能力和权力基础之上，这样才可以给他的客人们提供大量含酒精的饮品。至于这些节日宴会中的饮料，它们的保质期可能是在生产出来之后几天（玉米啤酒、大麦啤酒和埃默尔啤酒）、一个月（龙舌兰酒）和一年（米制啤酒和葡萄酒）。因为谷物制的啤酒有一个6—14天的生产制作时间，如果要零星沽卖的话，全部需求量要同时生产并且要在消费地点附近生产。据估计，在古埃及，一家啤酒厂一天内可为一个庆祝活动提供多达390升的啤酒。显然，在醉人的饮品摆到桌上之前，一定有一项高强度的繁重工作。只有葡萄酒可以把生产和销售分离开来，因此它更适合买卖。相反啤酒的消费取决于一个几乎可以称作原始国家般的组织，就这方面而言它顺应了公元前4000年以后在中东地区的时代发展趋势，在那里，在宗教、政治、经济和技术方面已经为城市君主政体铺平了道路。[43]

让我们从这里出发再回头看看走过的路，在不确定的时间先出现了火，后来有了节日。赫西奥德所讲述的关于普罗米修斯的希腊神话很有趣。普罗米修斯对人类给众神的献祭品动了手脚，他在仅包有牛骨的皮上涂满牛油，给另外一小堆肉外面包上毛皮。从那时起祭品中不能吃的部分属于众神，而可以吃的部分在重大节日中就被人类吃掉，以此来祝福众神。宙斯要惩罚这一诡计，就禁止人类使用火。他们不应该对从众神那里骗得的肉感兴趣。但是普罗米修斯偷到了火并把火带到了人间。为此人类受到第一个非永生的女人——潘多拉和她的盒子的惩罚。盒子里充满了衰老、疾病、死亡和罪恶。宙斯把偷盗火种者放逐到世界的边缘，在那里他会遭受永久的折磨。

最终，人们拥有很多纯粹又矛盾的乐趣。他们不再在神像面前举办盛大宴会祭祀众神，因为众神对他们的善意有多大根本不清楚，但为了能够庆祝又必须要工作。祭祀就意味着，要考虑到人和神之间的差异。吃面包意味着要工作，只有工作才会使吃面包成为可能，并且要想起天气或者得墨忒尔，她会使吃面包变为不可能。吃肉意味着要先进行煎烤，并且要了解文明和荒芜的区别，这就取决于火，所以就火——“艺术的老师”（埃斯库罗斯）——而言，一方面要培育，以免熄灭，另一方面要驯服，以免受其害。[44]

第三章
嚎春的公鹿在餐桌旁变得更安静
说话的起源

大自然赋予人类两只耳朵和一条舌头，因此人类听到的内容是说出来的两倍。

——艾比克泰特

亚里士多德说“人是会说话的生物”。我们现在是很愿意复述希腊语的“理性动物”的。更早一些通过拉丁语传播的“动物理性”翻译版本，是“理智的生物”，现在引起了很多质疑。对于人类和人类社会，无论是在其起源还是后来，都没有先产生理性。相反，其他动物证明了自己的智慧。

亚里士多德在他的《政治学》中把人和动物区分开来，实际上他在书中对上面的话题是这样描述的：“声音是疼痛和欢乐的标志，也为其他感官代言，因为他们已经能够自然而然地感到疼痛和快乐，并且可以识别两者。但是话语或者语言可以表明有用的和有害的东西，同样也能表明公正的和不公正的。”[1]也就是说，就发出声音的生理能力而言，人类和动物接近类似，但语言这一能力只有人类拥有。这位伟大的哲学家以此做了一个既意义深远又有问题的区分。因为把动物有的声音同只有人类拥有的语言区分开来，没有考虑到只有人类的声音才是讲话。动物喊叫，我们讲话。

如果人类掌握的语言仅仅是在词汇和语法意义上的，那不足以被称为会说话的生物。聋哑人不会说话，但是有语言。很多关于语言起源的理论或多或少都很自然地认为其前提是，语言是符号系统的意义载体。是否最早的语言信息是受到惊吓后的叫喊，是对大自然声音的模仿，还是存在于一个命令中——不管怎么说，肯定要先有一种具备发音和说话能力的生物。因为蜜蜂和鱼也可以借助符号进行交际，甚至传达比“欢乐和痛苦”更复杂丰富的信息。它们相互警告，相互追求，相互指导。然而它们不会说话。鹦鹉和海狗会说话，但我们也不会因此认为它们的模仿是一种语言的表达。最后，恰恰是动物界中与人类血缘最近的动物，类人猿，根本就不会说话，尽管它们能够借助手势传达特别复杂的信息。简而言之：交际、语言和说话并不是一回事。因此建议会说话的动物，也就是人类，对语言起源的问题，分两步提问：我们是怎样进行发声的？又是怎样形成语言的？

说话要求人类身体具备的前提条件是多方面的。要想说话，首先需要一个气泵：肺连同气管。因为身体不管怎样都要呼气，这就意味着说话几乎不消耗能量。这对语言的发展非常有益，但马上又出现了一个疑问：到底为什么我们因为拥有语言能力就在动物界这么独特。其中一个原因就是，说话需要特别强大的控制力。连续不断的气流以及气流导致的声带的颤动还不够。肺和喉只能产生特定音高的基本声调。比如说像Mut、Maat、mit、 mäht 和 Met 这些词的发音总是相同的。这些词之间的差别仅仅是从一个变化中产生的相同的基本频率，这一变化是由部分声道完成的。[2]

鼻子、下巴、上颚、舌头、嘴唇组成鸣腔，改变这些器官所处领域的空气振动。基本声调的一些频率被声道中的共振（共振峰）过滤掉了，其他的被放行通过。发A（德语A，发音同“啊”）时舌展平，喉头减小了声带和张大后口腔的距离；而发I（德语I，发音同“一”）时情况完全相反。生物学家约翰内斯·穆勒早在19世纪中期就通过实验证明，当对着被割开的喉头吹气时，会产生沙沙的声音，当人们在喉头上连接一根长度大约和从喉部到嘴唇的距离相同的管，大多能发出像人的声音。一百多年后瑞典的生物学家古纳尔·范特证明，在上部声道中的频率过滤起作用时不受下部声道声源的影响。[3]

要理解这一点，最好的方法是通过一种不需要声带振动，但能说出每一个单词的语言行为：低声耳语。这种低语几乎没有音高，男低音部产生的低语几乎和女高音部的一样。动物并不了解这些。虽然一些猿类在碰到害怕的同类时，会降低与之交流时的音量。而实际上，在这一过程中所涉及的仅仅是无振动的发声，还是仅仅就是唧唧的叫声，尚未被证明。人类可以在没有声学振动情况下清晰地发音。因此，在发出进一步的信号前，人类只是窃窃私语的动物。[4]

人类的发声丰富多样，最重要的前提条件是人类特殊的发声系统：一个一直处于深处的喉头，一个相对较大的咽腔连同一条异常灵活、可以清晰发音的舌头。只有个别物种，比如雄性的马鹿和黇鹿，长有相对更深的喉头，这扩大了咽腔和口腔之间的比例，对前者明显更有益处。据猜测，这种能产生更深的声音的生理结构可以使这些动物产生一种夸张的声响，从而区别于其他动物。因为在通常情况下，声道的长度和相应的频率库是推测脊椎动物体形的一个可靠信号。发情嚎叫的公鹿，在黑暗中和在看不到全貌的地形中，通过把咽腔扩大一倍发声，使自己的对手和母鹿对自己印象深刻。人类对此很熟悉。这是对人类男性在青春期变声的一个解释，变声是在性成熟期喉头的第二次下降时产生的。在文化方面意义重大的是，发自深层声区的声音与确证（而不是疑问）、权威或威胁（而非顺从或礼貌）、自信（而不是紧张）和高尚是相关联的。而当所有的鹿都以这种方式嚎春并想表现更突出时，这种低音是如何体现出优势的，在研究方面还是个悬而未决的问题。[5]

人类喉头的下降最初的意义可能根本不是通过在声道中获得空间来赋予声音更多的发音可能性。这一点同样适用于位置很深的舌根，它使喉部咽腔改变，成了不受口腔限制的“喉舌”。即使不会说话的动物也具有这一特点。这只是没能引起注意，因为解剖学家经历一个多世纪，通过与死去动物对比才发现人类这两个“器官”所处的位置更深了。人们把动物尸体切开，根据所看到的得出结论。然而，最新动物活体研究得出的结论却相反，不只是上面所提到的鹿这样的特别物种，很多物种都有一个处在深处的声源。在对吠叫的狗、咩咩叫的羊以及猿类和猪的观察中发现，喉头和舌根在喉部发声过程中也往下降，以便在鼻腔关闭时达到一个更高的声强。至少在发声的一刹那不能把它们的声道和正在说话的人的声道区分开来。特库姆塞·费奇绝对是言语生物学最好的专家，他这样总结这方面的研究现状：有说话能力的人和其他哺乳动物之间的关键差异更多地在于语言器官的神经控制，而不是其身体结构，换句话说，在语言形成和发展的过程中，这些身体特征被再利用，而这些身体特征本来不是用来传达复杂信息的，可以说是简单普通的声音方面的自我卖弄。[6]

在发声过程中，在口腔和咽喉部位每秒活跃着225块肌肉，如此灵活的移动能力是如何促进说话能力的发展？已发现的能证明与人体结构相似的化石提供不了关于说话能力的有说服力的结论，甚至即使有更多的不只是颅骨的骨头也无济于事。因为我们的确知道，有些动物拥有和人类相似的身体结构，但即使这样它们也不会说话。因此关于说话起源的问题有赖于猜想。[7]

最有趣的假说是从除此以外人们还能用嘴做什么开始的。从声音低沉的嚎春或吠叫方面看，口腔和咽腔区域的作用一直在食物摄取上。会说话的动物在相似条件下发展出说话能力，也可以一如既往地通过相同的渠道进食。难道说话的起源不应该在进食和发声相互作用的地方找寻吗？喉头位置较高的动物，其喉部与鼻腔之间有膈，这让它们可以同时呼吸、喝水——两个动作之间间隔为500毫秒。[8]而人类这样做就会呛咳。这其实是非常危险的，人们从事实推断出人类新生儿的声道直到出生后3个月还是和大多数哺乳动物很相似，这样可以防止食物进入呼吸道。也就是说，自然的发展进程把一种婴儿的保护方式带入了人类语言系统的发展中。

新生儿不会说话，在他们第一次说话之前他们会尖叫，会用肢体语言示意。从他们的口腔和咽腔看，相较于今天的成年人，他们更像早期人类，对此研究人员得出结论：根据对头颅的分析和对声音的模拟猜测，在10万多年前，比早期人类语言能力更强的尼安德特人还没有掌握今天人类的全部元音和辅音内容。有人曾尝试把今天一个成年人的声道安置到一个尼安德特人的头部和颈部区域，结果喉头在胸腔。也就是说尼安德特人不会像我们一样说话。根据一个模式推测，早期人类掌握了E的发音，不会A、I和O；掌握了D、B和F的发音，不会G、K。因为只有骨骼化石而没有肌肉的化石流传下来，所以从颅骨的结构判断喉头位置的结论或者从舌部肌肉神经入口的大小判断语言能力的结论都只是猜测。[9]

可以确定的是现代人类的声道发育很晚，而早期人类肯定有语言能力，当然是有限的。他们肯定已经有了并开始了口头交际，人类声道的组织结构的发展总的说来虽有风险，但是具备进化优势。值得注意的是，人类的语言能力主要取决于模仿声音的能力。小孩一岁多的时候就开始说话，18岁时词汇量达到6万多，也就是说他除去睡觉，在其一生的这个阶段每90分钟就会学到一个新的词。如果没有对所听事物的模仿能力，这是不可能做到的，就像人们已经了解到鸟类和海洋哺乳动物有这种能力，而陆地上的那些动物不具备。人类是一种乐于模仿而且有天赋的猿类，不仅倾听异类，而且倾听自己，对自己从中觉察到的进行钻研。[10]

声音是用来发出警告或辨别式的喊声，即以友好的或者敌对的声调通知、透漏给同类所喊的内容。声音是个符号，是个花押字，越清晰越好。鸣禽中雄性自备内容丰富的“曲库”使出浑身解数获取雌性的好感，这就产生了一个问题：在这些复杂的声音表达中哪些具有吸引力。鸟类学家猜测，一方面丰富的变化会产生吸引力，另一方面，声音的多样性表明了歌手的能力不止一种——举个最简单的例子，如果在场有不止一位防御者，凭借“优美的姿势”可以给对方留下印象。在稍微复杂的情形下，声音的复杂性还代表发声者具备适应多种情况的能力。

其他哺乳动物和人类的另外一个区别在于，相比较而言不会说话的动物都是刻板地使用它们的声学曲目。单个的声音和声音序列虽然可以重复，但是几乎不能连读。[11]相反如果有谁不只是喊叫，而是想说话或唱歌，那必须多次打开和闭上嘴巴——两者之间的转换对应着元音和辅音的变化。说话的时候下颚会不断地运动，声带振动发声并被舌和唇改变声效。因此从运动机能看，说话是一种以“开和合”为主题的变体。这样描述的说话的起源，其结构与特定的词和语法无关，都是言语前的行为。通过这些行为，面部肌肉和舌头已经熟练掌握了节奏。据了解，说话是建立在所有哺乳动物所熟悉的嘴部运动基础上的：咀嚼、吮吸、舔舐。因此对音节和重音的感觉以及持续不断咬舌的能力是通过重复运用身体机能进食和温柔的举止获取的。[12]

美国心理学家彼得·麦克尼利齐提出一个有趣的理论：说话的基本单位是音节。比如婴儿说话时是这样的："bababa""dididi""Mama"。每个音节里都是具体的音素。早在词汇和语法出现前，婴儿已经掌握了这种有节奏的语言结构。这时基本的辅音-元音的成对组合——"badi""dibadi""bamama"——几乎不会出现。甚至后来音节结构仍然是言语行为中最重要的方向和内容，事实表明，即使在错误时我们也坚持了音节结构。对言语错误的研究已经证明，即使口误也是对音节框架致敬："现在请您欣赏*hMess-Melle*，对不起，是*hMoss-Molle*，我请求大家原谅，当然是约翰·赛巴斯提安·巴赫的*hMoss-Melle*（《B小调弥撒》）"，或者"*Schnill und Dittlauch*"，或者"*eine Prachtel Schalinen*"。元音和辅音的顺序保持稳定，当有人口误时，我们对于音节结构的熟悉感觉会直接引导嘴部动作。"peel like flaying"，不对，是"feel like playing"。说话的人说错了"f"，但没有做替换就直接说"eel"，而音节结构在这样的情况下仍然发挥作用，它想在开始有个辅音，就使用了整句话最后一个单词的第一个辅音。[13]

同样，当某个人觉得一个词就在嘴边却想不起时，并不表示他不知道所要找的这个词有几个音节、重音在哪里。麦克尼利齐由此猜测，音节框架的机体控制的前身与其说是一个或者最多两个音节的动物喊叫声，不如说一方面是咀嚼、吮吸，另一方面是舌头咂嘴、嘴唇吧嗒和呲牙这样的面部表情。这符合一种假说，即语言最初是代替人类身体的一种声音修饰，这种修饰在猿类中很常见，一般采用相互给对方捉虱子的形式或者其他示好的形式。猿类在清醒状态下高达20%的时间都用在这种轻微“麻醉”的行为上，因为这种释放内啡肽的行为对动物的能量分配不产生任何影响。这种“毛发梳理护理”有助于加强社会关系，使更大规模的猿群——可达50只到55只——维持稳定的群体单位。猿类群体成员的这种增长方式伴随着对公共栖息地的征服。根据进化心理学家罗宾·邓巴的观点，这对狩猎以及对被狩猎的防御都很有用，但同时加剧了群体内部的竞争。因此，在更大规模的群体部落成员间，这种毛发梳理行为提高了建立在信任基础上的友情。[14]

说话可以在更短的时间内培养社会关系，因为它可以同时传达给多个对象并且不局限在简单的信息上。邓巴的猜想是，从对大家的喊叫到仅和几个个体的交谈的过渡实现了在更大群体中建立社会亲密关系，也实现了对更大规模群体的利用，而不是失去了一个共同的世界。说话分享并证实了有这样一个世界，它几乎不依赖于话语的本身，即什么是正确的：仅作为一种喜爱关注的形式。交际心理学家指出，陌生者之间交流会先提天气、迟到的列车、大众媒体的某些信息，因为他们自己能够确认，这些信息是被对方认可的。对此社会学家布罗尼斯娄·马林诺夫斯基创造了一个概念“寒暄”，它完全发生在这种确认功能中，其中不传达信息，而是“仅仅通过单词交换创造出来共同的纽带”。How do you do? Wie steht's?（你好吗？）寻求联系是为了联系，主要用于试探，和谁会思想同步，可以相信谁，谁做出了贡献。完全没有交集的人联系在一起，因为在相聚时完全友好的语言表达对于在场者而言，根本不会出现相左的情况。当这种寒暄转到实质信息内容时，不在场者算是个合适的话题。人类证明自己是种有闲聊需要的生物，且喜欢闲聊。这种闲聊最初的、前语言的发声形式是咂嘴、嘴唇吧嗒的声响，这和食物摄取没有关联，而成为聚在一起建立信任的伴随声响，成为开始说话的先行步骤，因为这增强了口腔的发声能力。在脊椎动物中除了鹦鹉，只有人类还会在自己发声时有复杂的舌部动作，特库姆塞·费奇的这一提示扩展了麦克尼利齐可能过度集中于下颌运动和嘴唇肌肉循环交替的论据。[15]

和这种倾向认为说话的起源来自早期人类进食时有节奏的嘴部运动的观点相匹配的是，猿类虽然不会说话，但完全可以感知到言语式的声音和对交流的理解。的确，它们故意发出特定的声响，为了交流和引人注意。野生的黑猩猩可以调整它们的警告和恐吓喊声，在它附近的听众可以以它为参照，辨别入侵者的等级和体形。还有声音手势，它消除了单纯手势交际和单纯声音交际之间的差异。会说话的人的祖先在可以精确地使用发音器官之前，能够控制手势，在这当中可以肯定的是，区分母子互动中的声音和手势是完全没有意义的，因为两者应该表现出相同的内容：母亲安抚时的亲密感。如果每一个微笑都被证明伴随着声音的增强，那是信息中的一个信号迹象，它避免了手势和语音方面的明显分离。关于这一点我们会在讨论音乐的起源时再做描述。这里仅能确定的是，猿类之间交流手势的丰富性让我们认识到当对话中的伙伴们可以看到彼此时，说话也具有某些手势表达的特质。这使任何解释第一个词和第一个名称出现的关于语言起源的理论显得很片面。所有这些至关重要的是“临近性”这一概念，如此一来，远与近才有一样的沟通效果。另外，声音是信号，它可以克服距离传向远方。人可以喊看不到的人，不仅可以和附近的人说话，而且可以和视线之中或者身处很远的人交流。说话可以伴有手势和表情，这对交际是一种补充。说话与手势和表情的不同在于，它在黑暗中是可以进行的，比如当火已熄灭或者星光消失时，我们可以讲故事或者仅简单地哼唱。[16]

问题依然是说话是什么时候开始的。根据几乎所有古生物学家和进化生物学家的看法，大约在公元前4万年，当时已经存在了15万年的解剖学意义上的现代人类，完成了一次文化的“飞跃”。“飞跃”这个词在这里必须要加引号，因为它持续了1万年。然而，他们在这一时代的这一时间完成了文明史上的一次壮举：有装饰花纹的、变化复杂的武器，可能会对壁炉保养，雕塑品，乐器，意义重大的葬礼——我们会在本书谈及其中的大部分。当时围绕着智人产生了一个伴有象征性沟通的、思维多元化的、有模仿行为特性的和在技术方面精湛的世界。他们在身体结构方面发生了什么变化，才有可能完成这些成就？早期人类肯定已经经常交流了，从一种仅仅借助声音支持的、最基本的手势的交流到最基本语言表达的过渡可以解释这种差异。当声音变成意义载体并有面部表情支持它们的意义时，交流耗费的能量会变小，要表达的意思变得更精确，尤其是语言的表达通过音量和声音旋律的变化变得更准确。现在双手被解放出来，这使在劳作的过程中进行交流成为可能。这有利于制造工具。此外，根据最早提出手势原始语言理论的人类学家戈登·赫维斯的说法，语音和听觉通道在很大程度上是自由的通道，而视觉通道不断传达非语言性质的信息。事实上，如果在智人到欧洲定居之前的一段时间确实发生了基因突变——著名的$FOXP_2$基因似乎对语言能力来说至关重要，那样的突变会影响早已经通过手势语言“准备好的”生物，语言要从手转到口。[17]

第四章
这场比赛只有三人一起玩
语言的起源

人类的语言在说“我们明天见你”和“我们明天吃你”所用的“成本”没有任何差异，但意义差异巨大。

——克里斯·奈特

起初，可能荒凉而空洞，但起初并不是一个词能表达的。我们要把这个世界想象得非常长，它是经历了数百万年之久的，当时是完全只有声响和信号的世界，而没有话语和句子。在语言出现之前有喊叫、手势和表情，还有符号：烟雾表明火，脸红表明害羞或者愤怒，勃起表明情欲，发烧表明疾病，微笑表明欢乐。对符号的理解掌握发生在复杂的话语表达之前，就像对痕迹的辨认会在对文字的阅读之前，单纯的示意表达发生在言语表达之前，有声音辅助的要求或警告性喊叫出现在主-谓-宾结构之前。

然而，如何界定在大自然中哪些声响是可以被诠释的？又如何判定哪些手势和面部表情词汇是语言，而哪些不是？毕竟，我们总是谈到“目光的语言”“说话的手势”和“森林的声音”。语言和由叫喊、简单的手势、被解读的符号组成的信号系统之间有什么区别？

要回答这个问题就必须弄清楚，一个符号指代的是什么。如果这个符号是模仿某个东西，我们就会说一个画面，比如说一个手势的画面：“有时候这样就足够……”——齐眉高的手的拇指和食指指尖相碰——“……很少”。或者两手交叉，在低头闭目中展示祈祷者的专注，通过这种方式告诉对方，在这种状态下别乱动。或者，客人不是高喊“把账单拿来”，而是寻找并和服务生的目光接触，做出快速写字的动作。这个“图标式”的符号与它所指代的内容相似，或者简单地表达了它想表达的意思。

假如某物被用作参照去解释与之相关的其他事物，我们将其称作“指代性”符号。乌云预示着下雨。绿长尾猴是最有名的会发信号的动物，它的警告性喊叫根据不同的音高和音长，指代豹子、老鹰或蛇。门铃响表明有客来访，温度计表明不同的温度。当有人说“St-ein”而不是“Schtein”，表明此人籍贯是在德国北部。此外，像“我”或“这些”的词所代表的符号，经常指代说话者本人或刚刚提及的东西。这里所涉及的不仅是符号和实物之间的相似性，而且涉及两者共有的一种规律性，这种规律性让我们可以从符号推断出实物。[1]

然而，当我们以第3种形式添加符号应用时，我们才会说到一种语言，即不以声音作为媒介，例如聋哑人之间的语言。语言，除了画面和参照物，还由符号组成，这些符号脱离了它们所表示的实物。有人在谈论海伦娜，而她根本就不在那里。甚至通过单独名字的使用也不能说明，谈到的是哪个海伦娜。似乎说的是一个人，这个人可能是女性，有一个希腊语名字。而一艘游艇也可能叫海伦娜，或者是一款香水，或者是一首诗。为了使意思更明确，要对词做更进一步的界定，对于像“帕拉斯·雅典娜”或者“喜马拉雅山雪人”这样的词，几乎没有人见到过其所指代的内容，更不用说像“明天”“超我”“没有”“兴趣”这些词了，这些词所指代的不是人们能够通过模仿或者手指动作就可以认识的。在哲学家查尔斯·桑德斯·皮尔斯的术语中它们是符号，换句话说就是其他单词、句子和篇章。在大多数情况下要用很多其他的词来限定它们各自的、从来不完全确定的含义。试着解释什么是“兴趣”，尽管几秒钟内就会明白，解释的过程也需要一些时间。[2]

符号不必是声音符号。一枚破旧的戒指，虽然不被察觉，或未经提及，却指代的是行为举止和言语的集合：婚姻。此类符号的意义不是从具体情景中得出的，通常需要由其他细节做更准确的表达，相比较而言它和自身的符号形式只是松散地连接在一起。正如无论在哪里，乌云都预示着下雨，但是Wolke这个词在不同的语言中分别会有cloud、nuage、oblako或者yún的发音。我们有些长的词指代短或小的事物——Mikroorganismus（微生物），短的词指代长的事物——Wal（鲸鱼）。要理解这些词的意义，就要了解与此相关联的符号，了解这种语言。[3]

当我们碰到远古时代的文物时，这一点尤为明显。有些带有符号的陶土块，直到今天也没法破译，因为我们不了解用在其中的语言。很长时间以来，考古学家只是把这些当成记号、符号看待，当成某种技术文化的文献，当成当时的人类已拥有的能力的证明：烧制陶土、使用文字等。或者它们被解释为图像：在古埃及的语言被解码之前，它们被视为图画，被称为象形文字。

因此，语言通过直接的感知和明确的规律性，触发了符号的应用和符号的理解。只有正确理解和区分各种符号，才能正确理解语言。动物做不到这一点。它们找不到食物，然后决定是否告知其他成员这件事。在它们的洞穴里它们不会讲到自己的敌人或者这次狩猎，也不会讲以前。它们的交流不是自发的，不会渗透虚构的、过去的或者未来的世界状态。也许正如美国语言学家德里克·比克顿所说：可能没有杜立特博士那样可以懂动物语言的人，因为那根本就不是语言。[4]

动物能支配的是信号，这些信号向来被用作对袭击者警告、求偶、告知同伴发现食物及显示群体的团结。只有在特定的情形下，将动物发出的声音和它们的肢体语言与其直接的后果联系起来看才有意义。而且，它们和一个动物的情绪状态紧密相关，动物表达情绪不会设身处地想到自己的受众，而只是自顾自地情感表达。符号（喊叫声）和所指（身体状态）之间的差异很小。对一只豹子进行警告的长尾猴，不会使用适当的信号提醒同伴们第二天威胁可能还在，而且当群体靠近可能有豹子的地区时，它也不会提前发出警告。因此经常是当信号还在发送中时，危险已经过去或者信号受众已经对危险做出了反应。如果说一声特定的喊叫指代一只正在靠近的豹子，就像这声喊叫是语言意义中的一个词或者一个名字，那会产生误会。“豹子在靠近”“小心，四条腿的危险动物”“小心豹子”和“现在快上树”，这些信号的诠释根本难以区分。[5]

一种语言无论多么简单，都可以表达出上述差异。语言不受情绪状态的影响，其使用也不局限于特定的场合。所有较早的关于语言起源的理论都认为由于疼痛、喜悦、恐惧导致的喊叫声就是语言的起源，语言学家西奥多·本菲早在1869年就已经确认这些不是语言，而是当语言不起作用时被表现出来的。另外，语言的表达变化丰富，是独特的，以至于在任何时候对这样一种工具的使用都会产生令人惊讶的意思理解。人们可能想到的是与所说内容相反的讽刺表达（“因为布鲁图斯是位值得尊敬的男士”），想到的是双关语（“总是堵车使我发狂”），或者想到的是比喻不当（“这打在桶上像皇冠打到脸上”）。或者想到我们区分语言意义的能力：奶油饼干（Butterkeks），黄油桶（Butterfass），脱脂乳（Buttermilch），黄油面包片（Butterbrot），早期国际水域免税游船购物（Butterfahrt），黄化植物（Butterblume）——每一次Butter指代的意思都不一样，即使这些词都是按同样的构词法组成的。[6]

让-雅克·卢梭第一个认识到事实背后的难度问题：语言是怎

样从非语言中产生的？卢梭在1755年的《论人类不平等的起源和基础》中指出，当时大多数关于语言起源的理论都预设了它们试图解释的内容。例如，有理论认为母亲和婴儿之间的交流使语言产生，但那仅仅解释的是一种早已存在的语言是怎么被传播的，并没有解释语言的产生。如果人们非常需要一种语言去学习思考——例如，为了能够将自己与感知印象区分开来，那就更加有必要去思考、发明一种语言。根据自然状态理论家的设想，分散的个体通过语言会转变成社会性的生物。那他们又是怎样在群体之外使语言形成的？假如语言是约定俗成的——人们已经认可并习惯于用Leopard（豹子）命名与它相关的动物，而Wolke和nuage所说的完全一样（云，分别是德语和法语——译者注），那又是以什么样的方式达成这种一致的呢？看上去好像人们“在从没有使用某种语言的情况下就把它引用进来了”。[7]

这是不是说，这个词本来开始就存在，因为更晚一些这种语言的产生根本就不能解释了？在这里上帝能解决这个先有鸡还是先有蛋的问题吗？显然，这个矛盾的情形——卢梭和与他同在18世纪的整整一代的语言学家都认为当时关于语言起源的每一种解释都是矛盾的——要归因于这一前提，即所有的交流，甚至所有的思想都用语言写成。只有区分开沟通交流和语言才能打破这一怪圈。有语言前的思维、有语言前的社会性和有语言前通过符号的告知，语言在生物的交流历史上是个迟来的特例，而不是普遍模式。谁要理解交流，就必须从交流所面对的内容开始。[8]

有一种猜想是在语言出现之前存在过一种“源语言”，它由独立的词句和极简单的使用规则组成。孩子在最初几年的成长中会建立一个音-义-组合的词典系统，在最初使用时是没有丰富的语法结构的。从“源语言”到真实语言的飞跃是这样的：通过词之间的组合。在动物世界里没有出现的是通过谓语动词的标记限定能力，例如：“附近的”和“豹子”变成“附近的豹子”。词通过相互之间的排列组合提供信息，这对于动物信号来说是没有必要的，因为动物信号已经包含所有触发行为的信息，但同时也仅限于此了。换句话说，信号是值得信赖的，从来不会迅速出现又很快消散或被转化，相反词可能会让人产生错觉，通常包含多个意思。信号主要是操纵性的，可触发反应，语言主要是提供信息的，可以全世界推广的，即使它涉及的可能是虚拟的世界。[9]

语言最初开拓的是一个什么样的世界？它一定是一个超越直觉的世界，因为对于已存在的直观世界来说复杂详尽的信号系统是足够的。例如我们简单地喊出“Oh!（哦！）”“Hoppla!（糟糕！）”“Aua!（哎呀！）”，这些以音节形式输出信息的能力可能是最先形成的。说话人脱口而出的喊叫和伴随有传递消息意图的喊叫很接近，差不多是为了在同类之间表达惊讶或提醒对方小心。根据美国语言学家德里克·比克顿的猜想，大约200万年前直立人寻找兽类的腐尸为食，食肉动物以剩下的食草动物——猛犸象，是大象、犀牛和河马的祖先——为食。采集群体划分的领域，也就是动物残骸的发现地更大了，因此在这里的搜索战略中先要对发现物的种类和发现范围进行交流。比如，可能就会产生伴随有手势的对声音的模仿，而采集者模仿的声音本来是由所发现的动物发出的。假如这一猜想是对的，代表着猛犸象这类的交流符号，就变成了一种象征，暗示着一个不在场的客体，听者从中可以得知，它是死的，体形巨大，通过集体行动可以获取。在谈话的情景及其触发因素之间，像在这里就是已经发现的动物腐尸，与对所处情形的了解和对理解状况的应对处理之间一样存在时差，这种处理就是找到腐尸并一起取出其中的内脏。[10]

这只是假想情节而已。要证明象征性符号的具体产生情形是不可能的，不同的人会想到完全不同的情景，在这些情景中确定不在场者的位置和踪迹是有用的。比如认知科学家特伦斯·迪肯在一夫一妻制夫妇的分工中发现了象征性交际起源的一种答案。对于这一种族的人而言，他们的特点是过着群居生活，这有利于狩猎，实行排他式的配对形式。当男性为自己和家人获取大部分食物时，女性照料后代，需要的仅仅是一种双方的承诺，为向养家者确保，他所供养的是他的子女，为向妻子确保，她实际上要由他来供养。这种借助象征性交际的有性繁殖的重组是实现狩猎优越性的前提条件。从这个角度来看，语言起源于仪式，在这种仪式中群体和个体互尽责任实现互惠，并借助手势、符号以及很晚出现的声音建立男女之间的象征关系。[11]

我们前面已经提到了英国人类学家罗宾·邓巴的假设。这里存在一个问题，就是语言有蒙蔽性，因为语言所指的是不在场的内容。因此，可能需要从进化优势的视角对语言起源进行解释，以便理解如何将信任置于语言表达中。根据邓巴的说法，语言在更大群体中的相互交往中发展起来，他们联合成警告和战斗群体，以便更好地与食肉动物竞争。如果说话在这当中具有和相互之间的毛发梳理相同的功能，即确认归属和亲密关系——谁如果给别人后背搔痒和挠脖子，谁就被注意到并得到相应的补偿，因此，邓巴认为相互闲聊是语言的一种可能。通过群体确认的共同规则，同时通过群体成员的信息（比如他们的可靠性）的传播，闲聊可以涉及不在场者。从这个视角看，合作性沟通的原始形式并不是关于客观物体和世界状态的信息，而是关于其他人的流言蜚语。

抛开这个问题不谈，当语言可以供人使用并显示出优势时，就能充分解释它的起源吗？偏偏就是流言蜚语在语言中促成了信任吗？身体接触所表达出来的好感在很大程度上是真实可靠的，无论如何它所表达的意义内容是不可否认的，但对于语言的关注——“我当时怎么样”——并不适用，对于流言蜚语的适用性更是微乎其微。而这引起了一种质疑，认为一个人所说的内容并不可靠。这是种“社会性的阴魂附身”，是由于对话参与者的注意力被吸引到对话中，倾听对话的内容，放弃原来的打算。假如真的是在动物到类人猿的进化中，由于它们的竞争关系而阻止了去理解他人和接受其他对世界的看法，那这种干巴巴的说话就和动物之间早已熟知的游戏一样，所展现的是一种竞争无关紧要的情形。合作性交际，我们经常将其和绩效关系联系起来——合作性狩猎、工作、制造工具或防御，在这方面合作性交际的意义可能会在这些情境中被唤醒，当中可能几乎无所涉及（游戏），或者竞争毫无疑问不起任何作用（教育）。[12]

对于相信语言表达的原因的问题，生物学家泰库姆谢·费奇想起一次讨论，那是很久以前在他关于利他行为的专题研究过程中进行的。在生物学史上最著名的一篇文章中（这篇文章只有两页多）英国的学者威廉·D.汉密尔顿简要叙述了亲缘选择理论，其中就涉及这个问题。为什么一种生物会为他者做事情？或者更准确地说，为什么进化会选择一种消耗自身能力而惠及他者的行为？答案是，这要取决于这种行为的成本和由这种行为所促成的个体亲疏关系之间的比率。也就是说，谁帮助他的兄弟或姐妹们，谁就会在生物库中获得自己的基因。比如说雌性昆虫为了自己姐妹的繁殖而牺牲自我的行为，就符合这一逻辑。[13]

在信息的交流过程中不会有很大的牺牲，在大多数时候语言几乎不会消耗能量。然而，当一个人想到自己的孩子时，就会发现亲缘关系有很多好处。与其他物种相比，人类对子女缓慢的抚养速度以及有限的可控的数量提升了他们的生物学意义。据说在直立人的世界中“源语言”的起源已经开始了，在这个世界里，亲属之间对自然环境知识的选择性转移传播对生存至关重要。为什么人们会把重要的事情说给另外一个人，或者通过手势、表情、声音等传达，这个问题可以这么回答：因为这是自己的孩子。这也可以解释为什么人类语言习得发生得那么早，至少比认为语言对成年人之间交流有益的理论要早，并且，这符合一个事实，即女性词汇量比男性更大，女性在语言习得方面具有先天优势。就像费奇所说，语言以十分简短的形式作为人类优势能力第一次出现在世界上，也会在非亲属之间的“语音接触交往”中发挥它的作用。这里所要说的是，礼物给送礼物者带来了什么：认可、获得回赠礼物的机会、地位的提升。最后，并非最不重要的是那些提供信息的人会被视为联盟的成员受到尊重。[14]

那么，如此发展而来的语言本质又是什么？为了能够理解一个个词语，必须要有一个布局安排，来对这些词的“表现”质量进行评估。谁如果喊“瞪羚”，是意味着有一只在靠近，他杀死了一只，人们应该一起往羊群的方向进发吗？许多研究人员似乎认为，这样的一声呼喊总是会伴随着一个指示性的手势，通过这一手势变得更明确的是被指代标记的客体，而不是被表达的主体。现实中几乎没有不含手势的、不受肢体语言支持的谈话。直立行走为解放前肢和看别人的面部的进化创造了相应的前提条件。也许语言从中发展而来的交际就是一种手势性的交际。

手势可以用来使其他人按照自己想要的方式行事。猿类已经有能力出于这样的目的以手势进行交际，比如说为了吸引注意力。它们期望的是，在看到它们手势的同类中间引起它们所希望的行为。也就是说，猿类可以使对方相信自己的意图，并想实施其意图。像美国行为科学家迈克尔·托马塞洛和他的团队在许多实验中证明的那样，猿类只是不能跳出自身利益的阴影来分享这些意图，它们只要求而不合作。因此当对方指点示意某件东西的时候，它们不会问对方指的是什么，而是想对方能为自己做什么。它们只知道个体的意图，而非社会的。当它们知道，对方会对这种手势做出有益的反应时，它们不是指向某件东西，而是想占有。它们仅仅会为别人提供微乎其微的帮助，并且只对那些会帮助自己的人提供帮助。[15]

在涉及可见行为的情境中是容易确定提供帮助的真实意图的。但是，一旦这种帮助分享的是关于不在场者的信息，就必须辨识出信息的意图，而且不能脱离现存处境。食物本身是不可见的，而是在外面的某处，所以一个手势性的信息“瞪羚”，有利于辨认交流意图，手势的受众了解所接收的信息说的是哪种行为（警告、示意、预告、要求）。就这方面而言许多手势与语言相似，因为对它们的理解是以一个共享知识的整体背景为前提的——但最主要是，对交流意图的洞察力。[16]

猿类就不具备这种洞察力，它甚至连在自然猎场向自己同类展示对方看不到的东西的能力都不具备。当有人因为觉得有趣而给猿类指示隐藏的东西时，猿类不能理解。猿类能明白对方在指向隐藏的东西，但不理解交流背后的意图。相反人类可以放弃自己和对方的看法，而采取第3种观点，这是一种“我们”的观点，一种从实际情况出发的、放弃直接利益的观点。只有忽视自己的利益和自身所在情境，才有可能建立作用超越个人情境的手势和语言习惯。有人看到用于“瞪羚”的手势或语音符号，并不认为这信号与这类动物之间有直接关系，而用该手势表示“咱们一起打猎”。[16]

至于设身处地为他人着想的能力，在这里就更容易理解了，想想老年人与年轻人之间的帮助性的沟通，在这种沟通中有启发性的语言提供了一种进化的优势。因为语言使因果关系的渗透成为可能——“这件事之所以发生会需要什么”，或者识别意图，“她这么做是为了什么”，不再完全依赖于尝试或长期观察后的统计评估。如果某人不仅执行某一动作，而且还向观察者示范性地演示这一动作，那这一动作会伴随着交流，这就意味着它从一开始就被安排作为交流手段——作为“演示”，作为示范性动作。这使学习变得简单。猿类虽然会学习，但不会传授。一般技能的教学需要一种语言，而且是一种知识丰富的语言，要了解诸如“那么”“因为”“只有”“不”“没有”等词语的意思。[17]

这与研究结果相吻合：研究表明，儿童都是通过自言自语对自己被教授的内容进行重塑，儿童的这种自我对话显然提高了他们解决问题的能力。他们扼要地重述并评论他们自己的行为，就像从外部借助语言来审视自己的行为。他们把老师内化为内心生活。因此，以语言表达的信任可以通过两种方式得到加强：通过认证证明和通过可以转化为自言自语的、可理解的推理论证。身体的接触交流可以自行证明，简单的示意通过观察就会得到证明，符号、语言的交流只能通过它们的可理解性认证。语法和逻辑是信任的等价物。当交流涉及内在相互关系时，例如武器或火的使用和生产制造、食谱的使用、关于超越一个具体情境又反复发生的自然事件（动物，天气）的经验，语言是不可避免的。这不仅是因为它有扩展知识的可能性，而且因为它有可能减少对其本身可靠性的怀疑。对此人们可以这样表述：语言提供了方法来削弱自身带来的不确定性——这可能吗？她在撒谎吗？他只是想卖给我东西并把我当傻瓜吗？法国人类学家和语言学家丹·斯帕波说，与语言共同发展的组合思维和推理论证不是获取知识的主要认知手段。相反，它们是用以确定信息交流是否可接受的沟通手段，使交流进行得合理。[18]

我们谈及的人类的发展以及那些对音乐起源、对语音结构和节奏识别能力至关重要的发展都融入了“源语言”的发展进程。早期的人类应该在没有客观信息内容的情况下练习发声，这些练习不仅具有一种社会意义——群体的自我赋权，在森林里吹口哨，对动作的辅助，而且有一个有规律的结构。它们完善了语言器官的发音方法。旧的语言相对于新的听起来更像在唱歌，而且旧的语言的词更长，这使丹麦语言学家奥托·叶斯柏森在很早以前猜想，曾经有过一个时代，“在那时所有的语言都是一首歌曲，或者这样说更容易理解：这两者还没有相互区别开。”就像从多神教到一神教的宗教一样，语言从歌唱般的多音节词发展到更多的单音节词，更适合描述事实和抽象的现实。同时费奇注意到，这些词不同于一开始的象征性手势所赋予的意义，这表明，当指代内容很多的时候，符号和符号所指代的内容并不应该以相似性为前提。因为虽然有许多手势图像，但是“具有标志性”的声音和拟声的表达少之又少，原因很明显，虽然很多事物有空间形状，但很少有东西具有声学轮廓。根据叶斯柏森的观点，由于词汇缺乏，接近感性的语言被迫不断地形成隐喻和紧凑的表达，例如“或多或少相同”，我们理解这个短语中的每一个元素，但无法说出也不必说出“更多的相同”应该意味着什么。对此每种语言都有类似的但无意义的词，而且数量庞大。因此尝试声音多样性的变化对于语言的发展是有帮助的，这些词被随意使用，因为它们表示的内容没有实质性关系。[19]

总而言之，语言不是只有一个起点，而是很多：产生于一种生物的合作天性，它早期生育子女并对其长期教育；产生于手势的资料库，其中比如对共同意图的关注这样的标识逻辑都要记熟；产生于语音帮助下建立的信任因素；产生于歌曲的过剩音节。就这方面来说，语言的产生经历了那么长的时间就不足为奇了。在解剖学上属于现代人的智人，在4万年前经过一段时间艰难迁徙，来到澳大利亚和美国，也在欧洲定居下来，在那里成为唯一的原始人种，像直立人和尼安德特人一样得到学界认同。最后的尼安德特人显然生活在2.8万年前的西班牙南部。这里应该指出的是，对一个物种要求最高的标准，即不与其他物种混合，这里没有实现：在智人和尼安德特人之间的所有的可能性都有哪些，这是一个开放的研究问题，就和追寻发现的每1/3的骨骼要归入早期人类的一个新种类的意义一样。无论如何，尼安德特人已被证明拥有著名的$FOXP_2$人类变体基因。突变损害了语言能力，因此它被解释为语言能力的一种指标。这意味着，智人和尼安德特人在30万年前分裂为两个物种之前曾经说过话，可能最早开始说话的是海德堡人。

尼安德特人以小的群体艰难度过了20万年的时间，那时正处在一个气候巨变的阶段。尽管他们拥有武器，但他们可能没有使用壁炉，也没有形成并拓展使用象征符号的文化。对尼安德特人的相关考古研究慎之又慎，但除了可能用作身体装饰的彩色颜料外，没发现他们有其他任何具有代表性的人工制品。小群体的生活和不够亮眼的文化都可以表明，尼安德特人正站在语言的临界点，并没有形成超越他们社交的形式，以手势为基础，并有声音支持的词汇。更有英国人类学家史蒂文·米森把尼安德特人描绘成会唱歌，但不会说话的人。[20]

最早的解剖学意义上的现代人是非洲人，他们生活在19万—13万年前，并且长期以来创造了象征性交流的最早的技术和手段，如身体装饰品和花纹装饰的器具。人类学家莎莉·麦克布里雅蒂和艾莉森·布鲁克斯在她们关于非洲智人的报告中总结说，这不是一个生物或文化的革命，而是现有的在解决问题的过程中逐步扩展的共享知识，以便向“现代”人类的行为整体过渡。早期智人在25万年前已经拥有了认知的能力。想象一下那些如此非凡的时代以及智人穿越亚洲一直到欧洲的迁徙，我们就会把文化接触和狩猎-采集群体的相遇纳入语言的发展思考，而这些群体已经掌握了不同的符号系统、语音和手势规则。很显然，一种在如此多样化的环境中生存了这么长时间的生物发展出的一项技能，使它的思维得以脱离具体环境的限制。[21]

第五章
首饰、性和野兽之美
艺术的起源

没有谁能从自己身上找出答案。

——亚伯拉罕·戈特海尔福·凯斯特纳

“我在大海抛出的东西中看到了它”，在法国象征派诗人保罗·瓦莱里虚构的一次对话中苏格拉底这样说。这位古希腊哲学家在海滩上发现的东西是白色的、光滑坚硬的，看上去又细腻轻盈，大约有拳头那么大，可能是一块骨头，或者是象牙制成的东西。“我曾想过，谁制造了你。你什么都不记得，但你不是无定形的。”是艺术家还是无尽海浪造就了它，无人确定。苏格拉底认为有可能是一块粗陋的石头被扔进海里，经过数千年后显露出来，呈现出来的样子让人联想到阿波罗。“我想，一个对这个神圣面孔有一些认知的渔夫，可能会在从水里捞出这块石头时就认出它来。”[1]艺术，就意味着，能够在一定的时间内创造某种东西，而拥有无穷尽时间的大自然需要更长的时间。艺术，说到底针对的是人们看不出的客体，它们要归功于创造的过程。

在保罗·瓦莱里写完这些4年后，即1921年，一位业余考古学家在南非北部的马卡班加特洞穴内发现了一个岩层，该岩层含有非洲南猿的残余物，一块红褐色的圆形碧玉石。这块石头长8厘米多，宽约7厘米，高约4厘米，重约230克，据我们所知，它有近300万年的历史。石头一个扁平侧面上的3个凹痕显示的是一双眼睛和一个嘴巴。[2]一张脸从石头中注视着我们。从那以后它经常被称为人类的第一件艺术品。然而，根据地质研究结果，它的"人脸"标记显然是由于侵蚀作用，发生在上新世晚期之前。这是大自然的杰作，而不是艺术。然而，马卡潘斯盖圆石是人类历史上第一个提供美学信息的物体。因为它不具备作为工具的功能。非洲南猿对石头进行过加工的说法，也没有可靠的证据证实。这块石头的发掘地点距离类似的石英矿床有数千米之遥，洞穴里也没有被水输送过来的沉积物，鸟不可能把它带到那里，因为它太重了。很明显，就是它上面出现的人面部特征使它在其他石头中特别显眼。第一个发现它的猿人把它看成一件不可思议的东西随身携带。如果用康德的思想表述这件事，那么他或她就会以美学的眼光带着"没有那么高的满足感"，也可能用介于恐惧和好奇之间的感情去看待这块石头，会为其表面观感所吸引，或者把它看作"模糊的客体"（保罗·瓦莱里），是大自然把它制造出来的，看上去好像是一个人做的一样。

在有艺术之前，肯定有一种感知方式，会对那些看上去意味着什么却在当时又没有直接用途的东西有敏感性，人们会把这样的东西带回自己的洞穴，在那里仔细观察。从对奇怪石块的迷恋到试图自己制作的这一步会走多远？人们在摩洛哥也发现了一块石头，距今50万—30万年，被称为“Tan-Tan原型石像”，非常像带有手臂的人体。这块石头上面有被染成红色的凹槽，相似性更加明显。在拿撒勒郊外的卡夫泽洞穴里10万—9万年前的岩层中发现了红色的赭石，可能是用作葬礼或其他声明状态转变——在出生、月经、成年仪式时的人体彩绘。[3]在距今不到10万年的所有南非石器时代的遗址中都发现了红色的赭石。[4]在非洲南端的布隆波斯洞穴中也发现了早期带有标记物体的其他变体，其历史可追溯到8万—7万年前：赭石片重约40克，刻有标记，这些标记是由一种对角线形成的地图坐标式的网格。这些刻痕的功能尚不清楚，但智人这种抽象记录能力将他们与其祖先区分开。此外，在摩洛哥还发现了染成红色的鹦鹉螺的壳，为了能像珍珠一样串起来，它们被打上孔，而用猛犸象下颚做成的托盘具有几何形的凹槽。人类早期的图形载体是来自戈兰高地库莱特腊的一个有5.4万年历史的有花纹装饰的燧石石片，它只有7厘米，要在上面刻入拱形线需要尼安德特人或智人在制作方面具备一定的技巧。[5]在给我们许多可能答案的实例中的最后一个例子，即印度洋附近南非锡布杜洞穴中的画有虚线的骨骼，上面有一种赭石-乳清混合物，是用来给毛皮染色的，距今3万—5万年。[6]

为什么人们制作一些至少看上去对他们在莽荒自然中生存毫无帮助的东西呢？毕竟对于前文所有提到的客体，都可以排除它们是被用于计数、历法的记录或改进日常用品之类的工具。为什么有人将图案涂画到一块骨头或一块小石块上，画到洞穴的墙壁上，给一块石头或他的衣服的一部分上色，并且竭尽全力地对一块石头或一根象牙进行那么长时间的加工，直到它看起来像一个裸体的胖女人或同时具有动物特征和人类特征的物种？

我们假设，这当中没有特别的理由。它之所以发生了，仅仅是因为设计师们，如果我们想要这样称呼他们的话，想这么做，因为他们认为被装饰过的物体会比以前更漂亮或至少更有意义。即使这样，他们的行为也不是没有后果的，因为那些制造出来的东西被区分为普通的和特殊的，它们的异乎寻常之处与它们的技术特征没有关联。

被解释为艺术品的第一批手工艺品本质上是多元的：用花纹装饰过的手斧，洞穴墙壁上的指纹，贝壳和石珠，象牙雕刻的动物雕塑，上面提到过的人兽混合体物种的雕塑和裸体女人以及那些主要展示野生动物的洞穴壁画，有时也会以生殖器官为创作主题。基本上涉及两种类型的物体，一种是可以理解为首饰的物品，另外一种是以非同寻常的局面为主题，以与动物对抗和性为主题。洞穴墙壁上的绘画大约绘制于3.5万年前，有些可能甚至更早[7]，其中最著名的例子出自法国和西班牙，这些洞穴绘画的特殊意义适用于这两点事实：它们唤醒了最早的观众对神奇和美学品质的双重印象，它们属于一个神圣的空间并由人对其进行装饰。我们现在认识宝石和护身符的形状，也知道人体彩绘、文身和化妆品等其他一些类似的东西，都把饰品和神奇效果结合起来。因此，对于艺术起源的问题，一方面要考虑对物品进行装饰的原因，另一方面人类早期是作为单一个体出现的，还是作为一个物种对性和动物界产生迷恋。任何人要探寻艺术的起源，必须考虑到答案会涉及两种起源，两者相互有联系，但又不完全一样。

当他们确定审美目标时，这两种动机都适用：艺术是指通过事物进行沟通，这些事物有超越其技术和物质本身的特性。人们可以用一幅画给住房增色，可以用一件雕刻品把信件压住，但它们的特性——不同于壁纸或镇纸的特性——远不止于此。但有一点是正确的：艺术由交流的客体组成，这就是为什么艺术史属于用材料器具交流的历史。现在，我们开始探寻这种美学行为的起源。

大约20万年前，早期人类不仅开始使用而且开始加工各种物体，比如把那些较大的石头制成石楔子或把木头削尖制成长矛等（比如在德国下萨克森州发现的有30万—40万年历史的八木投掷长矛）。他们把来自不同客体的若干个部分组合在一起。换句话说，客体原本对应的问题与其解决方案之间的距离延长了。不是仅仅两步——找到一个合适的树枝，把它削尖，现在至少需要四到五步。把先前选定的石头磨尖，处理先前选定的树枝，使这两个被选择的物品相互协调，最后把这块石头固定在树枝的顶端。这需要的不仅仅是“情景记忆”（著名认知神经学家梅林·唐纳德），例如，类人猿在捕猎小婴猴（*Galago senegalensis*）时使用尖头棍子去刺叉它们的猎物。类人猿可以识别客体的雕刻特性，也有能力少走弯路解决问题。但它们只是初步地将这些知识应用于工具制造：借助树枝，小婴猴被惊跑甚至被杀死，而这些树枝事先被类人猿折断，除掉上面的树杈和树叶，又被剥皮和削尖。但是在这里，客体，比如树枝本身，从未偏离自身用途导向，整个狩猎工作都是根据它的特点完成的。[8]

用零部件组装工具，这不仅是朝着复杂技术又迈出一步，而且需要在工作流程中投入更多耐心，例如，为了设计具有木轴、握柄和有磨尖的石英嵌入其中的长矛，需要高水平的手工技术和材料知识，包括蜂蜡的黏合质量，金合欢树的树胶和红色或黄色赭石的混合效果，并通过加热使黏合剂硬化。这些材料、环境方面的化学知识更多是以比较能力和对实验效应链的实验能力为基础总结出来的。人们对物体的认知不断加深、改进，就像类人猿所做的，当它们除去树枝上的树叶，把树枝作为武器使用时，也对其进行功能上的解析。树枝尖可以被其他尖锐的东西替代，但两者之间的连接是脆弱而且会风化的，所以人们需要胶水，投掷物的重心不能任意改变，产生了新的认知和需求。所有这些思考内容不仅涉及“品质特性”，而且涉及零部件的外观，诸如“黏稠的”“潮湿的”“坚硬的”“沉重的”和“可混溶的”等，所有这些方案也必须通过反复改变动作行为、通过比较测试制订出来，并在必要时记录下来。这是以“指示索引性”思维为前提的，也就是说，这种思想将当前的认知作为理解其他事物的指示器，并且能够从中得出关于物体未来适用性的结论。[9]

我们正站在人类第一批雕塑的门槛旁，当然这是一道很久以后才越过的门槛。最早有花纹装饰的物体可以追溯到8万多年前，那时的人类把先前分开的几种不同能力聚集到了一起：从使用工具中获得的塑形能力，这是完全主观的；对于动物的痕迹、天气等征兆符号的“阅读能力”等。人们把相关的认知组成的整体内容称为“瑞士军刀”模式，根据这种模式，人类的思想从猿类解决问题的智力中发展而来：社会的、技术的、生物的、语言的。但是很长时间以来，这些才智没有结合到一起。那时的人类对动物的了解和对石头的了解从来没有联系到一起，可以读取痕迹，但不能“书写”下来，也不存在借助物体进行交流。

随着语言的发展，一切都在发生变化。现在出现了比较、比喻、符号、类推。人们必须从复杂的工具中去除仅仅影响环境变化的目的——“矛就要刺中动物”，并用感知控制和思维控制取代它，“这样你就可以区分我们和其他动物”，然后出现了饰品以及最早审美客体的沟通功能。人体彩绘、贝壳珍珠和花纹装饰的器具的共同之处在于它们展示的内容或意义不是直接能看出来的。它们不是生产者在制作之前深思熟虑的实物关联体，而是一种社会的和思维的关联物。这支矛的工程师们要思考：要使一系列效应链成为可能，什么是必要的？首饰制造者要考虑饰品作为沟通媒介的影响力：如果看到一幅特定的绘画或珍珠首饰，就可以推断出特殊的社会情况，例如，即将到来的仪式或狩猎活动。这幅画会传达：“注意，现在出现了其他事物。”而珍珠会表达社会地位（已到结婚年龄的、已婚的、女老板、放牧人）、一个群体的隶属关系、一种出身、一个“身份”，由此能推测当时群体达到的规模，这其中需要通过标记辅助人们记住或识别某些特征。装饰性花纹可以显示所有权、创作者的身份或图案隐藏的深层信息以及一种神奇的态度。在所有这些情况下无论如何都有一个前提，存在一种自我意识，把一个人的身体用作这个人传递信息的载体。首饰说的就是“我”。[10]

人们可能把这些品质描述为首饰的意义，对此社会学家乔治·西美尔曾有过说明。首饰会突出一些事物，但要始终突出其佩戴者。然而，这就要求首饰制作者在制作时要考虑到会对它进行观察的那些人。首饰的生产就是一种置身他人处境换位思考的实践。通过装饰品，早期的人类学会了引导别人的目光并吸引注意力。首饰是一种社交的工具，因为它迫使那些制作它的人思考如何才会让它发挥“效应”。“效应”具有双重含义：因果关系和印象。另外，为了让首饰有吸引力，制作首饰的材料在首饰佩戴者所在的地方是很罕见或根本就没有的，例如法国内陆地区的贝壳。正如西美尔所说，首饰一方面让人“看过来”，却还有“神秘的另一面”。另一方面，如果它本身保留一个秘密，比如它的起源或形式，它会发挥最好的“效应”。[11]

从这个意义上说，即使是最古老的雕塑，传达的也是一个悖论：“看这个秘密！”这里所显示的，是它想让人注意的。不针对某事物，而主要针对特殊的社交场合。在节日、礼拜时，在危机情况下，在婚礼、葬礼、狩猎、战争前会制作佩戴首饰。这形成了饰品最早的模仿的主题范围，它们几乎只专注于具有高度刺激性的事物上：大型野生动物、性行为、混合物种。尽管这种有花纹修饰的、装饰性的艺术所强调的是一个情景的独特性，但它在模仿艺术中成为主题。公元前4万—前1万年的最后一个冰河纪时期在欧亚大陆和欧洲西南部岛屿之间的地区出现了产量更多的描摹作品，这些作品不再用于装饰工具、人物或住宅，而是看上去似乎在讲述什么。其中一些是洞穴绘画，还有一些是像著名的赫伦施泰因谷仓洞穴的狮子人牙雕像的雕塑，或各种各样被称作“维纳斯”的女性人物塑像，其中最古老的是在戈兰高地上出土的小型“贝列卡特兰维纳斯”，已有23万年的历史，可能不是人工制品，而是一种被大自然改变形状的卵石，就像南非的碧玉石那样。

早期女性雕塑的名字中的“维纳斯”归功于维布莱侯爵，他于1864年在拉吉瑞-巴塞遗址（法国多尔多涅省）发现了一个约8厘米高的苗条女子的雕像，其生殖器清晰可见，因此，他借用了古希腊罗马时期对害羞的维纳斯的描述，称它为“淫荡的维纳斯”。后来，与古希腊罗马的维纳斯的比较逐渐淡去，这类雕像通用的名字却保留了下来，因为，它们自身带有受欢迎的联想，尤其是它们始终呈现的那种神秘感。大约有2.5万年历史的“布拉森普伊维纳斯”是最早描绘人脸的艺术品。一幅来自埃蒂勒斯的1.2万年前的石刻版画展示了一个女性的、由人和马的形象合成的生物形象。根据一些考古学家的说法，来自法国南部洞穴特罗伊斯-弗里尔（阿列日省）的著名“魔术师”据说展示的是一个有鹿角的萨满祭司，而其他研究人员无论如何也辨认不出有鹿角。

任何有感知能力的人看到神秘的雕像都不会无动于衷，它们有什么意义呢？虽然可能更多地说明了现在，但是在这里当代的先行者不仅留下了他们的印记，而且第一次说明了自发现以来对这些文物重视的合理性。它们对我们有吸引力，因为我们认为它们曾经预示着什么，但又不知道是什么。例如，赫伦施泰因谷仓洞穴的狮子人牙雕像是由一根猛犸象的象牙制成狮子人，有3.5万—4万年的历史，这个雕像大约有30厘米高，是一个直立的、微笑着的生物，它低垂着手臂，就是前肢以及头部是狮子的，而它的下半身，即腿和脚是属于人类的，人体的特征在它的肚脐、膝盖、小腿和脚后跟处也很明显。其他类似的混合物种，有来自基森克勒施特勒洞穴的“敬拜”，同样也是一个跳舞的狮子人，还有来自法国西南部加比卢的野牛人，来自特罗伊斯-弗里尔的类似形象的“有角的神”，来自拉斯科岩洞的具有直立肢体的鸟人和在肖维岩洞出土的有人类下半身和双头形象的雕像：母狮头和野牛头。所有这些文物都在它们各自藏身洞穴里特别隐蔽难找的地方被发现，那里可能是用于顶礼膜拜的特殊区域。由于我们并不知道狮子人和野牛人，所以产生这样的问题：这些形象是来自试图将动物和人类这两个概念结合起来的雕像制作者的想象，还是它们是一种自然主义表现，巧妙运用了以自然界神灵的咒语为核心的萨满教。这个组合会在宗教活动和群体表演时展现出精神召唤的实践结果。但这些雕像的成因至今尚不明确。[12]

来自拉吉瑞-巴塞遗址的“淫荡的维纳斯”和其他同类女性雕像引发了相似的问题。它们代表了史前人类群体最常见的主题。在西伯利亚的伊尔库茨克和法国西南部之间的地区，大约有25处遗址的近200件雕像是在公元前2.8万—前2.2万年制作的，其中很多被认为是模仿式艺术的开始。“淫荡的维纳斯”没有乳房，阴道凹痕却标记得很清楚，由于她身体纤细修长，往往被认为是典型的年轻少女。在马格德林时期（公元前1.8万—前1.2万年），位于一只驯鹿旁边的孕妇浮雕也出自同一遗址。法国西南部的布拉桑普伊遗址出土的最著名的文物是一个3.6厘米高、头戴风帽的女性头像——“戴帽子的女士”，已有1万多年的历史。她面对观众，她不仅有眉毛和眼眶，而且还有一对被阴影笼罩的眼睛。艺术家显然在这里有一个工作坊，因为那些单个的雕塑明显是可识别的艺术品，即使那个时候被打碎了，为了挽救它们，艺术家们又把这些碎片进行了重新加工，保留了下来。同样还有一些特殊的出土物，比如“米兰的维纳斯”和“图萨克的维纳斯”，它们以阴茎的形式代表女性身体，可能借助加工材料做模糊处理。[13]

这些都是非典型例子。您会问，到底什么才是典型的。考古学家的答案是：没有头部和五官的女性形象，她们有丰满的臀部，直白还原的生殖器官、极瘦弱的四肢在大肚子和大乳房的衬托下几乎消失了。在这些雕像当中最古老的是2008年在德国斯瓦比安阿尔伯特的施瓦本汝拉山出土的“费尔斯洞穴的维纳斯”有3.6万—4万年的历史，从这些雕像中得出了多种解释：作为生育的象征和地母神；作为一种希望有良好饮食或者祛除祸事弊病的护身符；作为女巫或作为人类的替身；作为物化的美丽典范和出于男性之手且为男性所使用的古老而色情的（或淫秽的）半裸性感美女，或者预示着固执的观念，认为最好的女人就是最有生育能力的。它们也被解释为医学示范对象，作为适用于萨满教教义的女性的库欣综合征（血液皮质醇过多和心理极端状态）的代表，甚至是女性的自画像，这一点从它们展现的很多极端身体比例可以印证，雕像制作者所观察的一定不是别人，而是因视角扭曲的自我感知产生的夸张身体比例，并且没有头部，因为当“女艺术家们”测量尺寸的时候，没法看到自己的头部。如果今天有其他考古学家告诉我们，一个这样的小雕像描绘了女性的本质，那么人们就会愿意站在早期人类形象塑造者的角度，对女性的思考更丰富。[14]

任何读过此类解释的人都肯定意识到，它们涉及近200件物品，有约2.5万年的历史，其出土地在相距超过6000千米的地区。在这种情况下，维纳斯雕像的制作传统始于施瓦本汝拉山是大胆的推测。时间流逝得更快，审美的变化速度可能更高了，我们接受马奈的“奥林匹亚”和赫尔穆特·牛顿的形象作为样本，却在没有进一步的背景信息的情况下就得出结论，人类越来越多地脱离女性神灵的三维立体表现形式，真实展现人体变得越来越重要。此外，女性人物在雕像总量中所占的比例有多高，还有一些不确定因素，存在很多疑问，在一些女性雕像的出土地有一半的雕像是属于这种情况的。没有人知道旧石器时代这种雕像生产的广泛程度。难道不应该假设木材也是雕塑材料，甚至是更好的表现方式吗？[15]

唯一显而易见的是史前雕塑家，无论男性还是女性，都对女性的性特征感兴趣，而且在很长的一段时期都是。不仅仅局限在怀孕的或有生殖能力的女性，所出土的雕像描绘了各个年龄段的人。[16]有些雕像是有图案的，但其所再现的是人体彩绘还是纺织品，仍有待商榷。有些会伴有动物，例如，只有5厘米高，出土自格里马尔迪洞穴，通常被称作为“美女与野兽”的雕像，把女人与动物的躯体结合起来。其中尺寸最大的女性形象作品是在洛塞尔（法国多尔多涅省）洞穴墙上43厘米高的“有角的女人”浮雕；最小的是不到3厘米的“双头女人”，出土自格里马尔迪洞穴。最初的艺术品的一个重要特征是它们几乎都是小物件，通常是一种垂饰。例如，“费尔斯洞穴的维纳斯”没有头部，而只有一个小孔，它可能被佩戴在脖子上或身体其他部位上。因为饰品不仅会吸引别人的注意，而且有时会呼唤神奇力量的加持——我们都知道4个叶片的四叶草和关于宝石力量的传说，还有收集熊牙、狮子皮等战利品的习俗，它们可能是护身符。无论它们是为了增强吸引力或者防御力，还是表明了佩戴者的身份地位，我们都不得而知。

法国古生物学家安德烈·勒儒-瓦高汉开创了洞穴绘画理论，该理论显示对绘画主题的解释要非常谨慎。虽然长期以来在洞穴绘画这个主题研究下收集的仅仅是来自欧洲的作品，包括动物和人类的形象以及旧石器时代的洞穴墙壁上的装饰图案，但是至少在公元前4.5万年，在五大洲地区都可以找到相似的装饰图案。除了装饰品外，研究人员一直都被那些装饰图案吸引，主要是在西南欧的洞穴中发现的，其中最有名的有：阿尔塔米拉、肖维岩洞、拉斯柯洞穴，图案描绘的野生动物有猛犸象、野牛、马、牛、驯鹿、野山羊、鹿、熊、狮子、犀牛；有时候是一只鸟、一条鱼或物种不详的怪物。起初人们猜测，在这些洞穴里举行的是唤起狩猎成功的魔法仪式，所以在原始的礼拜场所的墙壁上几乎都有祈祷画，祈盼猎杀更多动物。画中吃得胖胖的身体表明了绘画者的饥饿状态。洞穴绘画中动物身上的标记都是伤口，而它们身体之外都是投掷物的图案。一些洞穴壁一直没有绘画的痕迹，似乎表明了圣地和世俗地带之间的区别，在公元前1万年前后洞穴绘画时代终结，有人解释说是因为气候的变化导致捕获猎物减少。

但为什么没有洞穴绘画表现出狩猎场景，也没有描绘猎人？在各个洞穴中出土的骨骼和绘画图案主题之间有时候联系非常紧密，有时又没有任何关联？在佩尔农佩尔岩洞（法国新阿基坦大区）里，最常见的描绘对象是野山羊，但在那个地区从未发现过史前野山羊的骨骼。为什么相反只有极少的驯鹿被刻画，它毕竟是主要的食物来源。绘画者为什么刻画的是那些根本没有被猎杀的动物？是为了让它们，也就是作为狩猎竞争对手的熊和狮子受到诅咒，特罗伊斯-弗里尔（阿列日省）洞穴绘画中的熊才会完全被小圆圈，也就是投石导致的伤口覆盖了？但为什么后来又出现肖维岩洞画里的雕鸮、特罗伊斯-弗里尔洞穴绘画中的蚂蚱，恩来内（阿里埃日省）洞穴绘画中的青蛙？为什么所刻画的动物中不到5%有这类伤口标记，而且有一些人的形象和拉科洛姆比耶（汝拉省）洞穴绘画里的披毛犀身上也有投石导致的伤口。我想，应该没有哪个洞穴画师会认为用小型射弹就可以将它们杀死。还有，在洞穴的墙壁上多次发现女性性器官的雕刻——与女性的形象很不一样，会和狩猎魔法有什么关系呢？[17]

安德烈·勒儒-瓦高汉在50多年前改变了自己的思路，并研究了欧洲66个洞穴绘画的主题和布局方式，结果表明，马、美洲野牛和牛是最常见和最固定的组合，而且动物和绘画在洞穴墙壁上的位置也遵循特定的模式。雌性主题模式包括牛、美洲野牛，此外还包括椭圆形、三角形和长方形，这些都是女性外阴的抽象化符号以及伤口。雄性主题模式包括马、山羊、鹿和驯鹿以及排列的点、线条、钩形符号和矛。而且这两者之间存在固定的组合，例如，假如在洞穴中看到一只雌性动物，总会在洞中某处看到一只雄性动物。[18]

因此，洞穴绘画的主题分为两种：男性/女性和性/死亡/危险。到目前为止这一点无可否认，尤其是在女性雕像旁边的雕塑中，马的形象非常突出，若马是雄性的话，则可以补充这种差异。而这种动机和兴趣数千年来都伴随着一种严格精确的模式，那么，洞穴绘画遵循一种有约束力的绘画语言和寓意系统的可能性有多大？顿河的洞穴艺术家怎么会知道多尔多涅省的马是雄性的，而野牛是雌性的，即使是对20世纪有影响力的法国女考古学家安内特·拉明-昂珀雷尔，对此也持完全相反的看法？通过什么样的方式确保成对出现的图案的性别是成对的，并同时附着在洞穴壁上？那些试图去理解勒儒-瓦高汉的全面调查结果和分类——洞穴的“主要房间”“入口区域”和“后方区域”——的科学家几乎找不到任何说得通的结果，只是提出了一些更平庸的解释，比如，如果在某个洞穴画里所有动物中近2/3都是马和野牛，根据统计学很有可能在占据该洞穴的3/4的中心区域发现马和野牛的遗骨。[19]

前后矛盾的假设不仅是对这个领域内的两位最优秀的研究人员的不敬，而且也是错误的。可证伪的内容是好的。而实际上考古人员无法明确洞穴绘画中各个图案的功能归属，比如女性形象或混合体生物的形象很难得出明确的解释。对于任何一种假设，即使那些基于计数结果的假设，也存在许多特殊情况。勒儒-瓦高汉和拉明-昂珀雷尔同时努力实现了对艺术起源认知的决定性进步，洞穴雕塑家和画家没有被推断为处于狩猎、进食、恐惧状态，或通过萨满的“帮助”和误食有毒的蘑菇而在洞穴黑暗中进入恍惚状态的人，而是被严肃认真地对待，把他们视为思考中的人，因为他们付出了巨大的努力：花了几天甚至几周的时间来制作这些文物中的一件。如果雕塑和洞穴绘画的主题选择与营养和有性生殖无关，那么动物和性主题的存在显然包含了其他思考。[20]

对于早期绘画的关注最后落在早期人类为什么进行这样的创作以及他们怎样展示，展示的是什么这些问题上。洞穴绘画展示的动物几乎都是侧面，但蹄和角——其中有些看上去像触角——是从正面描绘的。他们描绘的动物总是和环境分离的，没有植物、水域、山脉，也没有土地，并且他们刻画的动物通常彼此毫无联系。有时候也画成群的动物，肖维岩洞画的狮群和马群，展示了行进中的一群动物，属于早期艺术中最令人叹服的绘画作品。但是洞穴画家们对场景的描绘通常对合乎自然规律的比例漠不关心：这里的山羊画得比熊都大。此外，对于一些动物图解式的复制导致研究人员在有些个案方面意见不统一，例如绘画中表现的是一匹马、一只熊，还是一只驯鹿。

就好像洞穴画家们关心的是野牛、马、犀牛的概念，而不是它们的实际外观。这些动物几乎没有把自身的行为表现出来，通常所表现的是模式化的动作：站立的动物、弯腰的动物、跳跃的动物、伸展躯体的动物。可能会有被猎杀的动物，虽然看不到猎人，但从来不会有猎食中的动物。即使在显示动作的地方，通常也是模式化的动作姿态，而不是互动形态，但肖维岩洞的洞穴绘画里争斗中的犀牛是个例外。正如拉明-昂珀雷尔所说，现实主义“仍然是一个挑战，并且不会成为被复制的目标”，因为所有洞穴绘画都包含一丝紊乱，像是一种有意识的缺陷，这使图画有了活力和动感。那些看上去像“膨胀的橡皮管”（拉明-昂珀雷尔）的躯干与十分虚弱的四肢不成比例——这给人一种奇怪的错乱印象，即蹦蹦跳跳的腿上是一个沉重的身体。[21]

人类洞穴中大多可以看到人类手的印痕，这些印痕有时是不完整的。鲁菲尼亚克洞穴中的装饰花纹被鉴定出自儿童的手，他们显然是坐在成年人的肩膀上装饰洞穴的。在拉马什地区（法国维埃纳省）发现了独特的古遗迹，在一个当地洞穴里发现了超过150个人物形象的绘画，其中一些所刻画的内容是人类还是动物，都不会改变它们留给人们的基本印象，即洞穴画的大部分内容与肖像或符号无关。来自拉斯科的著名素描小人像表现的是一个人躺在野牛身旁，阴茎勃起，同时，在这一罕见的场景中一只落在枝头的鸟在往外张望，清楚地表明了作画者将主要创作精力放在动物身上，而不在人身上。[22]

我们也可以这么说：人类以一种完全不同的方式出现在洞穴绘画中，不是以图像的形式，而是作为有绘画能力的人出现。法国哲学家乔治·巴塔耶60多年前就曾亲临拉斯科，看到那里的原始岩画，他写道："当我们进入拉斯科洞穴时，有一种感觉迎面而来，即使我们身处博物馆，站在最古老的人类化石和他们用过的石器工具前，那种感觉也是没有的。那是一种强烈的与当代艺术审美相通的感觉，仿佛我们面对的是有史以来的伟大作品。无论它是什么，它作为人类制品的美总能唤醒人类柔软的情感和普世的善良。我们难道不爱美吗？艺术作品，不只是人们通常认识到的那么多，它触及的是情感而不是精神，拉斯科刚好具有说服力，它的艺术对我们来说主要是完全对立的艺术。"

巴塔耶不仅做出充满激情的描述，他更清楚地表达了这些画是理解智人非常重要的资料的观点。巴塔耶当然也指出，这些作品避开了技术世界和自然界的加工，标记了人与动物的一种关系，而这种联系与动物自身的蛋白质或危险毫无关系。这里所涉及的不只是动物的信息，还有女性或者性的信息。动物和性似乎更值得去思考。在这种“动物世界的偏好”所建立的基础上，巴塔耶有一种预见性的猜测，认为动物的这种生活，就像愉快状态下的性行为一样，不受功能或是否有用的标准的约束。当人类沉醉于这个艺术创作的动物世界中时，不会为了自我保护和有用的行为而失去自我。从劳作、技术和知识中产生出来的艺术，并不想摆脱现实，它不是一种工具，而且从实用意义上衡量它并没有用处。人类开始玩首饰和雕塑了，我们有理由把它们视为艺术的起源。[23]

第六章
关于死者和动物宗教的起源

我厌烦的这种必然的定数，

腐烂在这棺椁中。

肉身消失于此，

死亡并不是一种空洞的乐趣。

——路德维希·费尔巴哈

1819年5月，作为牛津大学第一位地质学讲师的威廉·巴克兰牧师发表了他的就职演讲。在其演讲标题《地质论》或《地质学和宗教的关系》（*Vindiciae Geologicae oder Der Zusammenhang von Geologie und Religion*）中把拉丁语单词“vindiciae”阐释为合理的关系。巴克兰试图说明地质学研究的原因，想证实地质学是一种不只有化石能源和原材料开发的有用科学。他向听众说明了这项研究的意义多么重大，它适用于地球本身，涉及雄伟壮观（山脉、地震、火山）及其过去（化石），在这之后，这位神学家转向了地质学和岩石学内含的宗教观点。神通过其全能的建筑师实现了大自然的完美布置，并为其“理性的居民”、明智的居民提供矿物质、金属和水。或许人们可以这么理解，自然神学可以从地球的物理结构及其神奇的自然分布中推导出工业社会。[1]

自然神学相信通过人类思考理解所得出的创世结论与《圣经》所揭示的结论完全相同。那么，地球历史科学和《圣经》中的年表应该是一致的。

但房间里有一头大象，更确切地说，是两头苏格兰大象（比喻眼见真相却沉默回避）。1779年，哲学家大卫·休谟在他的《自然宗教的对话》中否认了根据自然理性的思考推断出基督教上帝的可能性。宇宙是有秩序的认知导致了有上帝论，这与具体的信仰确定和《圣经》没有多大关系。此后不久，信奉《圣经》的自然科学家受到更加严重的打击。1785年，苏格兰医生詹姆斯·赫顿根据地质调查结果驳斥了在古希腊罗马时代晚期计算出来的《圣经》中的创世日期是公元前5508年的说法。他在《地球理论》中，提出了这样的想法，通过自然过程分解出各大洲的陆地需要无限的时间，因此人类世界的产生也需要无比漫长的时间。“这个创造方式没有变”，地质过程一如既往慢慢地运转着，赫顿用这段著名的话结束了他的第一卷书：“我们目前的研究结果是，我们没有找到任何开始的痕迹，也没有看到结束的征兆。”[2]

巴克兰提及《地球理论》的次数和对自然宗教的批评一样少。

为此，他在演讲中一次又一次地提到赫顿批判《圣经》中大洪水的断言。因为大洪水的断言给了神学家们一个最好的例子，即灾难能创造秩序。巴克兰试图解释山谷的存在、岩石变化、动物化石的年代以及地球表面的构成，这些证明了大洪水的断言，即地球上所有物质在大洪水中淹没。可是他承认，对地层的研究导致难以将《摩西经》第一卷里的叙述与“尚不完善的地质学科知识”进行统一。事实上，当时人们可能已经知道，《圣经》中描述的大洪水的持续时间绝不足以沉积出山脉中的化石层。[3]

从地质学的角度来看，创世纪年对地球年龄的确定以及对人类存在叙述的权威性是毫无疑问的，但对于巴克兰来说，这都是些小事情。是的，如果人们以前从来没有听说过大洪水，作为地质学家不得不假设大洪水是前提条件，以此来解释现在的自然现象。巴克兰多次强调这一点，他还是没有放弃，至少没有暗示对《圣经》描述的具体内容的质疑。山脉最上面的地层似乎已经慢慢形成了，但据说大洪水只持续了一年？出土的动物骨头不符合《摩西经》的说法。巴克兰认为，也许在创世纪与大洪水之间有一段更长的时间，对此《圣经》中没有叙述？或者创世纪中所谓的“天”表示的是完全不同的时间？巴克兰在大学演讲结束时说，困难无法撼动研究，也无法撼动信仰——为了总结出地质学与《圣经》大洪水的断言的关联，这可能是地质学有史以来最让人绝望的演讲之一。

科学史上具有讽刺意味的是，在巴克兰演讲的4年后，据说恰恰是巴克兰的一个发现更适合利用地质研究说明对宗教的思考。1823

年1月，他勘察了位于英国南威尔士斯旺西以西15千米的高尔半岛的“山羊洞穴”。根据他的报告，在那里他发现了“红潮壤土”，也就是大洪水中的红黄壤土，混合有石灰和方解石，还有贝壳、大象、犀牛、熊、狼、狐狸、马、牛、马鹿、水鼠、羊、鬣狗以及鸟的牙齿和骨头，他还找到了半个人。巴克兰在记录中说所发现的人类骨骼“明显在大洪水后”，显然比大洪水出现得晚。巴克兰从附带的饰品中得出结论，无头骨骼来自一位女性的左半身，她躺在墓地里。她的骨头被染成深红色——可能由于骨头上的衣服腐烂，而且她身体周围的土壤也是红色的。在她身旁还有小贝壳和骨制的环，以及3～10厘米长的细象牙棒，同样是红色的。[4]

巴克兰认为这个骨架是罗马占领英国时期的。不久以后这个发现被称为“帕维兰红粉佳人”，巴克兰明确将其划分为一个有“确定特征”的女性，生前在一个旧军营附近从事“某种职业”，可是既不是妓女，又不是韦斯巴芗同时代的人。这位牛津的牧师在不经意间发现了他不相信的东西。这具约有2.6万年历史的遗体，一个在20岁左右去世，被埋葬在这个洞穴中的人是全世界保留下来的最早的智人属标本之一。

不仅如此，威廉·巴克兰还发现了古老的宗教证据之一。为了解释这件事，我们要从很久以前的事情说起。自从有了民族学、宗教研究和宗教史等学科，人们就经常探索宗教的起源问题。根据人们赋予宗教的功能，可以相应地想象出不同的起源。比如说，神是自然现象的人格化。闪电雷鸣，背后就会有一个闪电神，或者闪电本身就是一个神，这就是为什么被雷击的地方会变得神圣。这样理解的神，本质上就是各种事物自身的神。这里一个假设说法是，对早期的人类而言，他们所触及的所有新事物都会被宗教化，而且所有事物都逐渐被加工成一个神话。我们从神话中可看到一种相关的宗教理论从自然万物中浮现出来，就像对永恒的太阳、月亮和星空的虔诚，与其他自然现象一样被一种语法上的强迫形式人格化。这种令人倾倒的、难以实现的东西被赋予一个名字，从此以后几乎一直是一种积极的存在。[5]

还有与此相反的一些论断，它们声称，神是从梦中的图像衍生出来的，在这些梦中出现了他们死去的祖先。幻觉、神志恍惚的状态和感知模糊会导致人产生对灵魂世界的想象，然后早期人类将其转嫁到到植物、动物等其他事物上。前泛灵论对此的解答是：它不是一种被宗教投射到世界上的灵魂体验，而起初是一种贯穿一切的力量的概念。拥有鬼怪、幽灵、脸和其他与人的特征相近的元素的梦不是所有宗教的先决条件，而是对已建立的禁忌和令人沉迷的无名力量的敬畏。与此类似的是，有些人把神奇的力量（魔法）视为所有宗教的开始，这种神奇始于对主导一切的一种可征服力量的想象，而那些难以控制的事实（身体、天气、狩猎成功、生育力等）是这些宗教实践的对象。终于，澳大利亚图腾动物中心的报告指出，宗教起源于群体需要使自己和自己的道德条例圣化。[6]

所有这些理论都很有意思。但其中许多遭到社会人类学家爱德华·伊万斯-普里查德的嘲笑，他曾经谈到“如果我有一匹马”的猜测，科学家们为了了解这种超自然的想法最初是怎么产生的，试图让自己身处没有文字的社会并成为其成员。谁要问起宗教的起源，无奈尴尬都是在所难免的。宗教涉及的是看不见的无形的东西，看不见的东西就不会形成化石，很难触及其中的想法、相关的谈论和此中的感觉。早期流传下来的对相关研究没有什么助力。但是，如果人们认为宗教是一种信仰体系，那么在宗教社会学和宗教考古学看来这只是一种绝望的境地。另外，如果人们认为人类可以通过特定的仪式行为而成为笃信宗教的信徒，没有对世界、神灵和整体意义的明确阐释，那么通过对古代史的研究可以确定各种宗教的起源。对此，巴克兰牧师的发现提供了一个很好的起点。因为人们从考古学的角度看待宗教的起源问题，所以最早有记录在案的宗教兴趣不是从现在我们常说的鬼神，而是从以前的人身上引发的，是死者和死亡引发了这种兴趣。有关宗教行为的最古老的证据来自坟墓。[7]

即使对高等动物来说，死亡也是一种刺激。我们知道大象和黑猩猩面对死亡的同类，无论它们是否有亲缘关系，都会引起很大的关注。尸体被拖动、触碰、检查，尽管从流行病学角度来看，这不是一种非常合适的行为，但它们会产生特殊的喊叫或特殊的沉默以及攻击行为。研究人员在对树熊猴——住在树上，夜间活跃的西非小型灵长类动物——的一个3只群居组的观察中注意到，在1只死亡后，剩下的2只会将它们所拥有的1/3的食物留给缺席者，即使研究人员将它们的食物减半也是一样的。除了对逝者的关照之外，研究人员还观察到黑猩猩会避开同类死亡的地方。[8]

但只有人类，包括尼安德特人，会将死者埋葬。然而死者被带到一个特殊地方的事实并不能证明死亡在这里是作为向另一个世界的过渡而出现的。防止食肉猛兽、对分解腐烂过程的厌恶、卫生等都是可以想象得到的动机，并且不是所有的尸体出土地都是坟墓。对于随葬品也是一样的，它们不一定是作为过渡到另一个世界的装备品，而可能只是对财产的一种表达。

但是，提一个更基本的问题：怎样对从某地挖掘出的人体骨骼来源进行区分？怎样才能从骨骼的出土地推断那里是被选定的坟墓，而不仅仅是死亡的地点？答案是，一方面，从旧石器时代中期开始有许多出土物值得我们注意：在有平坦、结实的地面和光滑墙壁的洞穴中或者在洞穴特殊的角落里，在相似的位置会发现人类骸骨，且没有发现动物的骨骼；多人同穴的墓葬中骨骼的完整性以及骨头的完好无损表明，他们不是在意外不幸中被乱石埋葬或者他们成了食肉猛兽的猎物。另一方面，人们有时会发现有标记的坟墓，并且被刻有凹痕的石头覆盖着。还有些地方显然形成了一定的丧葬模式，可能是当死者达到一定年龄死亡时才会享有。女性单独被埋葬的墓穴非常罕见，[9]死者以一种坐姿被埋葬或有诸如赭石和动物骨头之类的陪葬物。在澳大利亚威兰德拉海地区发现的一具土著居民最古老的遗骨，即所谓的“蒙哥男人”——也可能就是一个女人——被包裹在红赭石中，但距其最近的一处红赭石天然沉积地在200千米以外，所有这些都可以说明在4万年前就有祭祀性的葬礼了。[10]

葬礼不一定要有严格意义上的坟墓。我们要感谢英国考古学家保罗·佩蒂特，他对史前人类对死亡的处理进行了最全面的概述，他区分了人们及其亲属处理死亡的很多种方法。（1）他们或他们的一部分是由生者携带：头骨、圣体、剥制标本。（2）防传染病处理或吃人行为。（3）就地遗留搁置。（4）有条理的遗留。死者被带到一个地方去，保护他们免受食尸动物的侵害，或者仅仅是直接丢弃。（5）有意义的安置：尸体不仅应该免受掠食者的侵害，还应该保存在一个能够保守死亡秘密的地方。（6）用石块覆盖死者。（7）安葬：在地上挖一个坑，放入一具或多具尸体，可能有陪葬物，然后掩埋这一切。（8）墓地：专门用作埋葬死者的地方。（9）富有表现力的纪念活动：葬礼、纪念碑、歌曲、小说。[11]

例如，巴克兰牧师发现的威尔士洞穴就不是狭义上的坟墓。但是染色的骨骼以及带有红色赭石的陪葬物清楚地表明这里举行过葬礼。死者不仅被隔开安放，而且被加上标记。死亡虽然已经逝去，但是要经历一个非常奇怪的过程。一具或几具尸体伴随有花纹装饰甚至是艺术性的装饰，被以一定方式安放在一起，也在这一时期的其他墓穴中得到证实，例如莱塞齐耶德泰阿克-西勒伊（法国多尔多涅省）、库萨克石窟（法国多尔多涅省）、莱斯格兰斯（法国夏朗德省）、克雷姆斯-沃什堡（奥地利下奥地利州），但事实证明，我们仍不能因此说在实践中已经存在一种泛欧洲的相互影响的葬礼模式。尽管有很长的时间可以用来传播一种行为模式，但是其涉及的空间距离还是太远了。

其实，更令人惊讶的是葬礼形式的相似之处：贝壳链，也可能是象牙珍珠和着色的动物牙齿悬挂在一条项链上，或整个动物骨骼都属于随葬物，例如，那只幼兔就是献给2.5万年前4岁的“拉加尔韦霍之子”（葡萄牙出土）的。就像放在头部旁边的牙齿和贝壳一样，它们可能是装点人类的头发、脖子和身体的饰品，或者是他们戴的面具。另外，从猎物身上获取的战利品被用作饰品，可以表明一个人与一个部落的隶属关系。对死者和埋葬地点的着色处理引起了研究者们的长期辩论，一部分人认为这是一种象征意义——红色代表血液，一部分人认为这要归因于染料的防腐特性。偶尔会有死者——就像阚迪达竞技场遗址（意大利利古里亚地区）出土的“二王子”的骨架——几乎整个身体被嵌入赭石。[12]

对于葬礼所要表达的内容，随葬品是相应可靠的指示信号。但是是否从随葬的长矛就得出死者是一个猎人的肯定结论？也可能他制造了这把长矛，可能这是他父亲的长矛，或者长矛是他所在部落最有价值的东西，可以给这位身份很高的死者作为陪葬物。像有装饰花纹的动物牙齿这样的贵重物品，指的是死者拥有的财富或其在部落中的身份吗？或者这些物品被移至墓穴中是一种象征性的通货紧缩，因为在贵重物品的贸易中物品会被剥夺。进入坟墓的每一个贝壳、每一粒珍珠最终在生活中起不到任何作用。如果死者的社会角色有继任者，那肯定为继任者制造新的花纹图案、象征符号和工具。因为大多数陪葬物都有一定的地理分布规律可循——石制工具和马鹿的犬齿常出现在欧洲南部，象牙和狐狸牙齿常出现在欧洲东部——相较于死者的文化来源，它们更能代表死者的社会地位。[13]

意大利北部巴尔马格兰德洞穴和捷克的下韦斯特尼茨洞穴墓葬体现的葬礼的象征意义特别明显，分别有3名年轻人的尸体被有意图地摆放安置。在捷克的山洞里，一个死者伸出一只胳膊——偶然无意识的动作不会导致这样的伸展姿态——放在位于中间那个人的髋骨上方，那个人可能是女性，多处受伤，骨骼有些变形。他的手放在她的两腿之间，而第三个人面部朝下躺着，像是避开其他人。即使是富有经验，对于仓促总结的原因不信任，对偶然事件总是斟酌再三的研究者也惊诧于此，“这不是一个普通的墓穴”（保罗·佩蒂特）。这两个相隔500千米、相差大约1000年的坟墓具有惊人的相似性。看到这两个墓穴的人都会有这样的印象：当时葬礼重现了由一对夫妇和一个第三者组成的故事。

同样令人印象深刻的墓穴是“桑吉尔的孩子们”，有一个11～13岁的男孩和一个9岁或10岁的女孩，他们头挨着头成一条线，中间有数千颗专门为儿童制作的小象牙珍珠、数以百计的狐狸骨头以及多个用大约2.4万年前的猛犸象牙齿制成的矛，距今莫斯科东北200千米。据计算，生产一颗这样的珍珠必须花费至少一个小时的时间，而5000颗这样的珍珠所耗时间惊人。同样的情况还有玛德莱娜地区（法国多尔多涅省）具有1万年历史的3岁孩子的墓穴中的1500颗贝壳珍珠，这些都是在距离大西洋沿岸200多千米的地方收集的。

我们可以肯定的是，这样安葬方式具有某种社会意义，只是不知道具体是什么。下韦斯特尼茨洞穴3人墓里处在中间的人受过伤的事实引起了人们的注意，其实考古发现的不寻常的人类骨骼并不少见：胎儿、婴儿、儿童、青少年、残疾人、矮人、受伤者。相反，在早期智人遗留下来的墓穴中很少发现年长的、没有受过伤害的成年人骸骨。另外，例如，埋在卡拉布里亚罗米托洞穴中17岁的长得很矮的早期人类，表明了在公元前1.1万年前后，在严酷的生活条件下群体对不能参与狩猎的成员的照顾。[14]

在这方面我们可以得出这样的结论，即这些墓穴本身还只是一个早期实践，对于公元前4.5万一前1万年的晚期石器时代而言，并不是必然要做的。在欧亚大陆地区每1000年只有不到5座古墓遗留下来！[15]它们通常与死亡的特殊性质相关，并有某种与死亡相关的、令人难忘的“故事”意义。保罗·佩蒂特写道：“有可能，坟墓反映的是‘不幸的’死亡。”有人补充说“不幸的”死亡是在一个生活虽然并不孤独，但“贫穷、令人讨厌、残暴又生命短暂的”时代发生的极端不幸（托马斯·霍布斯）。也许这些身体结构异常的人也会被崇拜。如果人们认为这些是人类祭品的遗骸，那么甚至有可能把不幸的死亡和崇拜两者结合起来。可以说，当他们被埋葬的时候，可能已有大量的陪葬品，因此可以说，在下葬之前很早就已经开始准备葬礼了。[16]

对这些行为动机的总结一定要非常谨慎：从这些葬礼可以看出某种宗教动机，葬礼的形式应该会对死亡的方式或一种生前的生活加以强调，这对生存条件严酷的早期人类而言是很不寻常的。我们不了解这些葬礼所讲的故事要告诉我们死亡究竟有什么特别之处，什么是死亡，也没有理由认为所有的墓葬都因为生者的动机类似而类似。但我们也绕不开一定会有这样的故事的论断。仪式试图处理那些不是自然而然的、被认为不正常的事件。在一个居民大多处于困境并为了糊口度日而忙碌的世界中，对非同寻常的死亡的厚爱表明早期人类对这种偶然性的第一意识：某人或某事原本就与众不同，但他们仍然和我们在一起，我们活着，而他们死了，他们是不一样的，至少现在是。就像那些留存下来的葬礼证明了一种意识，它不仅是短暂的，而且是要刻意保留的、有意义的东西。

但是对于死亡象征性意识的逐渐出现，我们必须避免任何现代式的多愁善感。毕竟它导致早期人类产生对尸体赋予意义的兴趣，还包括这样一个事实，即主要的埋葬行为是对死亡肢体的分解，从这些尸体中分离出具有象征意义的吸引人的部位——在许多坟墓中只有头颅。他们随后放入的花纹装饰物的行为一直持续到早期定居阶段。在此期间，这种以战利品为基础的思想有时非常深入人心，以至于在葬礼前会对死者除骨，在有些地方这种做法的历史可追溯到公元前8000年前后。根据死者的遗体状态，甚至不排除在个别情况下，在葬礼之中发生同类相食的做法。[17]

因此，从务实的角度来说坟墓是“纪念地”。在早期人类群体开始定居生活之前，他们就以一种反向殖民掠地的方式命名和定义这些群体的居住空间：不是土地属于人们，而是人们属于土地。最初，葬礼举行的场所就在居住的地方或居住地的附近。死者与生者的分离仪式是一种将自己融入生活的象征性行为。换句话说，某个地方让早期人类身处其中时就想到栖息地，那么最初的葬礼仪式改变了这种“情境化”的生活方式。有相应的固定空间是后来的祖先崇拜的一个必要先决条件。就这方面而言，葬礼仪式的传播是文化发展的一个阶段，在这一阶段，出现了最初的原始艺术作品和普遍的象征性行为。数万年以来，人类借助客体和对客体的加工塑造逐渐学会了沟通。随葬品表达这样一种情境：不仅死者的肢体被认为意义重大，而且他日常使用的精心制作的器具也被认为是属于他的，死者有带走这些器具的动机。死者拥有受到尊重的权利，尽管他们不再具备有效地使用自己的载体的能力。[18]

早期人类群体有获取食物生存的动机，于是要回到某个特定的地方，因为他们预料在那里会有猎物或植物资源、水源或适宜的休息场所，也因此增加了真正的文化动机。我们属于这里。宗教依赖于其中这些仪式性的、物质化的规定，因为在处理不可见的对象时，一种说法与另一个种说法完全相同，并且一开始又没有制定出神学理论以供使用，所以说出来的就应该被相信。之后，葬礼产生的文化动机被扩展了，人类是从地球“母亲”而来的，这也就是他们应该回到那里的原因。很久以后，移民研究者报告说，退休后定居在西班牙的德国人通常只会在两种原因下返回家乡：技术监督协会机动车检查已经到期和自己的葬礼。显然，即使是那些与原籍失去一切联系的人，也无法以被埋葬在异乡的方式结交朋友。[19]

对一个地方产生强烈的情感可能有不同的原因。人类学家伊丽莎白·科尔森根据非洲部落的宗教习俗指出，把群体猜测有自然神灵的“力量之地”和人们能在里面敬拜祖先的“领地圣殿”相区分很有意义。我们几乎可以肯定宗教有这两种典型表现形式：在泉源、树木、瀑布和洞穴附近居住着神灵，人类不会在那里为它们建造住所，所以重要的是，要找到它们。与之相反，纪念碑、神社、大型雕塑纪念塔已经建立起来。它们代表的精神是归属集体的，它们是后来出现的，它们不是永恒的。用科尔森的话说，它们代表和神圣化的不是自然的力量，而是社会生活的连续性。[20]

公元前1.5万—前1.2万年埋葬死者的习惯在公元前400年发生了改变。鉴于埋葬死者有多种可能性，比如在洞穴里、岩石的裂缝中或者其他的地方，土葬本身已经是迈向新处理方式的又一步。不管怎么说，在没有铁锹的时代挖一个坟墓是非常费力的。起初，这种尸体保存形式只是少数人才有的资格，这就是为什么说土葬最初不是出于卫生考虑才出现的原因。墓地在增多。葬礼不再只是为了那些偏离常规的个案，而人们又要纪念这些非常规而举办。后来，也就是在定居社会出现前不久，人们对特定空间进行功能性区分和保留。狩猎-采集群体的聚集地大本营从一开始就具有一种宗教仪式感，同时，从一开始在空间上区分了生者的居住地和死者的安息地。在向农业过渡期间，这种对固定场所的强化和丰富对社会意识的发展起到了一定的作用。

从某种意义上讲，坟墓拥有保留和区分的功能，记忆从具体事件中分离、产生。于人的内心而言：死者成为了祖先。而对外部世界来说，死者和他们停留的地方成为一个群体相互关联的象征，这一群体不仅不同于祖先在世时的过去，而且也不同于其他群体。没有什么地方比5000年前在欧洲西北部的墓地周围和墓葬群中由早期定居者建造的神殿更好。它们的位置、规模和防御工事表明它们是祭祀朝拜的中心，人们会在祖先制定的一系列仪式典礼日时想到它们。虽然今天我们说墓地在教堂附近，但适合宗教起源的说法是，教堂在墓地附近。从远处望去可以看到许多遥相呼应的神殿。这样设施大多是按照某些天体星座而建的，它们在天文和历法方面的意义与其他功能并不抵触，它们不仅仅是祭祀的地方。除此以外，它们表明了在当地的一个群体所具有的权利，他们靠这片土地生存。死者属于土地，宗教礼拜的场所属于死者，死者是我们的祖先，所以土地和土地所提供的东西属于我们。爱尔兰的纽格莱奇墓（公元前3150年）和奥克尼大陆岛的梅肖韦古墓（公元前3000年前后）等大规模墓葬纪念建筑都需要投入大量的劳动才能够达到标记土地所属的目的，其原因可能是：由于农业生产而导致人口增长，同时引发人们从政治经济学的角度思考问题，即通过集体约束性决策进行资源管理。[21]

有时，此类具有纪念意义的巨大的、非常显眼的石头群出现在墓室之上，例如，西肯特隆巴罗墓（公元前5500年）、威尔士的皮雷伊凡石墓（公元前3500年），当然还有最著名的此类建筑，巨石阵（公元前2600年），其中有一些石头是从南威尔士运来的，重达1.5吨，两地距离却达到250～400千米。这不仅在技术和物资供应方面是一项惊人的成就，在宗教方面也是了不起的事情。有很多迹象表明，这些巨石的原产地本身就被认为在宗教方面意义深远，所以当时的人们做出了巨大的努力来实现它。宗教神圣的归因仍然与空间和地点有关，但这种神圣现在可以移动和传播。这一点这也适用于人，因为可以证明与他们相伴的牲畜来自远方，所以他们都是朝圣者。这意味着其他的仪式性功能逐渐被添加到墓地、葬礼中，但这些功能和祖先的死亡无关，而是产生巨石阵这样的神圣意义和示范价值。某些巨石遗址已被证明，它们仍然具有宗教意义和实用功能，即使已经很长时间没有用作墓葬。[22]

在神殿建立之前已有非墓地的礼拜场所。由人工建造的、有1.2万年历史的哥贝克力山的石阵（土耳其安纳托利亚东南部），其中的石柱高达7米，重达800千克，有的近11吨重。这些石柱围成直径为10～13米的圆圈。这是早期的人类神庙，没有之前所介绍的墓地功能，也没有更大的群体居住其中。如此重量的石头没有被用于新石器时代的房屋建造，炉灶和壁炉也没有用过。即使假如有一天，人们通过进一步挖掘发现，这里也存在坟墓——那些建造神庙的人不会是将死者埋葬在他们居住地附近的农民、村民或城市居民。这里没有任何驯化的动植物群的痕迹。更确切地说，这座山丘之所以被选中是因为那里石灰石的品质符合那些游牧民族宗教仪式的目的。实际上哥贝克力石阵可能是我们看到的人类历史上专门服务于宗教目的的第一个神殿，我们可以试着从中分析解释这些目的是什么。[23]

这里的石柱大多数是T形石柱，都有动物图案浮雕，主要是狐狸、鸟类、蛇和蝎子。有些石柱看起来像人形雕像，其中还刻有皮带、围巾、手臂和手。雕刻的动物有些像是沿着柱子奔跑，呈现出令人惊叹的真实感。那些建造石阵的人显然有一个完整的“设计蓝图”。其中的很多动物展现的是天然状态，与此相反的是那些巨型人物石像却像是一种象形文字，一种抽象符号，缺少性别特征，或者更准确地说：其性别特征是以图形方式隐藏了。石阵中那些石凳表明这里曾经一定是个会场。那里出土的大量骨头表明当时人们在节日和典礼仪式中消耗了大量肉类，这其中也可能涉及一种报酬支付形式，是给那些因建造巨大石头建筑而无法狩猎的人的。据估计，建造这个设施至少需要500人。这些神殿——在哥贝克力石阵周围方圆200千米范围内，有许多与其相似的神殿——的建造活动甚至可能推动了人类向定居生活时代的过渡。这些神殿在住房出现之前就有了，可能是在游牧民族的萨满教领袖的指导下完成的。[24]

无论如何这个神殿是以有群体、有组织、有目的为前提建造的，它缺的是神。和其他气势雄伟的神殿一样，这里没有任何超自然现象的表征，除非人们认为这些像人形的巨型雕像代表了神力。这里也不存在混合物种，几乎没有独特的山羊恶魔或鸟人。但是这里有野生动物，不仅在石柱的艺术化创作里，而且还有各种各样的动物骨头，这说明在这个神殿中举行过动物祭祀。从更古老洞穴画中，特别是在西欧的洞穴画作品中也可以看出，当时人类的仪式不仅表现出对死亡的迷恋，而且还表现出对那些没有被猎杀的动物的痴迷，在哥贝克力石阵也是这样。这就排除了宗教只起源于魔法，即试图通过仪式咒语来诱发狩猎运气的说法。特别是在过渡到农业社会之后，这种宗教仪式中的动物题材也随着对动物的“社会化”而得以保存，这表明人类对人类与动物的区别的兴趣，超出了狩猎的动机。哥贝克力石阵和类似的神殿建筑表现出一种“景观驯化”，这发生在植物和动物的驯化之前。[25]这些景观不仅被改变为工具，例如住宅、聚会地点和后来的可耕种土地，而且会被赋予象征意义，形成自己的象征符号，区分了人类和动物。如果以一句话概括，那可能就是：人类在动物界脱颖而出。[26]

有记载的宗教起源主要有这两个核心主题：死亡和动物。在罗黑郭杜遗址（法国蒙蒂尼亚克）的大约6万年前的石窟中，有一名成年尼安德特人的骨骼，向左侧倾斜，被搁在铺满平坦石头的地上。两块棕熊的胫骨可能是随葬物。尸体被石灰石和一堆石头覆盖，在石头上又铺着一层烧过的沙子，里面还有熊的骨头。尸体附近是一个同样被埋葬的幼年棕熊的完整骨架。这样的尸体安置方式也许是人类历史上最古老的狭义上的坟墓，不仅需要高度协调的组织行动，还标志着早期人类对人与动物关系的认识，就像后来在洞穴墙壁上的绘画所表现的一样。人们很难不产生这样一种印象，即宗教最初曾探讨的是这一问题：早期人类有多大程度属于他周围的环境，其他活着的生物是怎样一种情况，怎样把早期人类与其他生物区别开来。

与逝者告别似乎伴随着一种仪式所反映的距离意识。特殊的地点和时间是为特殊的群体创设的，当中出现的特殊行为来自日常的狩猎和采集。这些行为是集体性的，不仅因为这些行为发生的情景需要付出巨大的成本，它所涉及的也是集体意识控制的行为。这些行为以葬礼的形式开始，即使集体行动的契机不是死亡，而是由其他重大事件并由群体本身产生的，比方说商定在某一时间某一地点见面。在这一点上，早期人类也与动物不同，而且在更晚之后出现的神的概念之前，他们就已经清楚地考过这种不同。

我们该回来说说牧师巴克兰和“帕维兰红粉佳人”了。她是谁？按照目前掌握的情况，[27]这不是一位女士，而是一位年轻的男士，他是2.9万年前定居于英国的最早的解剖学意义上的现代人类的后代，他本人可能是在2.6万年前被埋葬在那里的。他的随葬物品显然是萨满教的做法：一个猛犸象头骨、象征色彩的颜料，在魔法的环境中使用的象牙棒，可能用作装饰品或乐器，或者可能两种用途兼而有之的贝壳物品。他被埋葬的地方是一个不容易进入的危险的洞穴，对于那些选择它的人来说，看上去是神秘的。宗教起源的答案可以在洞穴和其他隐秘的、偏僻的场所中找到，这并非偶然。哲学家汉斯·布鲁门伯格写道：“原始的洞穴是能注意力集中的地方，即使在睡着的时候也会让人保持警觉。”这是一个避难所，在其保护下，除非有熊来访，否则不会对生存和自卫持续关注，也没有力量的比拼。布鲁门伯格说“在洞穴的掩护下，想象力诞生了”，并且随着想象力的出现，不只存在一个世界，有一个内部世界和一个外部世界，一个在上方的世界和一个在下方的世界，一个真实世界和一个虚拟世界。[28]

第七章
宝贝，不要哭，你永远不会一个人走
音乐和舞蹈的起源

磨坊在小溪潺潺中吱吱作响。

——恩斯特·安舒茨

西班牙的雨水主要降落在平原上。

——亨利·希金斯

20世纪50年代初，美国作曲家约翰·凯奇参观了哈佛大学的一间“消音室”。这个房间之所以被称为“消音室”，是因为它不仅能隔绝外界的声音，其内部也因为被吸音材料覆盖，而几乎听不到任何声响，例如，人们身在其中却听不到自己做动作发出的声音。这些通常装有由石棉楔子的墙的抗波性与这些房间中的空气抗波性几乎相同。声音的能量因此几乎完全转化为热量。

但是凯奇在这个无声的小房间中仍然听到两个音符，一个高音一个低音。“当我向值班技术员描述这两个音符时，他告诉我高音是由我的神经系统产生的，低音是由我的血液循环产生。”此后不久凯奇写出新作品《4分33秒》。这首曲子由这个音长的静音构成，可以用“任何一种乐器或乐器组合”进行演奏，他补充说：“直到我死后都会有这种噪声。这种声响将会一直持续。人们不必担心音乐的未来”。[1]

音乐不仅仅是噪声，这位伟大的作曲家和思考艺术基础的思想家并没想过掩盖其中的差异。音乐是静默之前和静默之后发出的声音，由有意识的音调构成。从这个意义上说，音乐也是艺术领域中的特例。因为我们在日常生活中涉及的文学作品素材，和造型艺术一样，所用的基本素材（石材、画布、颜色）在艺术环境之外也有作用。但是在日常生活中唱歌的人，就是在创作音乐，而烤制钝圆锥形空心蛋糕的人不会被称作为雕刻家，订购啤酒的人不会被描述为诗人。[2]

人类可以在“具有非随机顺序的音节段序列”中识别一种模式，通过“旋律的转换”以另外一个调演奏出来，相反鸟类就没有这样的能力。[3]大自然创造出这样的模式，创造了不同于其他的被认为是“更高”或“更低沉”的声音和被认为是相似并可以再现的节奏。如果人们仔细倾听，根本就没有绝对的寂静，压根儿没有能消音的空间。凯奇说，即使没有人再做音乐，也总会听到有音乐从某处产生。这反过来又让人们有制作音乐的可能性，事实上音乐承载了人类一种普遍能力的所有特征，学习旋律、保持一个音调、记住曲调和在旋律中舞动。就这方面而言，这种体验对于音乐的起源问题意义重大，因为它涉及音乐创作的起源和人类从何时开始欣赏音乐的问题。

当然，就音乐的制作而言，我们没有对第一首歌的任何记录。我们甚至不知道，第一首音乐作品是否是一首歌曲，或者不如更确切地说是一段有节奏的鼓声、一段舞蹈或者是按照反复用常声和假声的调子歌唱的方式加工过的喊叫声。我们知道，大约150万年前，唱歌的生理条件开始在人类身上展示出来，海德堡人在40万—30万年前有了曲调。早期的人类在这个时候还没有产生有词汇和语法的真正意义上的语言。此时，我们已触及声音模式和音乐之间的界限。但是无论我们在哪里更进一步，都没有迹象表明这个界限是在什么时间由谁第一次跨越的。

已知较早的乐器之一是约4万年前的骨笛，其长度为12.6厘米，由一只天鹅的桡骨制成，1990年在施瓦本地区一个山洞中，也就是布劳博伊伦的盖森旧石器时代人居住的洞穴中被发现的。类似的笛子的所有其他出土地点，例如，来自法国比利牛斯山脉的伊斯蒂里特的笛子，都是出自欧洲旧石器时代的，更准确地说是出自欧里纳克期尼时期，尼安德特人和沿多瑙河移居到中欧的其他智人都同时生活在这一时期。在这个时期出现了解剖学意义上的现代人的早期象征性创作：象征性的视觉艺术、三维立体的装饰图案、神话表现形式和乐器。除了骨笛之外，还发现了其他早期音乐或声音乐器，例如，来自拉罗什德比罗尔的更早一些的吼板，是一块18厘米长，4厘米宽的马格德林时期（1.7万—1.1年前）的驯鹿鹿角，它通过旋转产生空气的震动，从而产生声音，尤其在洞穴中应该听起来很有趣。而“劳塞尔的维纳斯”是一个2.5万年前的石头雕塑，在它肩部的高度有一个装饰着线条的野牛角，仿佛是在发出声响的狩猎号角。[4]

一般来说，音乐起源的时间只能和保存下来的东西有关。最早用木头或其他植物材料制成的乐器，例如鼓，不可能保留下来。在古墓中发现的贝壳和龟壳是否曾经是乐器，通常是没有定论的。约翰·凯奇说音乐的基本材料一直存在并将永远存在，这意味着，除此之外实际上几乎所有的东西都可能是一种乐器，所以人们也就不必再深究物品了。很难想象，早期的人类会对树枝敲击树干发出的声音毫无兴趣。另外的麻烦是，并不是所有有孔的200多块曾经被称作笛子的史前骨骼都确实是笛子，即使人们可以用它发出声音。在一些史前发现中，例如在斯洛文尼亚发现的熊骨头（迪维·巴贝竖吹笛），比施瓦本地区的长笛早1万年，是否真的是笛子仍然存有疑问，这些穿孔不知是不是因为食肉动物。关于狼和熊的咀嚼行为的相应生物力学讨论可以借助夏洛克·福尔摩斯的推理归纳结论。[5]

已确认属于人类加工的笛子表现出相当高的复杂程度。要用双手演奏的笛子可比吹一根管子复杂得多。随着一个音的结束，不能直接继续再吹，而是必须用嘴巴堵上，这需要演奏者调动相当数量的面部肌肉。除此以外，它们有时会带有非装饰性标记，可能是以此告知用什么样的方式演奏它们。简而言之，这些是已知最古老的出土物，但毫无疑问还有比它们更早却没有保存下来的乐器。[6]

大多数骨笛是由鸟类的空心骨骼制成的，并且人们猜测，早期人类是在清洁这些骨骼时发现了它们能产生特殊的声音。鸟类提供自然界中最突出的声音序列，因此被视为人类音调产生的模板，从这方面来说倒颇具讽刺意味。根据英国社会学家赫伯特·斯宾塞的说法，“所有的音乐原本都是人声”，所有的相关研究都遵循这样的假设，即第一种音乐是一种信号歌曲，要么是从语言中演变的夸张的谈话方式，要么是在语言之前，或与语言有共同的起源的令人激动的语音或歌曲。[7]

虽然进化生物学家可以对直立行走、说话或一夫一妻制赋予物种生命管理方面的明显优势，或至少是无法想象的优势，而唱歌则完全不同。能歌唱的生物拥有更高繁殖机会的原因是什么？有音乐才能意味着具备哪种适应能力？卡尔·斯图普夫在谈到教堂音乐的守护神时说：“塞克特·卡西利亚仰望天堂，这对我们为生存而奋斗有什么帮助呢？”[8]

生物学给出的第一个答案是，鸟类的“歌曲”是求偶的信号系统，以此甚至可以打动竞争对手。唱歌是交际，这就是说，因为唱歌会引起受众的行为变化。唱歌可以做到这一点，因为它似乎表露了歌手的特征和未来行为。唱歌的人，至少在传达：在一定的距离之内，甚至可能在某个具体的位置有一个歌者，他乐于交流，他是哪种类型的，在大多数情况下还能显示自己的性别。

这是包含很多内容的信息，其传播对于歌手来说具有额外的好处，而且要消耗的能量相对较少，因为据证实，复杂的歌曲所消耗的能量并不比简单的多。但是为什么歌曲会成为受众的信息，成为“一种导致差异的差异”（葛瑞利·贝特森）？生物学家认为，因为受众通常是雌性动物。虽然除了歌曲之外，还有一些警告敌人或表示食物已经找到的叫喊，一些警告性喊叫很有针对性，以至于同类听得出，而食肉猛禽则不会。但是，与音乐的起源相关的鸟叫声和歌曲的功能恰恰体现在美学特质对生命的推动作用上。[9]

唱歌对于鸟类来说具有与羽毛的颜色变换相似的功能，但它就像所有的声音信号系统一样，即使在光线不足或距离间隔太远导致信号发送者和信号接收者之间的视觉接触变得复杂的环境中，也是有用的。起初查尔斯·达尔文以这种方式提出论证，研究发现了很多相应的证据，尤其在有了录音和声谱仪之后。在筑巢和产蛋之前，鹪鹩和芦鹀（芦苇莺）的歌声明显增多。当人们把白脸山雀和雌性分开时，它们的歌声是以前的6倍。反过来鹪鹩结成配偶后就停止唱歌。被鸟类学家刺穿浮囊的黑色海滩鸦不能再唱歌，它们不得不面对更多的入侵者。一些生物学家认为，歌声高高低低，似乎曲目很多，应该给竞争对手们这样一种印象，那就是这片土地已经被许多鸟类占据了。无论如何，鸟叫声足以阻止竞争者，或引发其他雄性攻击性的挑衅。[10]

用歌声可以传达位置信息，这是显而易见的。和唱歌者交往，雌性们会获得什么利益呢？多次观察已证实：在鹟类、家养鹪鹩、篱雀、椋鸟以及其他鸟类中，更长、更复杂的歌曲比简短的歌曲更受欢迎，雌性比雄性更能识别相关歌声。[11]

鸣禽的例子不仅为早期人类信号输出提供了一种可能的模拟模式。它还包含一个系统化的论据，涉及的是这种看上去多余的有用性。可想而知一首歌的意义非常简单。雄性在歌唱，就和人们所想的一样，无非就是它的名字，它想择偶，它身处何处，它唱“我是褐弯嘴嘲鸫”，它唱“我准备好了”，唱“我的领土”和“我可以做到”。值得注意的是，一些鸟类以各种声音序列传达这些信息。当然不是所有的鸟类都必须如此，有声音非常单调的鸣鸟也能够幸存下来。然而，褐弯嘴嘲鸫迄今为止被观察到会唱1800多首不同的歌曲，位居鸟类歌唱家榜首。这引发了一个非常棘手的问题，那就是如果一种鸟的生存空间竞争不激烈，而且是一夫一妻制的条件下，那么这种鸟的歌唱技能对进化有什么促进作用呢？[12]

那么除了多样化修饰两性印象之外，在动物世界中是否也有超出这种有用性的审美盈余？或者换句话说，多样性本身就是重要信息吗？[13]

由于雌性的繁殖成本远高于雄性，因此就更挑剔。歌曲中包含的信息可能与唱歌者所涉的风险有关：唱歌者不能同时寻找食物，更会引起捕猎者的注意。如果谁唱的歌冗长而复杂，那就意味着它应付得来，例如，它的领地食物丰富，而且它可以对付强敌。这符合累赘选择理论。根据这个理论，信号只是提供信息的，如果不是任谁都可以这样发送信息，那信号发送者就不容易被伪造。换句话说，当广告费用昂贵时，广告是可信的，因为只有成功的供应商才能负担得起，这让我们从广告中得出成功的结论。谁唱了丰富的曲目，而且仍然在原地，谁就通过了一项测试，也就是说通过的测试越严格，传递的信号越有吸引力。因此从美中并不能直接得出与力量有关的结论，但可以得出一个间接的结论，如果它需要的成本太高，那只有强者才会冒险对其投资。[14]

鸟类的歌声传达着健康和主张意愿，包括领地主权声明，保护和结对过幸福生活的意愿。而到目前为止，将这种形式转变为人们之间用音乐交流的尝试并不十分合理。鸟类在生物学上与人类不是很亲近——这两个物种的最后一个共同祖先生活在3亿年前，相反，最接近鸟类的物种并不唱歌，音乐往往是群体事件，但动物王国几乎没有合唱团，这也是其他反对音乐信息的进化优势的人的解释。[15]持续最久的音乐消费属于青春期，并且在这方面音乐感知与“性参与”密切相关，对于这样的言论人们只会反驳：自20世纪以来才这样，在旧石器时代几乎没有。[16]

会弹钢琴的人在与女性交往中更幸运？很明显，鸟类鸣唱的功能不能直接转移到人类以及音乐的文化史起源上来。达尔文说鸟类的歌声用来表达“爱情，嫉妒或胜利等多样化情绪”，人类的音乐生活是动物这种行为的映像。鸟类在生理刺激之外也唱歌。

达尔文补充说，爱情是歌曲史上被咏唱最多的情感，但这样的歌曲在非择偶的情况下也会听到，表明为性而歌的假说并不成立。没有证据显示类人猿或早期人类求偶时候以唱歌为手段。几乎没有证据表明人类曾经在群体和婚姻系统之外配对繁衍。类比鸟类的鸣唱，只唱给单独一个人的爱情歌曲是人类历史上的一个晚期现象。[17]

事实上，不少爱情歌曲唱的是让人失望的爱情，但这并没有什么影响。达尔文认为情绪动员不是从文字开始的，而是来自音乐。人们会问，当歌词让人心生遗憾时，音乐会如何激发这种欲望。在这一点上，为了捍卫达尔文的论点投入的智力成本是相当可观的。关于爱情苦痛的交流“在性追求的过程中也有所帮助”，因为分担的痛苦是一半的痛苦，这增加了“不丧失信心，尽管如此不放弃并开始新尝试的机会”。这些友好而又端着架子的关于审美形式的衍变和音乐能力的选择性优势方面还能提供什么有洞察力的意见，我们不得而知。[18]

简而言之，鸟类歌唱对鸟类的重要性不同于鸟类歌唱对音乐起源的重要性。早期人类开始创作音乐时，就已经会唱歌了。然而音乐的衍变目的与人类对它的关注关系不是很大。“布谷，布谷，声音从森林中传来”，这种简单的信号结构的模型效果是无关紧要的，无论是谁因为什么喊叫的。[19]如果听听现在的狩猎-采集群体，他们的音乐主要是人声配乐伴奏，例如，由皮革和木头制成的鼓，在其制作过程中还使用了南瓜、乌龟壳或蹄，还有笛子和木制管乐器。音乐本身引人注目的是它的有用性，这种有用性适用于所有可想象到的目的。有时它传播宗教意义，时常和战争舞蹈一起出现。但也有狩猎歌曲，相邻部落之间的外交舞蹈、清洁舞蹈以及像割礼、青春期和葬礼等针对不同人生阶段的音乐；还有童谣，其中一些用于教育，比如通过童谣向爱斯基摩儿童解释一些鱼的特征，也有一部分是摇篮曲。那些在采摘浆果时唱的歌曲，以避免争端的逗趣的歌曲，给被冒犯的人提供一个机会，对冒犯者进行责骂，就像在嘻哈音乐的世界中。

在这样的背景下，探寻特定领域中音乐的起源就没有意义了。它的用处远不止于在女性面前炫耀。思考音乐以旋律和节奏感染人，促进人交流的优势可能更有希望找到音乐的起源。这种感染力出现的主要场景是与婴儿的沟通。在和新生儿交流时提高语音和放慢语速是相当普遍的交流形式。这种有高度节奏性和很强重复性的信号发送形式——在互动中母亲和父亲传递给新生儿的信息一半以上都要被重复，这和儿童最初几个月具有高度敏感性相关。婴儿的记忆分为不同的时间段，对有节奏的动作和声音、对摇篮和歌曲有所反应。

母亲、父亲像卖力演唱的歌手一样，和婴儿的交流是用夸张的手势和面部表情，如睁大的眼睛，过分夸张地点头或摇头，张开的嘴巴和拉长的发声：ooooh（噢），jaaaah（是，对），neinneinneinnein（不是，不对）。这里表现的是微动作舞蹈艺术和短时间带有念白的歌剧。音乐最初是歌唱，而歌唱是一种夸张的语言形式，社会学家赫伯特·斯宾塞可能看到他的论点在这里得到了个体验证。[20]

从进化历史的角度来看，直立行走导致人的身体结构的变化同时使人类的产道变窄导致发育迟缓。因此，人类婴儿要比其他哺乳动物，例如猴子的孩子更无助。对他们来说，依靠自己的力量抱紧母亲并与母亲保持亲密的接触是不可能的。根据美国人类学家埃伦·迪萨纳亚克和迪恩·福尔克的观点，如果母亲需要两只自由的手臂来采集食物——至少在婴儿背带发明之前，与婴儿的直接接触就会减少。在这种自己无法移动又无助情况下，人类婴儿特别需要接收到他们并未被孤立的信号。此时代替双臂抱着孩子的是安慰性的、原始音乐式的交流形式。为什么它可以做到安慰孩子呢？因为，这是母亲的声音，通过重复来稳定期望，并且它通过音调和平静的氛围组合来表示无危险的情况。在充满掠食者的环境中尖叫的儿童会将自己和母亲置于高风险之中，从这个意义上说这种安慰有助于“为生存而斗争”。综上所述，音乐的起源在于安慰。[21]

这种安慰的效果与声音的其他非语言特质相辅相成：能够表达警告、惊喜、感情或玩耍的要求。狩猎-采集群体的歌词具有非常相似的功能。它们通常由无意义的音节或不断重复的一个句子组成（“太阳说唱歌”“森林真好”），好像唱歌意味着彼此交谈或进入一种情感状态。部落传唱的摇篮曲、战歌、颂歌和主要用于引起注意的歌曲的旋律特征与母亲和孩子交流的语言形式（安慰、警告、鼓励、吸引往这边看）之间的比较表明，两者在各自表达积极的、传达吸引力的与消极的、拒绝的信息方面的旋律音节的长短是非常一致的。简而言之，最简单的歌曲具有与母婴交流相同的模式。[22]

孩子们寻求安慰的尖叫声是学会语言表达过程中的音乐元素，这听起来似乎不太可能。但是作为早在人类会使用语言之前就有最初的声音产物，这些叫声会被认真对待。研究表明，孩子们不仅“学说”语言内容，还模仿声音的特质、旋律和节奏。人类从小就由尖叫声向越来越复杂的模式发展，这些模式由旋律连接构成，而这些旋律以前只单独“突然说出”一次，随着年龄的增长，它们会以不同的音调、顺序和删减方式明确表达出来。我们甚至可以说，在将这些表达技巧应用于语言之前，人类就已经开始音乐测试，测试它们表达困苦和寻求帮助的可能性。[23]

孩子喊叫，母亲唱歌。有研究人员把母亲说话和母亲唱歌式回应正在尖叫的孩子进行比较，结果表明，唱歌式回应无论如何效果都是最好的。沟通越具有音乐性，吸引孩子的注意力就越多，并且能更强烈地注入各自的情感。由于演唱内容少于说话的内容，所以孩子很快识别而平静下来。另外，在唱歌时母亲通常会动起来，这样孩子们的注意力就会被带入歌曲所演绎的舞蹈中。一个关于幼儿节奏感的实验总结表明：“我们听到了旋律，但是我们感受到的是节拍，而我们如何动，影响了我们所听到的。”[24]

这指出了人类音乐不同于大多数动物发出的声音的一个特殊特征：人类音乐通常会伴有同步的动作。当然，自然界也存在二重唱，就像一夫一妻制的长臂猿伴侣，它们在破晓时吟唱着悠长的旋律，它们在互相对答，等到对方唱完了，自己再接着唱下去。有许多种鸟也可以对唱——大约有400种鸟类，约占所有鸟类的10%，用来捍卫共同领地。母狮子们以合唱的方式咆哮，阻止入侵者吃掉它们的幼崽。但是这些所谓的合唱只是喊叫声，而不是歌唱，人类这种通过群体协调形成节奏性的，又没有领土防御意图的歌唱，在动物界是非常罕见的。[25]

另一方面，合唱在人类中广为传播，但直到现在还没有证据表明，男人和女人谁更适合合唱。虽然合唱为群体的利益做出了贡献，但仅此而已。谁在唱歌，除了他或她刚刚唱歌的事实外，几乎不传达任何信息。帕瓦罗蒂是否是一位好猎人或者一位好父亲的问题，从他的歌声中是得不到答案的。但是，个人可以通过参与战争舞蹈、狩猎舞蹈、雨中舞蹈或婚礼舞蹈表达他的归属以及愿意接受一种集体感情状态的热情。而一个集体可以通过唱歌和其他形式来表明它是一个有行为能力的活跃的集体。人们在一起唱歌跳舞时，就会出现被组织起来的愤怒、悲伤和欢乐。伴随音乐的舞蹈是一种双重同步的情况：在空间中典型的肢体动作和音乐的音节时间限制之间同步，例如，华尔兹舞一大步和两小步对应的是一个强的重音和两个弱音以及不同的人身体动作之间的同步："跳舞是不会碰撞彼此的艺术。"（摩斯·肯宁汉）用社会生物学的术语来说，音乐和舞蹈表达的是"联盟质量"。[26]

之所以这样是因为音乐和舞蹈不仅是简单听凭情绪和自身力量的发泄方式，它们也能抑制情绪，因为音乐是受控制的欣喜若狂和计算过的激情的矛盾体。歌曲中形成了令人兴奋的声音的波动，让人感觉到其强弱是分阶段进行的，这种精准的重复在很大程度上与语言无关。因此，唱歌也意味着倾听，把所唱的和所感知的期望进行比较。此外，跳舞意味着在所听到的、所看到的和自己的运动之间建立关系。当脚对音乐作出反应时，和模仿行为相关联的大脑区域会一样变得活跃。然而，模仿强化了群体关系，同步运动在时间的严格性方面要求参与者还要有相互关照的能力，这比简单的模仿高级很多，要求也多。[27]

这最终会转向关于音乐起源的一个更古老的假说，它将音乐置身于对艺术来说不寻常的环境中。20世纪初，这种被渲染的有殖民主义色彩的言论宣称，持续行动和努力的能力是现代西方人的一个特点，经济学家卡尔·布歇对此进行了反驳。布歇认为，这有悖于舞蹈这种最费力的团体奉献精神表达形式。只要劳作变得有节奏，它就会变得不那么恐怖。许多劳作形式都有自己的节奏，这使其更易于执行，例如，行军时有意识地大踏步行进，锤子以相同的节拍加工金属，连枷有规律地敲打谷物等。也就是说，如果一再重复的内容可以变得有节奏，它就会相应地变得更容易。如果劳累能通过语音表达出来，它就会相应地得到很大减缓。对于卡尔·布歇而言“哈鲁嗨呀”可能是文明史的原始话语之一。

接着是鼓声，它设定了划船的节奏或负重拉拽的节拍。笛声，据说是伴随着伊特拉斯坎人揉捏面团的动作和女裁缝唱歌。唱歌再次缓解了工作带来的痛苦或无聊。有测试结果表明，相对于担任划船及多人不同步地划船，有节奏地同步划船提高了划船者的痛苦阈值，而这与划船的团队是由相互陌生的成员，还是由配合默契、训练有素的成员组成完全无关。舞蹈也是如此。即使几个舞者各自戴着耳机听伴奏音乐，他们之间没有共同的聆听体验，他们也能做到节拍和肢体动作的同步。根据布歇的说法，舞蹈是对鼓声节奏的回应，而鼓声遵循着劳作的节奏："歌曲由劳作具有节奏性的过程创作而来，并适应劳作的节奏。"

布歇认为，文明的历史是逐渐消除这种关联的历史，它将劳作的节奏转给机器，并将音乐逐渐转化成艺术的某一个专区，最终失去与舞蹈的联系。阿勒曼德舞曲、库兰特舞曲、萨拉班德舞曲、小步舞曲、吉格舞曲——巴赫的大提琴无伴奏舞曲乐章在他创作命名时就已经与舞蹈没有什么必然的联系了，甚至这种命运也落到了爵士乐的头上，当爵士乐因为美妙的旋律从舞池被转移到音乐厅的时候，也没有舞蹈什么事了。基督教的教堂在第一次创作音乐时已然如此，人们不会随之起舞。[28]

在这里，争论的焦点在于音乐是一种社会媒介，它通过将个体引向对应的一方，并且在行为上必须与之协调，但同时，对对应一方的支持也是在支持自己，能增强自己的力量。旋律的衍变功能在于母亲声音的安抚效果，节奏的衍变功能在于通过集体行动使对立的"自我"与"他人"的融合。人在音乐中情绪差异会消失，因为听众会融入音乐的情绪中。这可能对超过一定规模的原始人群的行为特别有益。

那么，那个可以通过音乐和舞蹈强化社会性的时期呢？在一篇大家广为讨论的文章中，人类学家莱斯利·艾洛和罗宾·邓巴指出，灵长类动物的新大脑皮层（大脑皮质的感觉、联想和运动部分）的相对大小与其群体大小和花费在维护社会关系上的时间（“互为对方梳毛”）之间存在一种关联。如果计算一下解剖学意义上的现代人和他的祖先的相应数值，人们就会了解到一个在30万年前开始并持续增长的发展进程：黑猩猩的平均群体规模大约为53名成员，这导致产生友好聚会的时间需求，大约相当于生活在两百万年前的能人/卢多尔夫智人的计算值。对智人来说，其群体规模估计超过120人。有些时候这种发展使得有必要通过除了直接接触、相互身体护理和手势之外的其他手段来确保群体的一体化，因为可用的群体友好关系建立的时间不够用了。群体规模的缓慢增长使获取食物，在广阔的大草原上生活和游牧生活方式的优势不得不通过交际方式来弥补。1个群体成员与其他最多3个人的语言互动足以实现这种平衡。对此，艾洛和邓巴创造了术语“用语音理顺关系”，人们可以将其翻译为“语音亲和性”。[29]

语音亲和性后来可能被区分为语言和音乐，这就像哭泣的孩子和安抚的母亲之间的沟通一样纠缠不清。为了取代肢体上“互为对方梳毛”产生的信任特性，音乐互动的节奏和韵律特质无疑是非常有帮助的。正如英国考古学家史蒂文·米森在他关于歌唱的尼安德特人的书中所描绘的那样，早期人类群体在热带稀树草原上喊叫、低吟，晚上在篝火旁一起唱歌，这样的景象让人印象深刻。事实上，火除了延长食物加工时间之外，还延长了狩猎-采集群体的内部社交时间。估计这种额外的休息时间每天约4小时。如果这些时间是在像洞穴这样的庇护所中度过，声音空间的特质也必须被包括在早期社交互动的景象中。不管是哪种情况，早期的火、定居、讲故事和小夜曲之间的早期关联也可能决定了人类的交际能力。[30]

第八章
小麦、狗和耶路撒冷的非游玩之旅
农业的起源

这一年也永不会停歇。

——维吉尔

农民是介于猎人和市民之间的一类人。他们与非定居的人不同，也不同于没有自食其力的人。这导致了负面的描述。自从狩猎的目的不再只是自我保护，农民便逐渐缺少了围绕狩猎的浪漫魅力。奥特盖耶·加塞特说：“狩猎使人类暂离文明”。

而农民似乎不爱冒险。在猎人和游牧民看来，农民被束缚在一片土地上有规律地劳作，他们的收成主要是植物。希罗多德在他的历史学书中提到过，当埃塞俄比亚人知道波斯王吃面包时，他们的反应是非常反感的。在许多神话中游牧民和猎人是巨人，而只有矮人从事农业和采矿工作。后来的调查结果可能反映了这一点，即从狩猎到农耕的过渡最初伴随着更多的工作、更矮小的身型和更差的饮食营养。但其实这也可能让人觉得狩猎是和开放未知的结局进行的实力较量：人们不会去猎杀奶牛。在托马斯·莫罗斯的《乌托邦》里，岛上的居民并不这样想。他们会惩罚捕猎动物的人，因为猎杀动物是一种最低级的犯罪行为。[1]

但是，游牧民族不仅觉得农民的行为很糟，他们的生活方式也缺乏城市生活的多样性。当城市居民驱车前往避暑地消遣时，或者当他们对城市喧嚣的生活厌烦时，才会记起乡村生活。骑马的勇士一直认为像役畜一样劳作的人是二流的。“农民也可以说是人”，在席勒的《华伦斯坦》中有一名弓箭射手这样说。英雄的角色不会是农民，几个世纪以来，欧洲戏剧中的农民角色就像奴隶一样，都是滑稽人物。因为在城镇居民看来，农民也不是开化的文明人。把一个人称作农民，暗示着其举止可疑。农民生活在所谓的腹地，即使那里风景如画，也是远离高高在上的城市。农民们创造了使一个受技术、管理、商业、艺术、科学和政治等影响的城市化世界成为可能所必要的东西。根据这种观点，农民所负责的是原材料而不是精细产品。

英国的人类学家亨利·林·罗斯1887年发表题为《论农业的起源》的文章，他发现除了农业之外，人类古代史几乎所有方面都已经被研究过了，原因可能在于对植物种植这种“和平艺术”的倨傲而又显示宽容的态度。这不是夸张的说法。除了个别几项研究之外，1900年前后还几乎没有任何关于农业起源的研究。根据罗斯的说法，驯服动物比种植谷物容易得多，但种植谷物实质上是更大的文明成就。从早期人类社会已经崇拜的无数农业神灵中可以看出，农业有很大的不可能性。当地球由于气候条件改变，有条件定期提供足够的食物时，农业才会受到最高褒奖。[2]

虽然狩猎也有相应的神灵，但伟大的猎人更有可能相信成功归功于他个人。他作为一个特殊天赋的人物，是英雄且具有超凡魅力。会有单枪匹马的猎人，但没有孤身一人劳作的农民。成功的农业就像是一个大型集体企业，它非常依赖于周围的环境：温暖的气候和肥沃的土壤，对动物和人类掠食者等破坏性影响的控制，工作和长期观测，久坐和累积储存的能力，因为有一部分的收获不能被无故消耗，所以必须耐心等待。另外，相互比邻而居并且与动物生活在一起的定居者，相对于游牧民族更容易遭受传染性疾病的危害。

人们可以用完全不同的方式讲述同一段历史。美国考古学家韦尔·戈登·奇尔德是这样做的第一人。当他1936年创造了“新石器时代革命”一词时，他把农民置于文明史的开端，这个文明史第二个时期是随后出现的城市革命，第三个伟大时期是更晚的时候出现的工业革命。我们所了解的文明史就是一个相信可以控制自然的物种的历史，正如奇尔德说的那样，至少是通过与自然合作成功地控制自然。新石器时代的开始——自从约翰·拉伯克1865年出版了关于史前时代的书后就有了这一名词，因为当时的工具还没有用金属做的——现在被确定为公元前9500年前后。以前，在超过260万年的时间里，人类已经或多或少地接受了环境提供的东西，并且只学会了改善和更好区分狩猎技术、狩猎装备、对猎物和采集物的烹制和保存（从不可食用和有毒的食物中总结出来）。但是大约1.4万年前，也就是在新石器时代开始前的一段时间，人类已经开始逐渐控制环境以及环境可以提供的东西。人类不仅改变了自身的行为，而且改变了所涉及的对象。自那时起，大自然越来越少地成为很多人为之抱怨和欢呼的对象。这样就有了农业，首先是种植，然后是饲养。农民是世界历史上的第一批工程师，因为他们不仅有选择地使用技术，而且还创造了一种基于系统的和持续的改进技术，对彼此都有影响的生活方式。由此，世界人口从新石器时代的千万人口增加到现在的大约70亿人，近50亿公顷的土地被开垦，其灌溉用水占所有用水量的70%。[3]

怎样过渡到这个同时满足很多前提条件的定居农业生活方式？怎样过渡到动物饲养和植物栽培？怎样过渡到村落？在研究这些之前，我们必须首先回答另外一个问题：这发生在何时何地？“革命”这个概念暗示，它涉及的是一个事件或者至少是一个简短的事件序列。这显然是误解。事实上，这是一个经过数千年在不同地方不断变化的环境条件中进行反复试验、纠错的过程。

比中东地区的植物种植迟一点，据说后来发挥主导作用的是大约8000年前，在中美洲墨西哥西部河谷夏季潮湿而冬季干燥的环境中被驯化种植的第一株玉米。这样的河谷成了我们研究的主题，它们提供了各种各样的植物和动物，为了植物育种者在向农业过渡时保留猎人和园丁的角色，这种植物和动物的多样性是很有必要的。

更准确地说，因为育种所需的时间不短，从事农业的风险比不熟悉这种生活方式的风险要大得多。玉米的穗轴在3000年前平均只有6厘米长，这给一个研究流派提供了参数，他们并不认为种植玉米的最初目的是获取粮食，而可能是从整个植物中提取糖。然而，与中东地区不同，中美洲和南美洲的定居生活并不是发生在农业之前的。[4]

相反，我们如今很清楚，至少在中东和公元前13000—前9500年所谓的肥沃的新月地区里，农业的开始和定居生活之间有一段间隔，并没有相伴前后发生。在两河上游流域、土耳其东南部、约旦河谷和西奈半岛之间居住着最早的人类，他们不仅是季节性的，而且一年中的大部分时间会停留在某一地方，并有条理地储存食物。在我们研究他们为什么这样做之前，要提一个考古学方面的知识点：因为大家都相信农业起源于这里，所以在这里进行的挖掘、测量和理论研究最多。如果比较一下中国，你会发现对水稻产业起源的研究远不如对小麦种植或绵羊养殖的研究。这说明不了什么，但清楚地表明了关于起源的知识储备取决于所遵循的方法和路径。[5]

我们回到地中海东部诸国和岛屿。粗略地说，在更新世人们对这个地区的生物地理学方面的想象与现在大不相同，那里是一个由橡树、杏树和开心果树构成的公园，居住着各种各样的动物。研钵、石镰和畜栏的遗迹表明，植物已经被再加工。人们的生活不再是仅能糊口。他们选择的地区都是野生植物群丰富，有可以在不同的季节收割的小麦和大麦，并有大量的野山羊、驴、绵羊和瞪羚。最早的定居者还保留狩猎和采集习惯，的确，当气候在公元前

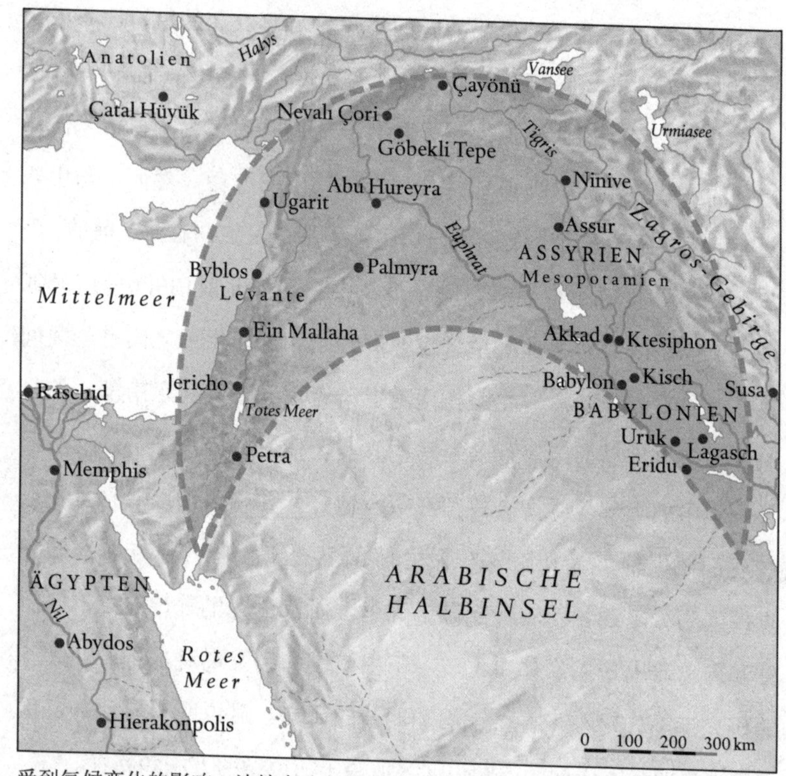

受到气候变化的影响，浓缩在公元前12世纪波斯湾和北埃及之间的“肥沃的新月地区”中。按照促进文明的革新顺序：农业、植物和牲畜的驯化、城市的建立、文字和国家形成。

10700—前9700年变得更加干燥和寒冷时，他们又开始迁徙。[6]

在这段时期结束之后，才出现了带有永久性建筑物的更大定居点。但最重要的是在约旦河谷居住区出现了最早的粮仓和储藏地，在这之前的食品都储存在家庭住宅外。人们怎样识别出这些是功能性建筑呢？一部分通过老鼠和其他“家养动物”的骨头出土物以及磨盘，一部分通过建筑物自身，里面有石材支撑的木制底板被架设在地面上，这样储存仓可以从下面通风并且储存物不容易受潮。[7]

向农业过渡最早是在两河流域、小亚细亚和中东之间的“肥沃的新月地区”。然而，在谷物种类全世界普及生产之前，在世界其他大洲谷物已找到自己的繁殖方式：在南美洲人们种植了马铃薯、花生和木薯，前文已经提到的中美洲的玉米，而在东南亚和长江地区已经开始种植水稻。游牧民甚至在开始种植植物和驯养动物之前就研究了植物的特性。相反，至少在中东和南亚，定居是育种驯化的先决条件，因为它需要很长时间来观察植物的特性。野生植物——特别是大麦和小扁豆——的存储已经根据不同的标准进行分类，这为以后的育种培育奠定了初步基础。野生植物被收集并重新播种，好像并没有注意到有利的突变。用古代植物学家的话说，有些植物在生长之前已经被种植了。其他的植物，例如，黑麦和燕麦，在最初种植的地区没有经过后期培育。还有一些甚至完全没有被栽培过，例如偶尔会食用其果实的橡树，但橡果与杏仁不同，它们由于遗传的特性继承原有的苦味，即使它们本身属于无苦味的变种。瞪羚是地中海东部诸国和岛屿的猎人眼中最受欢迎的蛋白质提供者，动物界也有类似情况的证明：太胆怯而不能被培育。为了发现潜在食物的特性需要经过很多尝试。在20万种野生高等植物中最后只有100种左右被驯化。[8]

我们注意到人类首先是定居下来，而狩猎和采集作为特别重要的食物途径没有被放弃，已经有了动植物养殖。这也适用于公元前

4000年前后在亚洲出现的小米和大米产业，那里以前是野生植物的生产地，虽然已经出现人工收获和储存，但是由狩猎-采集群体种植，他们长期以来都没有对野生品种与栽培品种进行系统区分。总之，中国最早的村庄是在4000多年前受气候变冷的影响建立的。在这里定居生活、种植和培育之间的联系也不紧密。[9]

但是，是什么促使人类向定居生活过渡，走出迈向农业的第一步呢？可以确定的是，这是一个冒险的决定，因为放弃灵活移动性最初减少了可用食物的数量和获取范围。例如，如果通过对当前环境进行更深入开采来获得补偿，各个群体的能源需求就会增加。定居的人一次又一次地耗光他们周围的资源，他们可能和游牧民族一样，走过很多游猎和采集的地方，经历漫长的旅程，那么为什么决定选择这种固定的生活方式呢？

50多年前植物学家杰克·哈兰在土耳其用一把史前的石镰收割野生小麦，每小时收获一千克，这样计算下来，一个家庭可以在3周内收集完他们的一年所需的小麦。在工业革命之前大约1/5的地球居民属于这种狩猎-采集群体，这表明，即使在温和的气候中，向农业过渡也不是许多人的首选。20世纪和21世纪南半球的采集者群体的生活环境并不那么糟糕。[10]

有两个关于为什么在一万多年前仍然出现了农业的理论，最初是相对立的。一种理论认为，是气候变化迫使猎人和采集者定居下来。据推测，特别干旱的时期导致植物和动物的稀缺，人类随即撤退到仍然有食物的绿洲和河谷，他们习惯了那里的固定生活，越来越关心动植物群。简而言之，气候驱使人们去了一些地方，在那里他们可以学习，当他们准备好研究大自然时，他们就越来越少地受制于大自然。[11]

这种绿洲理论与一些地理学家和考古学家的观点相矛盾，因为他们没有找到关于原始干旱的充分证据。他们还想谈谈天气以外的其他话题。向定居的生活方式过渡在他们看来似乎并不是被大自然强迫的。毕竟之前有过3个间冰期，当时气候变得更干燥，并没有产生绿洲中的驯化培植动植物的成果。但是，一些研究人员只是用人口压力作为决定性因素来代替气候因素。据推测，两万年前仅有25个狩猎-采集群体，通常由250～500人的配对网络组成，由于气候条件不错，他们的发展超出了现有资源供应，而被迫改善食物供应方式。因此，对资源稀缺的传统的、最简单的反应，即迁徙，在公元前一万年前后，人口密度过高的情况下不再有效。必须采取其他策略取而代之：扩大食物基础、储存当前的食物盈余，即累积储存以及——对于进化论者和利己基因理论的支持者来说最后的方法——降低繁殖率。绿洲理论的其他代表认为，生育率较高、婴儿死亡率较低以及人类预期寿命延长都归因于定居的生活方式。当地动物群和植物群品种有限，同种固化，逐渐导致食物短缺，并迫使人们创新耕种，定量配给。[12]

在资源匮乏的情况下，定居生活有什么优势呢？有限的领地更容易防御，因此，在富饶而遥远的狩猎场地和虽不富饶但邻近的地域之间进行权衡时，后者可能较优选择。人们把这一策略与“耶路撒冷之行”游戏中的非法座席进行比较：游戏者和座椅的比例越大——例如，第一轮为10∶9，第二轮为9∶8，最后一轮为2∶1，违反移动规则以及干脆直接坐下的诱惑就越大。这种比较也是有局限性的，因为早期的资源冲突涉及的每个群体都要占用几把椅子（领地），不断地有游戏参与者从外部涌入（帮派），并且因为椅子（领地）具有不同的吸引力，所以它的意义在于：谁选择定居方式，谁就占据了一块领地，同时减少了所有其他领域的活动自由，这表明许多人选择同样的策略——突然间没有人行动了。[13]

这类理论模式最终将气候列为第一原因。事实表明，天气作为影响一个地区资源丰富的主要根源，也由此成为人口压力的重要因素，对农业的出现起到了决定性的作用。例如，在冰河时代后期农业是不可能存在的，因为极端的气候变化不允许人们去学习种植和收获。气候的稳定性似乎是缓慢的物种种子选择过程的前提条件，也是能够从收获成功与失败中提取信息进行成功再加工的前提条件。然而，值得注意的是，在关于农业起源的理论中一直存在的争议是，是否可能存在持续良好或恶劣的天气促进了人类向定居和农业生活形式的过渡。相对容易被接受的解释是存在好的、相对温暖和潮湿的天气。通过可能的成功收获，气候应该使人类更容易跨越从游牧向定居生活过渡的大门槛。但为什么有人反驳说猎人和采集者在生存环境变好的时候从根本上改变了他们的生活方式？对此，反对意见回应说，最初他们并没有从根本上改变他们的生活方式，而只是从一种线性游荡移动到以大本营附近为中心的圆形区域活动过渡，因为在有利的天气条件下，在这样的圆形区域内足以满足狩猎和收割的需求。

但这里所讨论的也可能是一个错误。无论气候温和或是恶劣，都没有促进人类向定居生活转变，而是当地人口数量增加强迫人们去深入研究长期交替变化的气候。人们对一种气候变化的特定形式作出了回应，然后又不得不以此应付另一种气候变化。对于地中海东部诸国和岛屿，尤其是通过对洞穴中矿物质和植物种子的研究确定，在1.9万年前气候变得更温暖、更湿润。大约1.4万年前降雨量第一个高峰出现，其后是大约1.25万年前的干旱期和寒冷期，气候在随后几个时代迅速变暖，在8200年前达到顶峰。第一批人类定居点就是在最初的温暖的时期建立起来的，但定居点在寒冷时期扩大，当时那里肯定出现了食品问题，游牧民族对不断迁移不再抱有希望。他们寻找收成相对较好的基地，以那里为圆心向外狩猎、捕鱼和采集，在那里他们开始加工食物和埋葬死者。据估计，这种定居点有75～100个居民。这些居民团体不再类似于组织松散的帮派，象征性的活动明显增加：团队越大，消耗就越大，一方面要投入更多的精力确保个人在其中的地位，另一方面要表达团队的团结。伴随着定居生活出现了葬礼制度以及“私人”财产的思想。群体成员越多，每个人所能拥有的东西就越少。[14]

据推测，定居生活也伴随着食物基础来源的拓宽，因为定居居民比游牧民更好地研究并系统地利用了群落生境，而游牧民总是知道在哪里寻找猎物。这是对定居者的耐心和专注力的奖赏，即使大自然的回馈很小，也会让他们在更艰难的环境下选择定居生活。在地中海东部诸国和岛屿收获各种野生谷物的方法从击打谷物转变为镰刀收割，并且两种方法交替使用：击打谷物的方法在单位时间内收获更多，速度更快；镰刀收割的方式每平方米收获更多，生产力更高。在定居的生活方式中产生了系统化的工作，它很快延伸到社会领域中的所有对象，无论是针对生食、骨头工具还是用来装饰的死者的头骨。[15]人类开始关心身边的物品。

气候的波动变化，迫使那些受其影响的人们不断学习，因此，农业起源的理论也不必要么在恶劣的环境中要么在物产富饶的环境中，寻找二者择一论。两者都促使人类迈出了走向农业生产的步伐。因为气候的波动变化与这些小群体的饮食习惯和流动性以及人口发展的不断变化相对应，另外，鉴于生活地区的不同，他们绝不会遵循相同的生存策略。例如，在那土芬文化后期，狩猎活动加剧，小羚羊和野兔成为餐桌美食，火的使用进一步发展，镰刀出现，植物的采集和再加工的技术继续进步。此后（1.17万—1.05万年前）出现了更加稳定的村庄结构，它们可能占据2.5公顷的区域，有仓库，人口数量达到300人。

地中海东部诸国和岛屿北部的第一批农民生活在新仙女木时期（公元前11000—前9500年）的末期。相对最重要的迹象之一就是他们的植物残留物，人们发现了喜欢在耕种土地中生长的杂草。他们种植了黑麦、单粒小麦、二粒小麦、大麦和燕麦。同样还发现了小扁豆、野豌豆、饲料紫菜、豌豆、亚麻和鹰嘴豆，它们都出现在今天的土耳其东南部和伊拉克北部“肥沃的新月地区”，幼发拉底河和底格里斯河上游附近的一个地区，也就是说大概在公元前9000年—公元前7500年，该地区的人们已经驯化种植这些植物，而其他地区则是在公元前7300—前7000年。[16]

经过一两千年的培殖后，出现了即使成熟时谷穗也不会碎裂，导致谷粒掉出的作物。这样就可以延迟收获，直到整穗变熟为止。之前，一些谷物还未成熟时就必须收获，否则许多谷粒会落到地上。已知人类最早的谷物栽培品种是黑麦，它的历史可追溯至1.11万—1.05万年前的阿布胡莱拉，但人们怀疑的是，这种谷物是否真的来自最古老的遗址地层或来自更新的地层。谷物栽培的第一个无可争议的证据不是在地中海东部诸国和岛屿地区发现的，而是在约9200年前的今土耳其东南部的尼瓦里柯里定居点发现的单粒小麦和二粒小麦。[17]

通过培育不分裂的穗状花序，谷物的繁殖变得依赖人类，而更稳定的穗状花序使得脱粒成为必要工作。但即使是附加的脱粒工作以及簸扬和过筛从文明的角度来看也要归功于人类。这是一个很好的例子，说明了一种技术（这里是培育育种）的副作用，另一方面，这里所说的脱粒，又变得值得期待，也可以得到改进。培育成熟谷穗的作用是将收获期缩短到几个星期，这表明人类对时间有了更多的把握：从被动等待季节到预定时间。如果几个品种同时成熟，收获工作就必须相应地进行规划。中国早期的水稻收割与野生坚果收获期就是在同一时间。人们在狩猎瞪羚和野驴的旺季收获小麦和大麦。脱粒可能出现在食物存储前后。大自然的节奏和社会的节奏变得更加交错重叠。农业增强了两者之间相互作用的观察力。中美洲玉米和豆类的种植也证明了这一论点：某些植物物种因基因的改变，在与它们的生活习性、生长节律和生物群落相适应的采伐群体定居地繁衍下去，那里的人们要通过更密集的管理来尝试弥补错过季节时机的损失。在某些情况下，只有逃生路线才会让人通往进步，尤其是一些植物从原来的生长地被转移到其他更适合的土壤，被灌溉，所以原来的生长空间也被认为是可变的。换句话说，人类不管愿意还是不愿意一直都处在实验和组织状态中。[18]

最早被种植的植物可能是单粒小麦和二粒小麦这两种，然后是小扁豆和豌豆。但动物呢？没有能够解释动物饲养起源的考古信息。18世纪末，历史哲学家，包括杜尔格、弗格森、孔多塞特首先提出这个问题，然后是人类学家都在探寻人类驯化动、植物的顺序。有一种观点认为，对牛、绵羊、马等牧群动物的"征服"产生了农业。因饲养动物导致饲料需求量更大，人们开始注意有用植物和不太有用的植物之间的区别。有人提出反对意见，因为人类历史上存在没有牲畜的农业（美洲、大洋洲），有的农业有牲畜，但仅用于运输（秘鲁）或仅用于狩猎（北美地区以及澳大利亚，狗），而非农业。

最早被人类驯养的动物既不提供肉也不提供奶、毛皮或粪肥，因为人类最早驯养的动物经过证实是狗。能证明这一点的最古老的出土物是在波恩-上卡塞尔的一个大约1.4万年前的坟墓中发现的一块像狗一样的家养动物的骨头。另一个人类早期的有家养狗的骨骼的发掘地点是在以色列北部的安马拉哈，在那里一只非常小的狗被埋在一个死人的手下面。狗也是唯一陪伴1.4万—1.2万年前的第一批移民，从欧洲经白令海峡到北美洲和南美洲的动物。紧随狗之后被驯化的动物是1万年前的猫，大约9000年前的山羊和绵羊。形态上改变的牛和猪首次出现在地中海东部诸国和岛屿地区以及8500年前的波斯。[19]

狗因被驯化改变了自身的运动范围、饮食和繁殖。驯化导致的结果中体型变小以配合与人类亲密接触是最令人惊讶和关注的。最初可能是作为食腐肉动物的幼狼和狼群一起逗留在人类居住区附近，它们后来跑到人类身边并留下来，由此，它们的饮食“转变”为其他形式：植物性食物比重变大，而动物性食物比重变小。通过“家狼”与在其他野狼群中没有发现性伴侣的野狼的交配，就这方面来说这些野狼不属于“阿尔法”动物，遗传库可以长时间地从外界获得供应，而驯化效果不会退化。猫可能是通过定居点附近的自然选择而“脱离野性”的。对于山羊、绵羊和牛，在实际育种之前长时间地通过“畜群管理”进行选择，这里为了更好的可控性，雌性动物相对于雄性动物更受优待。[20]

对定居生活和农业起源的解释都存在外部推动力。然而，如果对人类社会成就的演化解释只考虑单一因素就足够，例如气候或人口规模与资源规模之间的关系，往往会导致自相矛盾。新事物不是作为问题的解决方案来到世界，而是不同问题和不同解决方案的巧遇。其他考古学家对相关的时期进行了研究，他们认为当群体的定居性变得越来越强并且最终主要依靠农业耕作生活时，与其说这是技术和经济革命，不如说是象征性革命。向农业过渡要求人类对自然采取完全不同的态度，对此雅克·考文首先提出了一个视野更广的理论。他的理论源自对公元前8200年的考古证据，即山羊在驯化繁殖后，在人类饲养者的饮食中占比一直很低。也就是说驯化并没有增加蛋白质食物供应，而是改变了人类生产的基础。山羊不再是被吃掉的食物，而是以其他形式生存。公元前1万年的采集者做出的回应却相反，当他们惯食的野生谷物由于气候条件而变得稀少，他们不是去对其进行培育繁殖，而是转向像虎杖和黄蓍草等草类。因此，后来人类向谷物育种的过渡无法用谷物具备的优势来解释。换句话说，根据这一理论，农业不是为了应对资源稀缺或适应丰富的技术经济，而是源于文化意愿。在农业革命之前，肯定发生过一次“思想革命”。

考文认为除此之外可以从当时人类定居点的建造方式观察、思考：这些建筑物从圆形和椭圆形变为长方形，尽管在自然界中不存在相应的模仿对象。在早期人类绘画中，动物是核心，它们不是最主要的人类食物来源且由人类饲养，如果真是这样的话，人类在短时间内也无法做到：牛和食肉动物，或者在哥贝克力石阵中出现危险的小动物，如蛇、蝎子、蜥蜴以及大型鸟类都在短时间内无法驯化饲养。人们认为牛头骨是陪葬的物品。有用的动物如山羊、绵羊和猪，通常在那个时代的图画中找不到。没有证据表明冲突增加或狩猎增多，但武器技术的确取得了进步。头骨经过装饰和补缀，就像针对自然的分解腐烂，人们想重建死者的面部一样，人脸也是第一次在雕像中出现的。最初的石头面具也有据可查。但最重要的是，出现了一个女性神灵为先导的宗教，我们可以在许多小型黏土雕塑中看到它们的主要和次要性别特征。同一版本的人类作品还有牛的形象。[21]

考文解释说，人类离开了与动物共存的时代，征服了地球，生活在一种自我力量庞大的感觉中，生活在一种建设性的意识中。控制的概念中也包括自我约束。根据考文的说法，驯养动物的肉在人类饮食中所占比例最初并没有增加，因为这关乎对它们的统治，而不是对它们的使用。最初诱捕动物和畜群的过程不应与导致这种情况的畜牧业相混淆。正如克劳德·列维·斯特劳斯曾经说过，有些动物适合食用，而有些动物适于思考，所以根据考文所说，有一些动物可以使早期人类自我肯定，表达主张。这种自我主张在定居点中有最明确的表达：房屋——“驯化”的基准点——作为家庭、村落、广场、仓库和墓地之类的最初的功能性建筑物的布置安排。如果狩猎-采集群体的注意力集中在成员在哪里，正在做什么，那么定居者的外部边界就显得尤为重要，尤其是因为人口规模数量不再允许家庭式思维。[22]

考文有时非常片面地使用了难以估量的考古材料去思考农业的起源问题，也可能引用太多新石器时代的考古发现去设想后期的问题——金牛犊、太阳神、犹太一神论、希腊人的牛祭祀、作为公牛的宙斯等。批评者有充分理由对他的论点提出质疑，例如，他所提到的雕塑和骨头出土物是否确实属于雄性的牛，“雄性气质”是否真的是新石器时代宗教的中心。还有人指出，从据说发生了象征性革命的公元前10世纪开始到公元前2000年的恰塔霍裕克遗址，这中间时间跨度太大，以至于不能说是新石器时代的一种宗教。这也适用于象征性革命的理论，任何关于社会变革的关键因素的假设，就像我们对这一因素的了解，经常会出错。尽管如此，即使是全面掌握农业起源研究状况的最清醒的考古学家也认可从社会内部条件寻找这些起源的强烈推动力，并赋予宗教决定性的地位。[23]

关键在于如果没有假设所涉及的人已经领会到或甚至已经决定这样做，那么人们就无法想象社会变革。这并不是说他们的意图对变革本身甚至是变革方向肯定起了决定性作用。但他们的经验被借鉴，从而进入其发展轨迹。考文的论据是：一旦在自然与文化之间做出区分，当定居群体对所有超越其共同边界的一切事物进行自我主张时，就会产生神灵。神灵代表生育，坐在豹子身上，周围环绕有狮子和家猫。一旦他们的边界被推开，对旷野的痴迷此时就变得明显了。[24]

第九章
有人打算建一堵墙
城市的起源

创建城市是为了测量时间，为了把时间从自然中剥离出来。城市是一种无休止的倒计时。

——唐·德里罗

耶利哥城的城门因以色列人而紧闭，无人出入。耶和华晓谕约书亚说："看哪，我已经把耶利哥城和耶利哥城的王，并大能的勇士，都交在你手中。你们的一切兵丁要围绕这城，一日围绕一次，6日都要这样行。7个祭司要拿7个羊角长号走在约柜前。到第7日，你们要绕城7次，祭司也要吹角"（《约书亚记》，第6章，第1～4节）。这个故事的结局大家都知道。以色列人出埃及后在约旦河西岸陆地进行掠夺，这发生在公元前1200年前后，他们的统帅是约书亚，也就是摩西的继承人，被他们神的召唤。长号被吹响，耶利哥城的城墙倒塌了，城市被占领，居民被驱逐。据说，无论是谁重建，都会受到诅咒。

有时我们只要听到城市毁灭的信息，就会想到特洛伊。然而，在考古学上没有证据表明耶利哥城在公元前13世纪被占领了。当时坐落在约旦的耶利哥城根本没有围墙。与其他人类定居中心一样，这里没有筑防御工事，因为埃及在该地区的统治无可争议，当地统治者通过其行政机构确保了安全。没有证据表明有一群难民征服了这些附属国。是的，甚至耶利哥城在它所谓的被占领时似乎没有人居住。[1]

然而在7000年前，在新石器时代，这里是有人居住的。这里主要由圆形房屋组成，黏土砖墙建于石头地基之上，房屋内部有炉膛和储藏室。耶利哥城有一堵城墙、一堵胸墙连同巨大的石制围墙。它们最初高3.6米，底部厚1.8米，顶部1.1米。在建造的最后阶段，围墙高达7米，基地深3米。据估计，要完成这项工程必须有100名男子工作100多天。城墙内有一座8米高，占地8平方米的塔楼。围墙占地约2.4公顷，有两个足球场大，可容纳约400～900人。这相当于每平方千米3万人的人口密度。[2]

今天，在伦敦相同面积上要少6倍的人口。如果假定现在一个定居点的人口密度是大约800人，那么魏玛目前每平方千米的居民不到800人，也就是说，在黑森林边缘的葛林美特斯滕，那里的人们共享700公顷的土地：比耶利哥城的居民多几乎300倍的土地。

耶利哥是第一个被城墙围住的定居点，是第一个城市吗？我们必须澄清，什么才叫作城市。我们目前的城市和乡村、城镇和村庄的概念，对理解约旦河西岸公元前9500—前8000年那个由围墙环绕的定居点没有什么帮助。通过简单的比较已经表明，仅凭城市规模来定义城市是不够的。因为无论是在今天还是历史上，伦敦和魏玛凭借的都不是规模。约1800年前，魏玛大约有6000人，伦敦有110万人，难道我们需要对这两个定居点使用不同的术语描述？另一方面葛林美特斯滕比耶利哥城面积更大，但根据今天的标准衡量它不是一个城市，而是一个村庄。如果相反，人们不是把人口规模而是把人口密度作为城市的标准，那么，上面提到的地方，尤其是耶利哥城，就是一座城市。当时那里的人口密度比现在的大都市还要高。

所以，这样想行不通。因此，这一问题的研究者提出城市概念，并都首先避开某种特定的定居点的规模和人口密度。对他们而言，城市是依赖他人的农业生产的定居点，在当地人或也可能是陌生人提供的市场上满足这种需求的定居点。我们也可以说：规模和人口密度是城市夜间的信息，但是对城市的概念而言，最重要的是它在白天具有的特征，因为这些特征决定了城市的公共生活。城市与其腹地不同，城市的政治、经济和宗教功能散布在其腹地。城市是中心地点，用于保护定居点和贸易，控制城市周边地区，控制集体中成员的资格。市场、堡垒、社区，这些都是城市的基本元素。据推测，城市比乡村具有更大的社会多样性。除此以外，这还意味着城市是社会分工增加的地方，城市里居住着各种专业人士。[3]

所有这些也适用于城市的起源吗？城市产生于定居点，当动植物群可以在一个地方聚集繁衍时，就会出现定居点。自公元前10000

年以来发生的全球变暖，结果在公元前8000年前后，尤其在中东地区产生了影响。可食用植物和丰富的猎物种群数量最初可能限制了狩猎群落的流动性。人们在一个地方停留的时间更长了，就会暂时在那里定居。有土石房屋之前人们住的是茅舍。那些临时的定居点由于地貌、生态小境和各种可发展利用的物种而受到青睐。山脉提供低成本资源，河流也是，并且不会在大雨中破坏性地溢出河岸，还有大量的鱼类以及可以狩猎的森林，这些都可以弥补农业的缺点并保持饮食的多样性。有人种学证据表明，狩猎-采集活动和农业并不是对立的，例如，在巴西中部的游牧小群体在雨季联合起来，在林地间耕种，形成多达1400人的村庄。在公元前8000年出现的饲养宠物（绵羊、山羊）以及后来牛的驯养并没有取代狩猎，而是对狩猎的补充。早期社会还无法承受太多单方面发展。后来所说的城市的最突出的特征，并不适用于最早的城市：没有任何地方比这里远离有机自然。[4]

如果确定定居生活，首先采用分工方法的社会就会出现。然后，他们当中有成员会主要从事制造工具设备，而也有一些成员进行宗教仪式活动。与此同时，社会通过降低儿童死亡率和移居增长。人口增长反过来促进进一步分化。例如，可以把成功概率低且高回报的活动委托给一些人：做各种尝试和试验的人，比如植物培育或者工艺技术等。在这种情况下，超过一定规模的定居点也必须有组织，即相互协调不同的活动。

那么，从多大规模开始呢？对群体力量与等级制度组织形式之间关系的比较研究表明，拥有6个以上成员的“以任务为导向”的团体倾向于降低涉及所有人的决策的共识；相反，更小的团体认为其成员的增长令人满意，因为这样他们会更容易完成工作。为了理解这一论据的逻辑，我们不必拘泥于数字参数。构成早期城市社区的同族部落通常会有代言人，他们不会对外传播内部的异议，而是将其过滤掉，让外人觉得整个团体运转流畅和谐。反过来这也说明，一个社会其成员通过血缘关系联系越少，在这样的社会中公众异议就越多。这就产生了一系列的集体决策。首先肯定是在小家庭中建立共识，然后在由这些小家庭组成的大家庭中建立共识，最后在由大家庭组成的社会层面上建立共识。因此随着团体规模的扩大，仪式、规则也会增加，以加强决策力度并抵制异议。当考古学家发现第一座神庙时，它可以表明人口的增长。一方面是宗教，另一方面是等级制度，都是消融社会异议的手段。[5]

说到这里，让我们再回到耶利哥城。围绕耶利哥城城墙的护城河宽9米，深3米。为了能够正确地估计耶利哥城的规模，我们必须得知道，当时没有铁锹来挖掘沟渠。金属工具在5000年后才出现。内城塔楼的建造也需要相当大的集体的努力。据说，建筑史上第一个有记载的楼梯有22级阶梯。[6]

因为城市是加筑围墙的定居点，所以耶利哥城就是第一个城市吗？它的城墙应当没有发挥防御的作用，因为没有任何考古发现表明在那段历史时期约旦河河谷有战争冲突，尤其是耶利哥城塔楼的良好状况及其位于城市中心而不是城市边缘的位置，使人怀疑它是否真是一个用于防御攻击的堡垒，而不是一个具有宗教功能的建筑。在塔楼楼梯下出土了加工装饰过的骷髅，还有用石膏覆盖、用贝壳作为眼睛的头骨，这表明人们对死者的崇拜，并试图重塑死者的面部。考古发现的石头长方体可能被用作图腾立柱的托架和宗教仪式用具。同样值得注意的是，耶利哥城西部的城墙远比北部和南部的结实。如果这些城墙是针对攻击者建立的，那就没有多大意义了。战争可能是许多事情的根源，但不是城市的。更确切地说，城墙的防御措施可能是针对定居点形成时的需要而制订的：洪水不时会流进肥沃的土地，但洪水不是从四面八方流来的，主要是从西方的。在约旦河河谷的其他新石器时代的文物挖掘现场，已经出土了类似于梯形的防护墙，用于防止水流从下面冲蚀墙基。[7]

耶利哥城城墙的关键在于它与塔楼以及位于城中所有储存场所共有的特点：它们显然是集体建造的、履行集体功能的建筑。城市不仅仅是一个以饮食目的联合起来的小家庭的简单聚集。城市意味着，人们不再逃避，群落分解，人们继续前进，为政治努力，以巩固曾经选择的生活中心和宗教中心的安全，这些关系到社区团结和宗教崇拜。在公元前9000年前后的其他挖掘地点，包括哥贝克力石阵，都位于今天土耳其的东南部，人们发现了集体性宗教团体存在的证据，这些团体是在向农业和定居生活过渡时期出现的。可能狩猎者和采集者最初为的是相互交换、挑选和分发猎物、生育孩子以及解决团体的问题而选择了固定地点会面，定居点由此产生。因为狩猎者和采集者必须这样选择，才能在和环境的关系方面处于有利的境地。同时，这些地点中的某些地点成为神圣之地，其设计建造需要大量的集体努力。人们是否会把在神圣的定居点聚集劳作视为节日尚不清楚，[8]因为这样的集体劳动需要有不狩猎就有食物的运气。无论如何，从考古发现中可以清楚地看出，定居生活的宗教、政治和经济功能是相辅相成的。

然而，今天大多数考古学家在谈到早期的耶利哥城时，不再将其视为一个城市。因为耶利哥城不具备不同于后方腹地中心地带的特征。但是城市的概念意味着它与其他定居点、城市、村庄和哨所息息相关。耶利哥不是贸易城市，其经济存在的基础是自给自足的经济。这里不是定居系统的核心部分，而是一片河流绿洲。此外，这里也没有高度社会分工的迹象，甚至没有职业分工。这里也没有陶瓷生产技术应用，而恰恰是陶瓷生产后来促进了专业分工的快速发展。由于耶利哥城城墙不是为防御外敌而建的，因此不能假设它们是保护特权的社会形式的，最重要的是城墙是一种限制：这个城市几乎没有再扩大，人口变密集造成的问题必须通过空间向外扩展的方式来解决。为防水蚀、泥沙和洪水而建筑的城墙导致受保护的空间内的社会变化，但抑制了城市的壮大。[9]

耶利哥城是一个坚固的定居点，其遗址显示了4000年后城市起源的迹象。这些起源位于更东边的美索不达米亚，意为“河流之间的土地”，指的是幼发拉底河和底格里斯河，包括底格里斯河和扎格罗斯山脉之间的地区。在这里，也就是后来被称为巴比伦尼亚的地区，不仅在公元前5500年前后产生了第一个城市，也产生了后来一直到公元前3500年很多城市仍然沿用的一整套城市体系，包括美索不达米亚北部和亚述。面对这一期间数以百计的“美索不达米亚城市”，我们可以谈谈最早的城市文明。因为在建城不久之后，人们就开始使用文字，所以，我们现在对这段时期的文明了解很多。至少我们与这段历史的关系当中至关重要的是，我们可以从中认识自己。不管怎么说，城市的出现是以过渡到定居生活为前提，并依赖于农业的成就，所以现在所发生的一切和最早的定居者的生活条件相比变化很大。这时出现的不仅是文字，接下来还包括行政、国家、建筑、组织机构、福利事业、成文法律、诗歌、奢侈品消费、长途贸易、城市规划、卖淫——我仅列举几个与城市起源有直接关系的起源。谁研究美索不达米亚的历史，谁就会直接面对当时的大城市与今天的例子有很大不同的问题。

第一个大城市是乌鲁克，离波斯湾不远。河流对于其形成非常重要，因为洪水和洪水过后释放的美索不达米亚南部土地确保了那里可以建造新的定居点，而已有的定居点不会受到影响。这里有资源丰富的牧场和渔场、肥沃的土壤、多样化的动物和植物种群，在幼发拉底河一侧有相对浅的河流系统，可用来运输。美索不达米亚南部不存在土地稀缺的问题，决定在有限的地区定居就会导致社会密集化和其他后果，因此必须以定居地的生态质量为基础。新定居者来自“肥沃的新月地区”北部，他们掌握了已经在那里测试过的农艺技术，随后涌入了这个充满挑战和机遇的有趣生态系统中。尽管缺乏某些原材料，例如木材、石材和石油，但这刺激了贸易，在一定程度上对城市的发展有好处。

人们赖以生存的主要河流的不稳定所带来的结果也是如此，就像降水量少促使人们建造了运河——正如城市建设是一项高水平的组织任务，不仅仅要提供和训练劳动力，而且以主动研究学习为前提。这基本上重复了我们在研究人类向定居生活过渡时看到的一切：灾难之下的困难导致社会结构的变化。这种变化的发生大致可以这样描述：干旱迫使灌溉，灌溉导致人口密度变大，因为如此一来在较小的区域可以供养更多的人，人口密度变大使工作进一步区分细化，但这同时要求人们协调配合完成任务，并由此导致人口稠密地区不再通过分离来解决冲突，因而产生了集体决策机制，并导致团体供给的政治经济集中化管理。[10]

乌鲁克在所谓的“乌鲁克时期”，也就是在公元前3600—前3100年，从一个面积有2.5平方千米，有2万居民的地区，（在公元前2900—前2300年）发展到大约6平方千米，约5万居民的城市区域。其人口密度达到整个城市历史的顶峰，即每平方千米有8000人。因此，乌鲁克的人口是美索不达米亚当时第二大城市的10倍，是今天伦敦人口密度的1.5倍，是柏林的2倍。其他一些数据显示当时那些“超新星”（诺曼·约费）城市人口“爆炸”了：埃及的希拉康波利斯大约在公元前3300年有1万居民，位于其附近的孟菲斯超过3万。然而，公元前2500年—公元前2000年的美索不达米亚城邦拉加什，拥有3000平方千米的领土，包括20多个次级城市和12万人。同一时期，在基什有6万人居住在一个面积为5.5平方千米的区域，在基什下属的拉格什有7.5万人。与耶利哥城相比，我们的人口大约是它的人口的100倍，面积是其200倍。显然，这些定居点和没有加固设防的村庄相似。[11]

但是，乌鲁克加固设防了。最终在第3个千年之初建造了一个长达9.5千米的城墙，我们将在《吉尔伽美什史诗》中与其再次相遇。这座最早城市的城墙围住了什么？公元前3世纪中叶，在美索不达米亚城邦中，大约80%的美索不达米亚人口居住在这里，有各种各样的语言和种族。人口增长主要是由于移民造成的。苏美尔人、阿卡德人、阿穆里特人、迦勒底人和卡西特人都住在这些城邦中，这里仅举几例。这些陌生人不再是不相关的、不可理解的、危险的。究竟是什么决定这个城市成员的身份地位？例如，住在城墙以内而不是郊区，目前尚不清楚。无论如何，奴隶和农奴制度化了，相关人员主要通过城市之间的战争聚集在一起。有自主管辖权的城市地区通常根据其居民的活动进行分类，因为每个美索不达米亚人——除了刚刚提到的奴隶——显然有权获取和他同类人一样的权利。至少有时候人们会住在他们工作的地方。其他的住所，在这个城市的历史上一直是恒定的，受到了种族群体的严格控制。城墙内不仅有生活居住区、寺庙和庭院，还有运河、田地、花园、筒仓、酿酒厂、面包店、陶器和其他各种工艺品店。[12]

那么这些是怎么发生的呢？有趣的是，在美索不达米亚没有城市创始人，统治城市的王放弃宣称自己建造了城市，或者至少宣称自己是城市创始人的后裔。这可能与当时类似城市的数量众多有关，并且其中没有一个城市在其统治地位上是无可争议的，但这也与其生态存在有关，而这种生态存在取决于太多的情况，而不是像神话般通过一种定居行为使它们产生。但是，最好不要剥夺众神控制这种情况的特权，最好是某一位神建立了这个城市，或者早在原始时代它就存在。事实上，只有当人口的增长不会导致更多的定居点，而是导致更大的定居点时，大城市才会出现。另一方面，只有在所耕种的土地超出居民需求时，以至于人口增加不会迫使“超额”的要吃饭的人在其他食物来源附近建立新的定居点。城市化伴随着周围城郊的转变，产生了一整套基于城市的定居点系统。因为城市居民在那里有地产——大量土地所有者都搬到了城市，所以，尤其重要的是通过专门满足城市需求的农业生产使城郊转变。城市反过来也为其周围城郊提供它所产生的东西：政治和经济决策。据估计，公元前3世纪中叶，美索不达米亚南部近80%的定居点超过10公顷。城市化是该城其他地区的农村化，城市的爆炸是人口的急剧增加。[13]

在公元前4000年的两河流域有可能出现这种农耕土地盈余，其先决条件是使得以前的洪水冲积区可以耕种，来自幼发拉底河的许多支流使人工灌溉成为可能，人们可以种植谷物、豆类和果树，使波斯湾平原上洪水减少。河流以及邻近的海洋也确保了捕鱼可以成为又一个食物的来源，而仓储的形成有利于养猪和养牛。枣也是一种食物，还出现了养蜂人。不要低估这种多样化饮食对人口增长的影响。在这些情况下，美索不达米亚宗教的核心动机无疑是生育，同时也会有由神保护文明生态的需求。[14]

引发移民和刺激人口增长的盈余也有利于那些不直接提供食物的活动。陶瓷工业的出现在人类历史上很有名，但不要想当然地从储存和烹饪食物的相关可能性中得出深远的结论。仅仅因为这些容器能够很好地保存下来，并且能够准确地确定它们的年代，但这并不意味着我们知道，它们和装饰它们的各种不同的装饰花纹对社会发展有多重要。想象一下，有人仅凭我们留下的手机就写下了20世纪的社会历史。虽然它可能具有启发性，但它也会导致片面性。然而，从陶瓷技术的状态和容器的装饰花纹可以看出专业化生产的进步和特点，虽然这种生产技术和装饰并非直接服务于饮食，但是一方面这是有关饮食的重要方面：普通食品及其制备，包括食用仪式方面；另一方面，为了把劳动报酬以粮食分配的形式支付，在供应大量人口时标准化的容器能起到量杯的作用。任何一个记得鲁宾孙·克鲁索在他的岛上不断抱怨什么都有就是没有一口锅的人，都会估计容器对早期文明的实际重要性。[15]

因此，可以把城市职业描述为一座金字塔，其基础（第一层）是粮食生产，粮食生产虽然在市郊地区进行，但是由城市来组织，配备劳动力和生产工具。这些工具的生产是由第二层的手工业者制作的，并由第二层根据需求的重要程度——例如，不断建设的灌溉系统——重新进行协调，还有为了采购原材料而进行的贸易考察。陶瓷由同样与手工业层有关的贸易组成的第三层提供，一方面针对的是内部销售，另一方面也用于与其他定居点的物物交换。处在同一层上的还有服务于食品再加工的职业。最后一层是城市规划机构中的服务提供者，如医生、文秘、法官、牧师和“公务员”。他们远离农业，他们的存在证明，在城市环境下，有助于群体和自我保护的社会观念已经有了显著扩展。

如果旨在实现这种总体生产活动的制度化，那么农业盈余就必须是可预测的，就像城市要在军事上加强就必须供养守卫和士兵一样。于是产生了税收制度，粮仓建成，形成了一个管理这些粮仓的群体，与超自然的生态保护者保持联系的神职人员，同时维护社会群体的统一。随着这些活动的增加和大城市的普遍繁荣，另一个重要的社会结构变化发生了。除了居民的氏族部落出身之外，职业活动及其阶级隶属关系成为社会声望的第二大来源。人们现在基本上服从两种宗教命令：祖先和城市的众神。随着时间的推移，人们与“部落”和祖先，甚至和职业团体的归属关系变得越来越虚化，从姓氏推断出某人是谁的后裔的可能性越来越小。我们知道，并非所有叫瓦格纳的人都是亲戚，并制造轮子、车厢、车身（德语Wagner一词本意是车辆制造者）。[16]

与最初的定居的生活相比，几乎所有事情都发生了变化。社会开始由不可否认的差异构成：职业差异、权力差异、经济差异、宗教差异、家庭差异，尤其还有城市和农村之间的差异。例如，房屋的大小开始变化更多；有些服务会以大麦奖励，其他服务则以贵金属奖励；家庭无法负担而生活无依靠的孤儿出现了供给问题；其他所有人的生活不再是勉强糊口，而是基于一种有先决条件的经济组织的预设。这在关于乌鲁克的考古学理论中有所反映：对于一些人来说，这个城市是一个巨大的官僚机构或宗教福利综合体，对于其他人来说它是阶级社会的开端，而还有一些人则认为它是独裁国家的开端或美索不达米亚贸易殖民主义的开端，或者认为城市起源于一个原始民主形式的平等社会。这些都不是相互排斥的，但人们的印象仍然是，这种社会结构定义的不确定性是城市发展的主要特征，而社会的产物本身无法知道，它曾经是什么以及它会导致什么。

第二个发展是定居点中的宗教仪式的区域，就像在耶利哥城已经呈现出的那样。然而，在那里，死者仍然靠近生者，宗教仪式场所与住所相连。伴随着定居点向城市的过渡，两者的差异更明显了。宗教变成了城市本身的一个配套领域，凌驾于构成它的氏族之上。它脱离了对祖先的崇拜。在较晚开始这一进程的其他文化领域，例如中美洲、印度河、埃及和中国，相对于一个市场或一个堡垒，古老的城市更多地被当作一个寺庙或神殿。美索不达米亚城市的共同特点是宗教建筑位于城市中心，大部分呈梯田状耸立，在乌鲁克周围两河流域地势平坦区域轻易可见。每个城市都隶属于一个神，乌鲁克隶属于安（天空之神）和伊南娜（爱神）。美索不达米亚神话中的世界始于建在埃利都市的一座寺庙，这并不是巧合。该城市位于乌鲁克以南不远处，可能就位于波斯湾旁边："美索不达米亚伊甸园不是一个花园，而是一个城市。"（格文多林·勒科）公元前2000年前后苏美尔统治者的名单，也同样从埃利都的王开始，那里崇拜的是恩基，即淡水之神，因此，两河流域是所有文明之神："在王权从天而降之后，埃利都成了它的安身地。"神是城市之神，城市之外没有宗教场所，更不用说自然现象被崇拜了。大自然以神灵为代表，而神灵在城市之外没有其他的安身之地。[17]

如果考虑到美索不达米亚变化无常的生态，其特点是令人捉摸不透的河流、沙漠和季风，还考虑到这种社会对气候变化反应的敏感程度，就会明白人们为什么会崇拜宗教建筑这样稳定的结构。更重要的是，城市居民的宗教信仰是城市存在的根本部分，它必须作为一个奇迹出现，神职人员理所当然地对其持久性负责。正是因为很多在几百年前难以想象的东西进入了人的意识，导致了对这种变化结果的崇拜，形成宗教。任何东西都有自己的神。作为城市中所有美好事物的统一体，宗教建筑在某种意义上被视为所有改变被神圣化的标志而被崇拜，几乎所有的改变都受到神的保护。作为城市的映像和作为神的居所的宗教建筑使一切变得有形，它似乎并没有随着变化而改变，它是一座纪念碑。

从这个时代中期来看，对城市和神的认同包含了从城市衰落中得出的神学结论。现在所知的城市之间的战争是众神之间的战争和为了不同的神而战。但城市和上帝之间的等式也在短期内变化，也有人可能会说：现代，伴随着一种悖论，认为宗教执着于稳定，而这又与不断的变革有关。直到今天城市仍是这样的：出于自我改善的渴望而不断重塑。在乌鲁克，宗教建筑也是建在更古老的神庙之上，也就是说在这些旧的神庙随着时间的推移被"毁了"之前，人们摧毁更老旧的是为了新的和更大的。乌鲁克的一些建筑真的很大：据说伊安娜山的中央石灰岩神庙据测量长76米，宽30米，整个区域占地约2.43万～2.83万平方米。据粗略计算，为了统一以后所有的神庙设施，这个堆积起来的平台耗费了1500名工人长达5年的时间。[18]

显然它一直在建造，并不断改进。如果城市在社会经济方面被称为“差异”，而在事实上是“盈余”，那在时间上就是“动荡”。正如人类学家格文多林·勒科所说，这种建筑是通过实验确定的。新的建筑材料、新的装饰品、新的建筑方式出现了。而且，尽管它们很复杂奢华，但这不会只是引起有关效率的思考。更确切地说，它似乎是一种象征美学，除了强调神庙作为宗教中心、行政单位、商品存储地和经济区域的多功能性之外，重点突出的是它的易接近性。

在乌鲁克除了天空之神安，还有第二位伟大的神被崇拜：伊南娜（巴比伦语：伊施塔尔），战争女神和性欲女神。据说当初她通过诱惑淡水之神恩基从埃利都把神圣的“我（me）”诱拐到了乌鲁克，“我”是一股宇宙力量。这种力量据说存在于所有社会机构甚至于所有重要事物之中：王权、公职、王位的标识、工艺和音乐以及性交、正义和宁静，并将它们与其本质相连。将这个神话作为这个城市的叙述形式是可以理解的，一方面它在与其他城市的竞争和冲突中产生了繁荣富裕，另一方面，其城市风格表现在节日、下等酒吧间和妓院的生活以及随之而来的滥交——后来“罪恶的温床”

这个词变成了众所周知的谚语，至少在没有父亲或丈夫保护的单身女性的幻想中。城市的物质密度增加使得社会规范不断受到压力考验，因为城市受益于那些非常有活力的“动荡”，同时社会规范一直被受其控制的奢侈品、节日、不正常行为以及财富和权利的诱惑打击，它需要维护秩序、道德和公正。对城市的赞美——“生活在巴比伦的人将更长寿”，同时代的一首颂歌这样唱道——是热情洋溢的，相应对不正常犯罪行为的事实的敏感度也很高。城市是一个不断自我批判的实体。[19]

定居生活包含的形式越多，就越需要能对城市内政有效控制和管理的经济形式。一方面产生了纺织品和容器的大规模生产以及相应贸易的组织机构，例如用容器交换贵重矿物、原材料和奢侈品。一些陶瓷制品已经进入巴基斯坦。此外，城市还建立了辐射周边的小城和分支机构，借此撑起了一张小城镇的网络，从而使城市产品的贸易保持运转，或者面向城镇人口进行盈余分配。[20]

另一方面，财产被标记，计数符号被采用，容器被密封。换句话说，私人和集体的财富都在增加，而且伴随着人口稠密的定居点的增长，尤其是因为作为它们基础的灌溉系统，人们认识到不仅是每个产业，整个经济体都需要一种宏观把握和监管。关于美索不达米亚城市的决策制度和财产制度是否更加具有个人主义或更具集体主义性质的考古学讨论，在特定情况下（如土地所有权、城市规划或贸易考察）是有道理的，但假如从整体而言，二者选择其一，则对城市化效果错过了两点：复杂性和简化的需要。城市作为一个行政单位和一个类似国家的实体，是根据其自身动态而产生的。一开始教权和王权都有决策权，这导致了两个机构之间长时间的冲突，以“军事综合体”确定自己的利益。首先，宗教组织经济再分配、提高税收、记账和自我生产，所有这些是通过其作为祭品管理者的角色实施的，与宫廷作为一个大的私人家产不同，它看上去是一个特别重要的宗族。后来，军队的领导人和自己的扈从成为整个城邦的保护者。城市之间的冲突——可能还有城市内部的冲突，尤其是在闹饥荒时越来越多的人寻求庇护——所确保的是在大城市中君主制逐渐占据对抗教权的优势。如果在《吉尔伽美什史诗》中，吉尔伽美什拒绝伊施塔尔女神的求婚是为了建立自己有决定权的“格鲁什大会”，也就是他的士兵和劳动者团体的大会，这似乎以神话表明王权和教权的分裂。[21]

我们几乎可以说，战争使城市成为一个国家，与此同时，神职人员又被推回到军事势力组织中提供服务。因为在美索不达米亚的几个城市中心，彼此存在竞争和易货交易的冲突，城市变成了有城墙、城门和护城河的防御系统。城市性政治组织的主要任务最初很明确，即推动和协调农业和贸易相互关联的工作、支付报酬以及分配社会产品。在这方面所有美索不达米亚城市都类似，彼此通过贸易和移民相互联系。但是，如果发生争执，无论谁拥有优先权，在河道上游的一个地区应遵循什么，或城市地区之间的领域谁有话语权，最终都会用到武力，所以政治任务包括资源逐渐从神庙转移到了王室。

在很长一段时间里人们认为美索不达米亚本身自成一个体系——一个“世界”，拥有一个交替的城市权力中心。在苏美尔的统治者名单中最早的可追溯到公元前2000年前后，证实了各个城市都有自己的王，好像名单制作者还不习惯于对多个城市统治或不依赖于任何一个城市的事实。这座城市长期以来是集体决策能力最后的缩影。因此，当然不能把伟大的美索不达米亚城市想象成一个由上而下，甚至是由唯一一个国王控制的实体；在城市芸芸众生的冲突和决策需求中产生的大部分内容在城市区域得到了分散处理。然而，在美索不达米亚地区，像帝国或国家一样比城市更大的政治结构只在消除城市间的竞争后才出现。在政治上支配整个巴比伦城市体系的第一个统治者是公元前2350年前后阿卡德的萨尔贡，令人惊奇的是，阿卡德是一个完全无关紧要的城市，统治者之所以选择这里作为他的国都，是因为它看上去似乎更适合他。从那时起，政治赋予这座城市重要的意义，而不是让它无关紧要。[22]

第十章
国王的强权
国家的起源

在所有时代，无论是什么样的政府形式，是君主制、共和制还是民主制，表面之下都潜伏着寡头政治。

——罗纳德·赛姆

任何一个想娶别人的妻子的人，必须先送给国王一只狗。只有这样国王才会让他得到这个女人。这是大卫·马洛对19世纪早期的夏威夷的记述，在那里狗是被人类学家称为很高级的食物。马洛为现代国家的居民增添了注解，这些居民是他的读者，他也设身处地地为他们着想，他补充说是狗而不是法律带回了女人。[1]

这不是我们想象的国家。我们知道不同名称的国家，例如，它们被叫作“威尼斯”“萨沃伊”“圣马力诺”“意大利”和“梵蒂冈”。它们分别以公国和城邦、小国、单一民族国家和多民族国家、教皇国和共和国的形式存在。几乎所有这些国家都有海关官员、警察、法官、税务人员和士兵。今天，谁主张“更少意义上的国家”，意味着更少的官僚主义和法律规定，谁要求“更多意义上的国家”，想到的是打击犯罪、普遍利益服务或环境保护。说国家，就意味着法律而不是和统治者做交易。

人们可以从不同的视角定义国家。例如，划分了边界区域，具有合法性的武力垄断，也就是说带有超越民众纯粹忍耐的可接受性。或者，国家被称为一种系统的自我描述，它产生于集体有约束力的决策。大约1789年，人们在法国说：国家就是拥有主权的、自治的社会，暴力出自于这一社会。关于这些定义哪一个是最好的，尚无共识。但可以确定的是，国家被定义的要求越高，国家的合法地位在历史进程中就越晚得到承认。当然，因为罗马人的政治秩序中没有武力垄断，也没有行政法，美索不达米亚没有警察，4000年前的印度河流域没有国家。另一方面，如果一个国家能持续规律地向其领土做出核心决策，并且由一个有专门职权的群体通过对居民的威吓来实施，以实现其合法地位和统治，那么阿兹特克人、希腊人和罗马人以及夏威夷人是有国家的。[2]

因此，让我们从国家如何形成的问题开始，而不是对其概念进行苛刻讨论。我们宁愿相信诺曼·叶菲简洁的判断：如果一定要讨论某个社会实体是否是一个国家，那它就不是国家。[3]让我们从夏威夷开始吧。

直到今天，我们仍在那里寻找早期人类的文明成就。但这与调查在那里出现的很多具有国家重要特征的社会实体不相抵触。毕竟，在文明史上关于事物是怎么产生的有两种方式。某物可能在某处产生，然后从那里传播到其他地区：通过移民、旅游、出口、谣言、传教士或论文借阅，简而言之就是通过扩散。或者，某物在世界的不同地方，在不同的时间彼此独立地产生。城市起源于美索不达米亚，后来在不受美索不达米亚影响的秘鲁、墨西哥和中国产生。文字和宗教也是如此，它们也起源于不同的地方，而这些地方之间并没有交流。印度人创作第一部贵族传奇时，既没有读过《吉尔伽美什史诗》，也没有读过《荷马史诗》。然而，我们必须承认，直立行走、说话和狗的驯化并不是在世界上相隔很远、相互没有交流的地区起源的，而是它们自行传播的。《十诫》与巴比伦的法律太相似，以至于对以色列的法律没有任何影响，但是否影响罗马的法律已经成为学术争议的重要内容。某物产生和传播这两者在文明史上大多数时候都是相互融合的，但它并没有传播到所有地方，而是在不同的地点，不同的时间产生和传播。

在夏威夷，人们对人类历史的6个最早的国家一无所知，它们大多被称为：美索不达米亚的乌鲁克和尼罗河谷的埃及、印度河谷（巴基斯坦）的摩亨佐-达罗和哈拉帕、中国北方黄河流域的商朝、中美洲的特奥蒂瓦坎和秘鲁安第斯山脉的查文。人类最终在夏威夷形成国家组织的时候，人们甚至对雅典、罗马或大英帝国一无所知。那6个最初的国家也基本上是在彼此毫无关联的情况下产生的，即使巴比伦、埃及和印度之间有很少的贸易关系。因此，由这些国家产生了一个问题，即在世界上彼此遥远的地区并且生态和地理非常不同的情况下，出现了相似的、对广大民众行使统治权的中央结构，到底是什么导致这一现象的产生呢？[4]

夏威夷及其西北部的少数几个岛屿距离任何可能对其产生影响的地区都相距数千英里（1英里约等于1.60934千米——编者著）。北太平洋岛屿在18世纪末之前没有与“西方”游客接触过。第一位访客是詹姆斯·库克，1778年，最早那些访客在那里遇到了刚定居不久的统治者。这也是我们从夏威夷开始的原因。那里的国家是自内部起源的，也就是说，它的创建没有任何模型可参考，也没有任何外部动力。它出现得晚，所以它的起源不仅可以通过考古勘探工作来发掘，而且能通过目击者的描述和夏威夷居民形成的书面语言传统来了解，其国家实体在1819年，随着卡梅哈米哈国王的死亡和新教传教士的到来走到了尽头。换句话说，夏威夷最大的考古财富在于，作为相对年轻的国家，被发现时已经有了文字。[5]

那么，第一批到夏威夷的外来者是如何辨认这个岛上的土著居民是以哪种政治形式组织起来的呢？可能是通过集中于意志的权力，因为我们已经从前文狗的事例中知道：“一切都遵循国王的意志和感官，无论是涉及土地、债务的收支、全体民众的事务，还是其他任何事情，都不遵守法律。”或者是通过夏威夷人的非常突出的等级观念，永远不和低于自己等级的人通婚：“为了生育高贵的后代，高级别领导者的第一任妻子不允许是比自己更低级别的女性，更不能来自普通百姓。”也可能通过他们违反规则后所受制裁的严厉程度：“当一个讲究禁忌的领导者吃饭时，在场的人必须跪在地上，如果有人从地上抬起膝盖，就会被杀死……当一个人的影子落在一个讲究禁忌的领导者的房屋上时，这个人必须被处死。同样，如果他的影子落在领导者的后背、衣服或者属于领导者的任何东西上，这个人也必须被处死。”显然，这里对于与领导阶层打交道的合规性有非常严格的期望。[6]

这些期望对我们而言——不是早期的阿兹特克人、玛雅人、美索不达米亚人或埃及人——让人感到失望，那些奇怪的血腥惩罚表明权力的使用绝不是偶然发生的。这里明显强调了当权者的作用。领导者们实际上就是“禁忌”——这个词来自波利尼西亚语系，在夏威夷语中被称为“kapu”——他们不仅具有事实上的管辖权，而且他们的权力是神圣的。他们是财富监管者和禁忌、军事和禁忌、顾问和禁忌、牧师和禁忌。他们的权力和禁忌会被精心阐释并象征性地通过一些戒律来确保，正如在后来出现的国家中，制服不仅仅是一件夹克，旗帜不仅仅是一块布。国家以光彩夺目的统治，使政治成为一种荣誉。也许是因为如此严厉的惩罚而使政治官员的象征意义增加，正如大卫·马洛在笔记中所说，领导者和普通民众最初来自同一个祖先。国王和平民之间最初根本没有区别。[7]

这涉及摆在我们面前的政治体系的起源。当时在夏威夷有4个彼此独立的通过领导层相互联系并且经常发生冲突的王国，它们的权力中心位于不同的岛屿上：夏威夷本岛拥有约14万人，毛伊岛拥有8万人，而同样大小的瓦胡岛和考艾岛，各有约5万人。这种规模的实体——在其他地方，它们是发展成为国家的城市——在没有等级指令结构的情况下作为集体是没有执行能力的。为了使政治性的等级制度涵盖整个领土，而不是从所有部落中任命对内有决策力和对外擅于谈判的发言人，因此，需要一个中央机构来制定有集体约束力的决定。并且需要专门执行这些决策的管理人员，例如征税、安排劳动力、执行惩罚、组织战争。现代意义上的权力垄断并不意味着非常需要一个古老的国家，而是通过警察和司法等工具惩罚违反权力垄断的行为——打架、家庭暴力，还有本文开头被带走的妇女。然而，在夏威夷，正如我们将在巴比伦《汉谟拉比法典》中看到的那样，犯罪的受害者可能已被允许进行报复。在他准备好照顾要被带走的女子之前，国王首先想要的是一只狗。[8]

几乎所有古老的国家都有国王。虽然阿兹特克人为他们的“伟大发言人”提供了一位有奇怪名字“Schlangenfrau”（蛇妻）的男性亲属，但他主要是监督管理部门。在埃及、印加帝国，在美索不达米亚的城邦和中国的商代，所出现的掌权者几乎都是男性，但在埃及的过渡时期有个例外，玛雅帝国有零星的关于女性统治者们的记录，据说幼发拉底河的城市基希的领导者就是一位女性，据记载，她是当时的酒馆主人库芭芭。王权大多是世袭的，但也有例外，例如，阿兹特克人从已故国王的兄弟和儿子组成的委员会中选择继承人。[9]

但即便如此，统治权仍然与亲属关系密切相关，统治者和其亲属在古老的国家行政机构中形成了自己的阶层。可以说，有人天生就是指挥官。统治者异于常人的地方不仅在于他们的权威和他们要求普通民众遵守的禁忌，还在于他们的血统意识。在波利尼西亚群岛上，“圆锥式的宗族”仍然形成了最重要的社会秩序。每个部落都可以追溯到一个祖先，其决策权力是“圆锥式”的，也就是说根据人们和祖先的亲缘远近形成锥形族系和权力结构。在政治方面他们有一个宗教意义上的合格的领导者。这个领导者之所以拥有特殊的决策能力是因为他的出身和在狩猎、收获或战争中的成就。这种归因就促成了一种继续获取成功的“反馈”循环，例如，尤其受神灵青睐者也会得到最好的农田，他的女儿会嫁得更好，而且作为领导者捞取代表了整体的社会声望。

夏威夷的古老国家废除了这种结构，但保留了其关键要素。有些人可能家世蒙荫而拥有土地权，就变成了垦殖在属于国王土地上的居民。正如大卫·马洛所指出的，他们与其上层阶级有同样的祖系血统，但这种情况将不再适用于他们的子孙后代了。因为3个阶层之间——领导者、平民、贱民——不能通婚，只有漂亮的女孩可能跃层上嫁，但只是作为妾或情人。最重要的是至少高等级的女人在地位上和男人一样高。族谱只维持在上层阶级，但是非常精细，因为精英的内部等级阶层完全按此来评判，就像欧洲贵族从男爵和男爵夫人到侯爵和王子之间的高贵等级差距。在夏威夷，亲戚甚至兄弟姐妹之间的通婚——多配偶制导致了很多“半路”兄弟姐妹（同母异父、同父异母）——不仅不被禁止，而且很受欢迎。人们坚持认为伦理越乱越好，因为这样做使高贵的血脉连接。相反，普通的夏威夷人和世界其他地方的普通人一样，没有动力记住他们的祖先或违反这种有悖伦理的禁忌。他们的权力不是基于血统。席勒说："平凡的人，付出的是其所做的，而高贵的人，付出的是他的出身。"古老的国家伴随着那些自认为高贵的人们的自我提升而产生，从那时起也就出现了高贵的人。[10]

普通人为什么参与其中呢？因为他们被强迫这样做？因为这种统治比战争更好？当然，如果战争的结果没有导致全部人口的破坏或分散，而是导致人们成为奴隶或社会底层阶级，那么战争就只能是国家的缔造者，并必须满足两个条件：被击败的人不能被杀，他们也不逃跑；他们作为被统治者必须保持臣服，最好的情况是，不仅自己要屈服于这种统治，而且要认为这是理所当然的。40多年前，这两个条件中的第一个导致了民族学家罗伯特·卡内罗提出了由于缺乏逃跑的可能使得国家出现的理论。根据他的观点，最有可能形成国家的地方要有海洋、河流、山脉和沙漠，以阻止遭到袭击和被击败的部落轻易逃离并在新的地方定居。正如城市的起源是因为人口增长没有导致移民而是导致现有定居点的增长一样，国家的起源肯定也有自然或群体迁居障碍，以至于弱者不会逃跑，而是臣服。就像夏威夷的情况一样，群岛上的人口增长是这种被征服者出现的"机制"的一个特别好的例子。[11]

第二个条件是，如果规则被证明是一种危机管理方案，就会实现被征服者对合法性的信任。人类学家帕特里克·温顿·基尔希这样写道，在一个部落系统的边缘总有一个年轻的候选人，等待时机证明作为领导人的高级特权持有者不如他，因此众神会支持他。

16世纪的夏威夷在从传统的部落制度向王室集中统治过渡时，恰逢岛上涉及人口数量最多的农业扩张结束。在公元1200—1550年，这里的人口每40—60年翻一番。对冲突的控制以及岛屿经济的集中重组是王权的功绩。现在，人们通过纳税获得在国王的土地上种植和收获的权利。以前意味着“土地所有者”的词语此时在夏威夷表示“平民”。人们也把平民称为“红种人”，因为他们必须在阳光下工作。此外还有贱民，他们甚至不能和其他阶层的人一起吃饭，他们的社会身份是仆人，但也被培养成仪式的人类牺牲品。以前简单的名称“统领”变成了一个有几个级别的等级制度（大统领、禁忌统领、区域统领等）。此外世俗职能和宗教职能逐渐分离，祭司成为专门的职务，从第一位以神的名义夺取王权的国王开始，祭司就扮演了重要角色。社会秩序的建立也是早期国家的一个特征，它是借助于一种新的宗教来实现的，该宗教宣称统治制度及其承担者是“禁忌”。决策金字塔的顶部一般都由一位神一样的统治者占据。[12]

詹姆斯·库克还记得夏威夷王权社会中的一些欧洲秩序模式。这也可能曾经适用于宗教秩序，这种秩序将对“超自然力量”、神圣力量的支配引入社会等级制度中。普通百姓的成员是亵渎神灵的，贵族是虔诚的，国王是神圣的。国王没有固定的府邸，而是在整个国家巡游，相应地，有一大群恭维有加、热心照料的臣民，包括一名刽子手不离其左右，为的是对忤逆统治者，破坏神授超凡能力的效果氛围的人执行死刑：“那些未经许可擅自闯入的普通人，被处死。”詹姆斯·库克也是未经许可的，同样的命运也落到了他的头上。[13]

古代国家的社会结构并不是处处都有这么明显的保护，不受任何质疑。但当经济不平等、特殊政治角色和宗教支持的分阶层意识形态相结合时，即使在美索不达米亚、埃及、中美洲和其他地方也发展出非常相似的情况：分配到某一个群体的农业盈余导致对其他群体的依赖，这种不平等通过婚姻、亲友关系网、土地征用和贸易进一步加剧。财富的增长一方面使财富的所有者获得军事力量，并以此将劳动力置于自己的控制之下，另一方面能够实现劳动分工，通过创造更多的盈余进一步加剧不平等。与此同时，庞大的财富是因为获得了神的恩宠。为了证实这种关联，又让消费品、祭祀、节日、仪式建筑、墓碑和其他社会秩序以神的示意做装饰。[14]

宫廷文化、独裁和迷信的这种组合在多大程度上算是一个国家呢？帮派、部落、酋长国和国家——许多人类学家自20世纪60年代以来已经以这样的序列区分政治结构的早期历史。他们把帮派设想成是一万年前的相对平等的典型社区，没有正式的领导角色，没有强烈的领土意识，分工遵循成员的年龄和性别的差异，也很少涉及出身。相反，部落推崇祖先崇拜，例如保存和装饰死者头骨，同样依赖于血缘关系，但对各种关系和世界的组织和维护更多是通过定期重复的仪式来实现。部落有时住在村庄里。意见不一致会迫使产生具有约束力的决定，即政治，在这里会通过家族解决，或者如果部落之间存在异议，则通过争议裁定委员会解决，例如长老会。[15]

当解决冲突的任务被分配给一个人，他有自己要领导的支持者，并且一些村庄集体也受这样一个领导者控制时，酋长就出现了。当针对异议的裁决是由那些只与冲突双方中的某一方有亲缘关系的人，或者至少不能和冲突双方保持相同的关系的人做出时，就出现了真正政治性的角色。也可以说，在这时候不论亲属关系的集体决策的机会增加了。酋长们就是专门做这一决策的管理者。[16]

这些“领导”的注意力在于他们的决策所造成的不平衡，例如，在利益相关者、家庭，和部落所有人之间的不平衡，必须保持平衡或者以特别强有力的理由实现平衡。受益者相信自己可以使用神的资源，与阴谋诡计无关。对于他们的成功，他们没有第二种诠释的语言。重要的不是他们相信，而是那些越来越不相信他们所说的人相信什么。这些领导者及后来围绕国王的寡头政治通过馈赠、节日，示范消费和特权等形式的再分配，达到了社会势力和利益之间合法的必要的平衡。最好的理由总是宗教性的。为什么这样决定而不是那样？因为众神希望如此。这种回答增加了政治决策的自主性，因为它为总是带有独裁特色的决定提供了摆脱暴力色彩的词。

在早期，政治领导角色以这种方式被赋予了神圣的意义。一些宗教社会学家断言没有什么神奇的教堂，在这里遭到驳斥：很多古老的国家都有神奇的教堂。例如，实际上，为城市提供食物的灌溉系统的建造是由部落首领命令建造的，而灌溉系统的成功会被宣扬成领导者得到了神赋予的超凡能力。有（准）军事支持的政治决策、经济再分配和宗教辩护形成了部族首脑向王权过渡中最重要的举措。[17]

在这种过渡中社会不平等的形式改变了。其他古老国家的领袖和领导层的人也会宣称他们有特殊的血统，并能够与众神进行特别接触。国王和他的家臣们没有明确地提及与普通民众有相同的祖先，而是为自己和像自己一样的人建立了新的血统来源，重新塑造了自己的出身，并且建立了一种看上去很神圣的阶层差异秩序，使用强大的武力来保护它。他们获得财富和声望，不再只统治一个团体，而是统治好几个。这一部分要归因于人口状况，因为随着人口的增长和聚居，对区域性生活组织的要求也在增加。要做的决定变多了，更多的暴力和更多的宗教也就发挥了作用，尤其需要通过一部分复杂农业来供养大量的人口。在夏威夷主要是用农业的灌溉系统和用于水产养殖的石盆来实现这一目标。在其他地方，集体资源被投放在贸易路线和运输路线上，这些路线服务于本国的生产和著名物品的供应。印加的公路网络长达4万千米。建造巨大的宗教性建筑——玛雅人建造了一座70米高的金字塔，据说持续了1000万～1200万个工作日——使统治者面临同样的组织任务，他们也遵循相同的逻辑，因为在当时所有取得的成功里都彰显了神灵的力量。能够做成一件事，完成一项工程是集体受神青睐的证明。

因此，这种宗教情结只不过是一个宗教“变电站”，它为政治经济学提供理由，使所有参与者都产生不可思议的感觉。[18]在夏威夷通过这些管道流淌的水流被称为“mana”。这个用来描述无处不在的神圣力量的术语被翻译得五花八门：用“影响力”“电力”和宇宙处于其下的“张力”以及用“权威”“声望”和“幸福”。至少根据一些民族学家的观点，这个词是动词同时也是名词，人们可以拥有“mana”并可以是“mana”。相应的力量并不是被那些相信它的人抽象地定义，而只是被举例说明：“mana”在植物的生长、生病退烧、狩猎的成功、性能力、战斗的胜利中都发挥作用。由于古代社会对环境的控制依然薄弱，因此，几乎所有行为和交际中都会出现一些奇怪和不可思议的事情，所以，这类情况对他们来说并不奇怪。宗教和国王及其他周围的人对神奇力量的信仰在某种程度上超过了之前对祖先的崇拜，而祖先崇拜只是还在民众中保存下来。对神和祖先的崇拜从上到下不均衡地渗透到所有社会关系中。印加对国家、宗教和政治的描述是“共同延伸”的，也适用于夏威夷。[19]

同时，古老的夏威夷极度暴力。围绕国王的地位的争夺一直存在。酋长们谋杀国王的叛乱是司空见惯的事情，因为国王对臣民们关心太少。政治谋杀中还顾及了教历时间，以此实现宗教上的正确性。在夏威夷的各种仪式中人类祭品很常见，即使不像在印加那样规模庞大（在印加的一次登基仪式中甚至会杀死200多名儿童）。夏威夷对那些犯罪行为的严厉惩罚并不逊于其他古老国家，这一点前文已经提到了。各个岛屿上的王国之间经常发生战争。其目标主要是领土扩张，并由从民众中招募的士兵参战。众所周知，具有高声望需求的精英之间的认可冲突在这当中起了重要作用。有种说法很有趣，它认为岛屿之间日益增长的侵略至少与彩色的鸟类羽毛的稀缺有关，这和对食物的需求一样。当库克发现这座岛屿时，他面对的是一支由300艘独木舟组成的5个师的舰队，还有在夏威夷和毛伊岛的主要岛屿上差不多60个供奉战争亡灵的神殿。除此以外，来自敌方上层阶级的囚犯也在这里被献祭。相反，防御工事在夏威夷并不多见。于是，神圣的场所又成为战争暴力的避难所。[20]

进行集中决策的是具有特权获取财务、和神灵沟通以及使用暴力手段的群体，而这些群体却并不受其指令的约束——这就是国家的外部轮廓，可以通过不同方式实现并可以进行不同的填补。例如，在夏威夷就没有城市，更不用说特大城市了。人们生活在一个水源非常分散的很不均衡的环境中，人工灌溉与雨水灌溉交替进行。食物来源主要是根茎作物——甘薯、芋头、山药，它们并不适合在亚热带气候下储存，这就消除了许多古老国家中央集权统治的基础，即储存的关键所在。或者，像考古学家帕特里克·温顿·基尔希所说，在夏威夷，植物的蛋白质以猪和狗的形式存放。国王与他的宫廷侍从、他的顾问、监督员和追随者不断地在他控制的定居点之间巡游，为的是收税。在当地，他会晤负责农业的下属。如果从政治上讲领土的最佳规模是从中心到周边由半径为半天的旅程决定的，那么，在没有马和可通航的河流的情况下，这块领土的直径达到50多千米，除非权力下放，否则国王就要亲自巡视，查看一切是否都正常运转。[21]

另外，把这所有的一切称之为一个国家也遭到了反对，据说在夏威夷，政权在君主独裁、多元制和无政府状态之间摇摆不定，不配称为国家。定居点分离而后可能转向其他国王的威胁不断。那些寡头们在国王的背后相互竞争、勾心斗角。由于没有专门为统治者服务的常备军，国王不得不一再地证明他的神圣品质，以维持他的权力基础。这使得各地统治者们为赢得部众而不断发动战争。一旦国王去世，社会就会由于无法落实的王位继承而陷入狂躁状态，人们变得疯狂和暴力，只是因为王位在那一刻空置了。这可以被视为王朝的连续性缺乏制度化的证据，但也可以看作“mana”实际上应该被翻译为“电力”的证据。然而，这个总是处在动荡边缘的社会秩序没有表现出哪些力量在古老的国家被暂时束缚吗？并且在君主独裁、多元制和无政府状态之间不断转换的不稳定结构不是国家，这难道不会让人对俄罗斯或委内瑞拉的国家政权完整性产生怀疑吗？[22]

无论如何，为古代国家建立的内部中央独裁组织在夏威夷实现了国王的强权，同样，把仪式中的人类牺牲作为神圣王权的证据或者是一个单独的祭祀品一样，在许多早期国家都有迹可循。然而，古代国家出现变动的范围很大，因此，我们不能说社会化的各个阶段都是必须的。由经文支持的官僚主义的程度不同，由寺庙、宫廷或市政府运作的经济再分配方向各不相同。某些商品的生产——像美索不达米亚陶瓷——是经济发展的关键，有时是宗教中心，例如，查科峡谷的普韦布洛定居点，导致城市人口稠密和政治组织产生相应变化。根据生态、人口和居住地理环境的情况，更多的军事、宗教仪式或基础设施动机对地域性的统治施行具有决定性作用。简而言之，在岛屿、沙漠、河流或多山的地区实行的政治控制是不一样的。如果食物来源彼此靠得很近，那对食物的支配也不同，就像部分靠近海岸线、部分在内陆的夏威夷一样，对事物的利用方式不同。有时候统治阶级的特权是获得最好的土地，有时建筑是一个大的主题，有时候是贸易。有些古老的国家，例如阿兹特克国，他们以自己为中心定义自己，其他像埃及一样的古老国家，他们从自己的边界出发来认识自己，还有那些被以复数形式称为“河谷国”的国家，只因为每隔30千米就会在另外一条河畔垦殖着另外一个不同的王国。世界上还有一些地区，进化论里的狩猎-采集群体愿意逐渐变为定居点和等级分化的王国，澳大利亚就是这样的范例。[23]

文明史中那些古老国家所代表的转折性重大事件产生的建设性成就都是至关重要的。就像在夏威夷一样，新的、贵族的和寡头政治的血统制度普遍形成，这也是通过通婚限制地位竞争，即亲属关系被政治化了。乌鲁克和特奥蒂瓦坎（字面意思是“成神的地方”）非常像，所有仪式均以统治和国王为中心，在宗教领域也是这样做的。用来举行仪式的建筑物雄伟壮观，就是要突显出它们的地位是普通建筑遥不可及的。政治胜过传统或按规定必须被视为传统的东西。即使城邦内的居民与城市周边地区的居民有亲属关系，但城邦归属关系对他们的生活方式比他们的种族起源更重要。在美索不达米亚和中国，最早的国家是多民族和多语言的。因为经济是由国家组织的，国家成为旨在实现政治上可盈利盈余的决策主体，由此发展的贸易导致了更多的流动性。战争也是如此。然而，就社会生活中国家地位所带来的好处而言，也许没有什么比墨西哥萨波特克国首府阿尔班山的建立更能说明问题了。它是由处于统治地位的寡头集团的敌对派系纯粹出于政治原因以“独立首府”的形式在一个中立地区建立的，那里远离食物和水源。[24]

从政治制度的意义上说，为了重新定义亲属关系、宗教和经济而摆脱血统，国家开始出现，这要求所有人口参与的重大事件和众多冲突是同时存在的。16世纪末，在夏威夷，当时执政者的私生子实现了从部落领袖到神圣国王统治的过渡，他是一个篡位者，其母亲是个“离经叛道”的普通人。他把同父异母的兄弟乱石打死，祭司们送上了他们的祝福，因为前任统治者曾经严厉地对待他们。祭司们以甘薯和雨的神“罗诺”的名义，神圣化了君王夺取的权力。在他统治初期，他与同父异母的妹妹结婚，并重新分配了农业用地，这是通过武力强迫那些想要保留继承土地的次级首领们实施的。传统的特权反对被证明的“法力”，正如基尔希所表述的那样，“mana”的承载者不再局限于仪式领域最高管理者的角色，而是开启了政治工作：土地改革、经济控制、税收义务的引入、道路建设和新的、纪念性庙宇的建设，包括自我神化、统治工具的神圣化并同时发明了“人民”。托马斯·霍布斯可能会因为夏威夷以君主形象作为凡间的神而喜欢夏威夷。

第十一章
不可小视的簿记
文字的起源

言语要学习，书写须研究。

——彼得·J. 丹尼尔斯

A和O、α和Ω、A到Z到底是怎么来的？文字的发明是人类历史上一个特殊的跨时代重大事件。因为书写不仅是一种技术，它发生了很大变化，它让你无须身临其境就能进行交流，可以记起即使已经忘记并断言不可挽回的内容，它是书面的而不可改变。它代替了原始的交流，“尽管人们仍需要付诸行动，但它刚一出现就产生了社会影响力”。[1]

此外，如果文字可以保留，它会显示稍纵即逝和看不见的东西。如果行为、想法、感受、观察、经验的直接目击者不在现场，那么他们都要依赖文字。在没有文字的社会中，这一切似乎理所当然，自从有了文字，过去的信息才能不时出现在石头、牙齿、骨头和炉灶上。文字会记录可能丢失的东西，但是，文字也能记录从未发生的事情，也就是说像对待其他所有的事情一样，我们不能完全相信有关文字起源的书面记录。

A和O是怎么出现的？诗人说：A是带有触角的鲤鱼嘴，因为说A的人的嘴巴看起来像鲤鱼。Y是鲤鱼的尾巴，因为鲤鱼有的不仅是一个嘴巴。O是一个鸡蛋，因为当发出这个音时嘴形就是鸡蛋形状。蛇形如sssss，所以S看起来像一条蛇。Yo表示坏的水，So表示来吃饭，Shuya表示下雨。不管怎么说，语言中的Taffys，石器时代的女孩，本来叫Taffimai Metallumai。伟大的英国作家鲁迪亚德·吉卜林继续讲述他那个“字母是怎么产生的”故事：“在成千上万年之后，也就是在象形文字和古埃及文字、尼罗河文字、古阿拉伯文字以及古代北欧文字和古希腊中南部多里亚文字、伊奥尼亚文字和其他所有可能的文字之后，美丽古老又易于理解的字母——A、B、C、D以及其他所有的字母又回到恰当的形状，以便所有喜欢它们的人到时能够学习。”[2]吉卜林称他的故事只是一个“准确的故事”：因为字母本身就是一个奇妙的故事，所描述的可能发生过，尽管大家都知道充其量是有这种可能而已。

另一个关于文字怎么产生的故事是由苏美尔人讲述的，他们肯定知道些什么，因为他们首先发明了文字。停一下，“首先发明文字”是和我们印象里的发明一样吗？不，不是的，我们马上会谈到这个问题。苏美尔人确实说过，幼发拉底河上的乌鲁克国王的使者由于快速奔跑而一直气喘吁吁，以至于嘴巴不能复述：“kig-gi-a ka-ni dugud schu nu-mu-un-da-angi-gi”。因此，国王在黏土板上写下了给阿拉塔的统治者的信并由使者转交。这样，文字就被发明了。[3]

文字之所以被发明，是因为传口信的人呼吸困难，舌头沉重。这不仅仅是一个故事，也是一直以来解释文字有益的通用模式：为了克服说话的弱点，找出错误。如果文字在这位信使送信之前没有被发明，那么阿拉塔的统治者怎么能理解这个消息呢？

因此，这两个故事都不能自圆其说，即使它们并不像诗人西蒙尼德斯发明4个希腊字母（Eta、Xi、Psi和Omega）的故事那样漏洞百出。尽管如此，它们都是好故事。苏美尔人的故事很好，因为它捕捉到一个矛盾，提醒我们沟通至少需要两方参与。换句话说，这对于描述一件事情的起源是没有意义的。因为涉及沟通交流，即社会发明，被发明的东西必须被“验收”。产品以消费为前提，小说以听众为前提，艺术以观赏者为前提，文字则以读者为前提。就这方面而言，第一位书写者写的内容很可能不是写给其他人的，而是写给自己的。[4]

而吉卜林的故事之所以好是因为它颠覆了几个世纪以来人们对文字的思考。数百年来，人们认为文字开始于图形，经音节文字发展成为字母，发展到每个字符（或多或少）代表一个音素的“语音”文字。即使是在1952年出版《文字历史概况》的旧东方主义者伊格纳斯·杰·盖尔布也这么认为。他很确定地认为文字是语言的记录。书写意味着将思想和声音翻译成字母或图片，或者——如果我们想到盲文——将其翻译成触觉可以理解的符号。词汇指导句子。任何想要破译一种文字的人，都必须将其回译成代表它们的口头符号系统。从埃及的象形文字到迈锡尼的线性文字B，很多最古老的文字档案也被解码了。从石头或陶板的上的符号就可以推断出一种语言的语法和词汇。文字的历史记录的似乎是逐渐成功的语言：首先是图像（象形图）和表意符号（带有交叉骨头符号的头骨代表海盗和有毒），然后是整个单词系统的符号（逻辑），再往后是音节文字，最后是通过一个或多个音素的符号：字母文字。[5]

这些是理想的类型，因为几乎没有一个发达的文字系统完全由这当中某一类符号组成。我们来看一下我们的字母文字（德语）吧。同样也存在§或&等字符，或者这类在音节中使用的字符：You2、2fel、Merry Xmas。然而。总的来说，图像发展形成声音信号的故事似乎是对的。现存的最晚一批象形文字可以追溯到公元394年。当语言学家在200多年前开始破译著名的玫瑰花石的象形文字时，他们认为这些象形文字是语音符号的假设是正确的。1799年7月拿破仑战役期间，一名法国军官在埃及海港城市拉斯孔特附近发现了这块石头。公元前196年，同样的内容在石头上被雕刻了3次，这是一项关于寺庙应纳税的税务法令：一次是以希腊语为埃及的托勒密统治者刻的，一次是以古埃及语（创建于公元前650年前后）为埃及官员刻的，还有一次是以象形文字为埃及的神父刻的。让-弗朗索瓦·尚波利翁于1822年对其进行破译，从一种文字推断出另一种文字。这也伴随着其他假设，例如语言的完整性：如果在希腊语中有一个单词以图形表示老鼠，那么，如果埃及有老鼠，在埃及语中肯定也可以找到关于老鼠的字符串或字符。由此可见，当文字作为一种工具，在一定程度上作为口语的翻译被发明时，是以一种已经存在的完整语言为前提的。

但文字的起源不是语言。至少不是人们所理解的口头语。科学历史学家彼得·达梅罗曾经描述过，人们追溯文字的历史越久远，文字符号和其取代口头交流的必要性之间的联系就越疏远。有时甚至不可能从一种文化的书面遗产中重建它的语言。即使数以千计刻有文字的陶土片文物所传递的，也是如此。[6]

但这些早期文字包含哪些信息呢？文字是一种信息技术，这是无可争议的。我们如今使用文字的一个例子可以说明其最早的功能。我们看到冰箱里没有牛奶，就在一张纸条上注明“牛奶”，也可能附上一个感叹号或一个指示数量。也许在这张清单上，其他所写内容是“甘草”“甜菜根”“两块黄油”“垃圾袋，40升”和“到邮局，取包裹”。假如我们的社会早已消亡，而且一个考古学家又不太可能找到这张纸条，那他也不必为了读懂我们的文字而还原大部分德语语法，这要归功于从法兰克福市中心收集的一些购物清单。当然，他可以通过比较发现，“红色”是一个形容词，“块”是形式，“两个”是一个数量词，“升”是一个计量单位，并且从未用于甘草和甜菜根而大多用于液体，尽管“垃圾袋”不是针对任何液体的名词。如果有足够的购物清单，人们甚至可能会发现“abholen”是一个动词，表示一个感叹，而“zur”意味着移动的方向。

当然，尽管如此我们还谈不上掌握了德语语法和词汇。购物清单主要包含名词和数字，而名词几乎只表示计量单位和物品。但是我们不必为了理解这样一张纸条而会说德语。为了理解一种语言，如人称代词、格、时态、动词形式、分词和连词这样的关键元素在这里几乎不起作用。然而，知道冰箱、垃圾箱、超市和邮局这类词汇是有帮助的。

文字最初的记录类似于购物清单。最初的文字并不是用来记录所说的内容。它们是笔记、标记、备忘录，根本没有复杂的语言的性质。文字是一个相对年轻的发明。最古老的文字大约有3500年的历史，以所谓的楔形文字——英文表达是“Cuneiform”——被写在陶土片上。它能传下来可能有两个原因：在它们不再具有任何交流意义之后，它们成为建筑物的填充材料，另一个原因是陶土的硬度。这些陶土板是美索不达米亚地区的簿记文件。它们被标记的方式已经初步表明，它们传达的不应该是句子，例如歌曲、祈祷语、命令或神话。因为这些用石笔刻在陶板上的字符，大多数情况下不按特定顺序排列，而是一个个列表。在公元前1世纪，据说希腊语语法学家狄奥尼修斯·特拉克斯曾说过“书写来自于划刻”。

这种文字形成于公元前4000年的苏美尔，也就是今天的伊拉克南部和科威特地区。苏美尔人不知为何从东南地区移民到那里。第一份书面记录是在乌鲁克发现的。1929年，德国考古学家在寺庙中碰巧发现了大量的这种陶土片。文字是城市的产物。那里当时的经济基础是谷物种植和牲畜繁殖。生产和仓储是在中央监督之下进行的，并且有责任约束。最早使用文字的人是簿记员和食物仓储的监督员，如果涉及的是祭司，那只是因为寺庙监管仓储，并且是农业收成再分配的中心。文字是城市经济管理的产物，文字符号起初只是在这种情况下才有意义。[7]

会计是在4500年前从数石头开始的。那是一些小的、1～3厘米大的、有象征性形状的黏土制成的石头，代表一种特殊的单位：例如，2个椭圆形鹅卵石和3个圆柱形鹅卵石，指代2瓶油和3个谷物篮。这种象征性——椭圆形、圆盘形、子弹形、圆柱形——具有语言方面的意义，为了使用它们，人们必须知道几何形状的含义，是“瓶子”还是“篮子”。它涉及的是“具体计数”的情况，可以用我们现在的词“双胞胎（德语Zwilling）”或“四重奏（德语Quartett）”来解释：一个数字和被计数的（出生、乐师、卡片）用一个符号表示，这里是一个词，而那里是一个物品被连在一起。如果这些计数符号具有相同形状但尺寸不同，它们将传达更多信息：是“大篮子粮食”而不是“小篮子”“升”“牧群”等。货物的往来流动导致标准尺寸被应用。但是除了重复单个数字外，还没有数学符号可以表达多位数，并且没有书面形式的句法能够表示指定物品的种类、数量和尺寸。因此，今天如果我们在某一地方找到一定数量的这种计数用的石头，我们不知道“2瓶油和3筐粮食”表明的是（a）已供货或（b）仍有待支付或（c）是我们的。我们会再次想到购物清单：如果上面写着“500克面粉”“6个鸡蛋”和“1/4升牛奶”，那么需要进一步的信息来确定它是商品清单还是配料表。[8]

文字的前身是货物往来流动的辅助记忆。随着人类第4个千年中期的城市和政治集中化，对计算准确性的需求也随之增加，商品数量和“文件”数量也随之增加。因此，一方面人们开始自己标记计数符号，以使其成为承载更多的信息：“刻有十字架的薄片圆盘”“带孔的薄片圆盘”“带3条线的薄片圆盘”等；仅乌鲁克就有250种不同形式的用于计数的石头，其中一些看起来已经像以后的硬币。另一方面出现了一种方法，是能收集多个计数符号的球形陶土制的信封，例如，记录一个人的债务或纳税义务，并在该信封上加上内容摘要作为标记。它将几何图形转换为雕刻字符。文字以此被创建为三维物体的二维图形备忘符号。[9]

这种方法的早期变体是无须读取商品名称和数字的标签，但是可能会为容器配上负责看管它们的人的名字——可以说是文件编号。公元前3200年前后，带有数字符号的小陶土片开始取代信封，因为人们已经知道信封的标记和内容包含的是相同信息，因此内容可以省略，只要保证登账内容的正确性即可。文字其实也是一种摘要技术，“7篮子大麦”的记录无需把大麦篮子的符号重复7次。其他的创新包括书写技术，越来越多的人使用滚轴式印章，这种印章是把签名刻在陶片上，人们在现场交易时使用。也有一些陶片，上面刻的可能是某一专职官员所辖范围内计算出的啤酒生产，按谷物种类和每日配给量分开。其他文字内容包括职业名称、地产概览、劳力结算。简而言之，如果经济变得更加复杂，文字系统也会变得更加复杂。另外，文字进一步发展是因为公元前2400年前后越来越训练有素的抄写员开始使用直线。文字对图像参考（例如物品的标志性符号）的顾忌越来越少，使用该文字的专业人员也知道它的全部意义，并出于工作实用设置了符号系统。陶土上——不像埃及、中国和中美洲的纸莎草纸、骨头和木头——无法绘画，促成了美索不达米亚早期的“图形的变形”。[10]

直到公元前2800年文字在乌鲁克仅仅用于政治经济目的。公元前2700年前后出现了最早的皇家铭文。随后情况发生了变化：公元前2600—前2500年间出现了短篇小说，第一次记录了死者的名字——其中包括转向语音、代表音素的文字——并提供简短的祷告用语（经文），汇集了文字和句子。最早记录在案的美索不达米亚字母出现在公元前2400年前后。因此，文字符号系统用了800多年的时间才实现更长语言序列并取代口头语言系统，并且不再仅是记忆的一个操作过程。在陶土片上的4万个记录中发现了大约1600个不同的符号。其中100多个被使用了100多次，最常见的是啤酒、面包、衣服、羊和牲畜。另外有500个字符只出现一次，有600多个出现不到10次。还有一个中央符号系统，由极少数很少使用的符号予以补充。也许后者是特殊的符号，只有特定的书写者才能使用，只有他们必须记住，例如，就像有人总是在购物单上看到“Hlzk.”而不“Holzkohle”。又如，如果人们只是为了记住某些东西而写日记，那他们可以使用缩写字符和密码。在苏美尔文字开发的过程中，字符的数量会逐渐减少，逐渐形成语音文字系统，它因能通过更少的元素创建原则上任意数量的特殊符号而受到欢迎。[11]

一些研究人员并不认为楔形文字的起源就是文字书写的一个例子，因为文字只是代表一种语言的符号系统。它们的区分在于“记录”和“写作”。然而，这是一种片面的观点，因为它绕过了这样一个事实，也就是说，即使不是书写的内容也可以被读取。不仅美索不达米亚出现的文字是这样，在世界范围内被创造的其他4种文字也是这样，也就是说每次被创造的文字符号系统都不是狭义的“文句的标识系统”。在中国，文字是以占卜为基础，在埃及，文字始于一个宗教官僚机构，而在玛雅，最早的书面词汇是为日历开发出来的。[12]

在中国，文字产生于公元前1200年前后，即商代的安阳，它们被刻在龟壳和牛肩胛骨上，有些也是用墨水和毛笔绘制的皇家卜卦记录，这些被认为是祖先的信息。这些甲骨被加热，所产生的裂缝图案就是这些书面陈述的对象。它们是或吉或凶的出生日期、狩猎或天气预报等。所以在这里，阅读不成文的内容，也就是那些神秘的裂纹符号发生在文字书写之前，而神术解开了第一个文字需要第一个读者的悖论。就像在美索不达米亚一样，它不是被写下来的口头交流记录，而是对神的信息的解释和翻译。有时，书写者会刻意加重在骨骼上的裂缝，会在裂缝和刻字上着色，这清楚地表明神和人写的符号之间没有任何区别。符号的书写区域由动物献祭呈现给祖先。书写是与死者的交流，文字符号就像是死者对生者的话，需要解释，是一种预感。[13]

迄今为止，已发现超过15万块这样的甲骨，据估计这些骨头仅占总数的约10%。它们中的许多都是穿孔的，显然是为了存档用的，因为骨头上的裂缝经常被编号，并且也因为很少有人注意到预言和事实发生之间经过了多长时间——王总是正确的，人们理所应当地谈到的是“商代浪漫主义的”的官僚特征。在这里，文字的发明也是宫廷在社会生活系统化的框架内进行的。这些文字的字符记录的是声音，而不是图片，要理解它们必须先要阅读它们，仅仅通过观察去理解它们的含义是不够的。任何知道如何处理文字的人都属于能够以特殊途径获知编码秘密的精英。文字本身就是信息的一部分。在中国，书法伴随文字产生并流行起来是符合逻辑的。[14]

埃及的象形文字可能受到美索不达米亚实践知识的启发，尽管尼罗河上的文字系统展现出截然不同的样貌。苏美尔人的文字从象形开始——圆形标志代表圆形的物体，然后扩展为图标，整个句子的象征如§代表条款，&代表和——以及基于字谜画原则的推想。不管意义如何，字母或单词的音素质量都用于形成新的词语或句子。例如URYY4me就相当于“You（U）are（R）too wise（two Ys）for（4）me。”这尤其适用于很难以象形文字再现的人或地名。对此，遵循语音适用原则将图片字体转换为音节文字，而多含义的词则由额外的字符来补充。

埃及的文字也以象形开始，甚至也使用了字谜画技术，但比起楔形文字更逼真形象并且一直被保留下来，因为它们从一开始就是有代表性表征的一部分。一方面，图解式的动物图形出现在文字之前，例如公元前3750年—公元前3500年前后的洞穴墙上的船只和人物画，另一方面，容器上的标记可能是制造者的名字，也就是“商标”。从公元前3320年前后的一个坟墓——位于上埃及阿拜多斯墓地中的“U-j”墓——发现的穿孔的、大多由象牙制成的标签上面描绘了人物、鸟类、爬行动物、大象等，但也有象征夜晚或方位的图形符号。其中约1/4带有数字，据猜测这些是纺织品的尺寸，这些纺织品存放在雪松木盒子里，同样是在该墓穴中发现的。容器上也可以找到类似的标志，在那里人们可以真正观察到文字在图画和图解之间转换。就好像作画者无法决定是跳出书写范围去参阅事实真相还是神往于绘图制作的细节。无论如何这两种情况所涉及的都不是口语的图形再现。这些符号本身就是名字，是神的名字、公职人员的名字还有地方的名字。使用的背景是宗教性的，而不是出于政治经济目的，后来的文字书写在行政层面的使用与宗教文字系统依然保持着联系。[15]

埃及文字和美索不达米亚文字之间最重要的区别在于后者严格的客观性。它的参考对象主要是事物、数量、关系而不是名称。由此它借助于自己所描述内容的活力，以及经济和法律交流而发展起来。另一方面，埃及的文字系统在开始时具有更多的仪式性特点。它有助于显示声望、等级制度、地位、隶属关系，官僚主义信息则较少。中美洲，更确切地说是墨西哥中心和洪都拉斯西部之间的区域，那里的书写文化完全独立于美索不达米亚之外，那里的书写出于辅助记忆。最早的文献可以追溯到第二和第三世纪，和玛雅人、萨波特克人和所谓的奥尔梅克人的符号系统非常相似，但要比它们早几百年。它们远未被彻底破译，但显而易见的是，它们是为了记录年代而产生的——它们被用来计算天、年和历元。中美洲的文字混合了象形文字、表意文字和音节文字。它们的符号呈椭圆形或矩形，类似于装饰花纹和头部或物体的轮廓图，有时会让人感觉是站在一块地毯、有涂鸦的墙或有纹身的身体前。他们以列书写，从上到下，每列有三个或更多字符，因此在这个文化传统中不会给人留下线性印象。[16]

玛雅人对时间的迷恋令人印象深刻。玛雅历法有260天，13个日数以及20个不同日名。另外还有365天的历法，两个历法互相结合，每天都可以在两个周期内确定。每天都代表不同的变量：对人而言，他们在哪天出生——这些人被称为“7鳄鱼”“9美洲虎”和“13风”，对行为而言，人们可以在某些日子做特定的事，例如，婚姻只应在被分配特定的每日数字人之间进行。320年的危地马拉历法是在一位国王登基时制造的，从此以5个数字的形式根据玛雅复杂计数系统计算出1253912天的新历法，直到新统治者登基，另外，从上面还可以看到“座位”“夜晚”“统治者”和“月”的标志。其他日历用于记录神话事件、家谱、战争成就、婚礼、祭祀仪式和游戏以及特殊的天体星座。玛雅人显然认为，在某些数字、时间和星际关系中所有重要的一切都是相互对立的。他们尊重“时间之神”（Floyd G. Lounsbury）及其可靠的行为。与此相应的数字和名称是早期文字的核心元素，它从未完全脱离图像。[17]

此时，最初的问题又出现了：A和O以及A到Z是如何产生的？毕竟，我们使用的字母文字和象形文字、楔形文字几乎没什么相似之处。为了找到它们的起源，我们必须看看公元前1900—前1650年前后的克里特岛，因为当时那里有两个文字系统并存。一种是象形文字，广泛存在于克诺索斯周围以及岛屿的东北部，它们主要出现在由珍贵材料，如碧玉、紫水晶或金制成的印章石上。它们属于象形文字。另一种所谓的线性文字A被记录在陶土片上，多在岛屿南部和费斯托斯周围地区使用。但克诺索斯和费斯托斯相距仅90多千米。这表明文字系统主要用于管理目的，因为似乎没有必要同化两者，实现统一——举个可能不合时宜的例子，这就好像如今一家公司用SAP系统办公，而另一家公司用Oracle系统办公一样。线性文字A从左到右书写，看起来像岛屿北部的象形文字的一个抽象变体，主要用于克里特岛宫廷物品和人员名单，象形文字可能主要用于标记财产。这两种文字都是时至今日尚未被破译的音节文字，公元前1700年，克里特岛最初的宫殿被破坏后仅线性文字A保存了下来。[18]

300年后这种文字被线性文字B所取代，因为公元前1380年前后发生的一场大火摧毁了克诺索斯宫，同时陶土片硬化，被侵蚀，现仅存4000个文字记录。60多年前，英国建筑师迈克尔·文斯特里斯和古代语言学家约翰·查德威克研究识别出这种文字是大约有90个字符的音节文字，这些字符记录了说希腊语的迈锡尼的早期历史。大多数陶土片记录的内容用垂直线条分隔，每行用水平线条标出，涉及经济交易、宫廷收入和生产。这是一种有簿记精神的文字。在克诺索斯之外再没有发现任何线性文字B存在的证据。[19]

在克诺索斯宫被毁后的400年里，几乎在整个希腊领土上都找不出文字使用的证据。文字书写随着宫廷的簿记神秘地消失了，当文字重新在希腊出现时，希腊人使用的文字与克里特岛文字系统没有任何共同点。这也属于文明的开端之一，它们有时必须重复才能成为源远流长的起源。无论如何希腊文字的第二次、第三次或第四次创造尝试都实现了交流的功能。没有一份铭文，没有一幅线性文字B的彩色装饰画流传下来，而有的只是行政记录，没有以最早的希腊字母文字记录的会计账簿，有的主要是粗制雕刻文字。但这并不意味着爱琴海没有任何簿记，显然只是记录用的材料无法长久保存。

字母文字可能是这样产生的：在克里特岛上的米诺斯人衰亡后和直到公元前1100年前后希腊大陆上迈锡尼人文化占主导地位之后，公元前900年之后的希腊人与当时在地中海地区扩张的腓尼基人的接触越来越密切，他们来自黎凡特并在地中海沿岸建造了一系列贸易密集型城邦。腓尼基人居住在克里特岛和塞浦路斯，叙利亚北部住的是希腊人，腓尼基商船经常停靠在克里特岛和罗得岛沿线。在这些交流过程中，腓尼基人的字母表也传播到希腊人手中，这些希腊人可能是商人，他们在克里特岛和罗得岛的希腊神庙中遗留下带有文字的贡品。alpha（α），beta（β），gamma（γ）——这些只是希腊语中的字母，但在闪米特语中它们被称为aleph，bet和gaml，指的是牛、房子、骆驼。从腓尼基字母表中的字母仍有图像价值可以看出传统的延续方向。虽然腓尼基字母表只注明了辅音，但它也有希腊语中根本不存在的辅音符号。为什么不用它们表示希腊语中的元音——确切地说是A、I和Y？我们所了解的字母表此时已经完成了。[20]

一种文字就这样诞生了，虽说不知是谁从何时开始，但最晚出现在公元前800年—公元前750年之间。这种文字的字母通常只能与其它字母一起才能正确发音。希腊的字母文字努力使书写文字和口语发音相似。这种文字最早的使用者就有这方面的意识，因为许多的铭文被放置在物体上，好像它们自己要说："巴尔巴克斯跳舞真好，他让我产生了兴趣"（在石墙上），"曼蒂科斯把我奉献给遥远的人"（在一尊小塑像上），"我是贤明长者精致的杯子"（在一个酒杯上）等。它们是谚语、咒语、引文、贡品和短经文，都以最早的希腊文字书写。个别研究人员甚至猜测，希腊人之所以采用字母文字，是为了编写荷马的史诗和其他诗歌，因为只有这样才需要这种文字具备口语的语音特质。换句话说，对于会计和其他日常事务没有必要采用一种新的文字系统。古典语言学家巴里·鲍威尔在看了所有公元前650年之前的希腊铭文后写道："除了简单的谚语和偶尔出现的名字，第一批识字的希腊人表现得好像他们只能写六音部扬抑格"，也就是史诗的韵律。这种文字将口头使用转变成具有超出预期的复杂性、长度和准确性艺术形式，它不仅仅是一种文字，而且还产生了其他文本形式：评论、引文、翻译。早期按字母顺序排列的马克杯铭文暗指皮洛斯的传奇统治者和特洛伊之前阿伽门农的顾问，这一事实生动地展示了文学意识的出现。书面文字开始去兼容其他文本的内容，并且产生了第二个文字形式的世界。[21]

第十二章
冲动控制障碍
成文法律的起源

没有坏人，就没有好律师。

——查尔斯·狄更斯

对盗窃有这样的劝阻警告语：“任何人为了非法获取或从第三方取得其他人的动产而将被处以最高5年的监禁或罚款。这种企图应受惩罚。”

或者是这样：“如果谁盗窃了神的或宫廷的财产，那么他就要被处死；谁从他手中获取被盗的赃物，也要被处死……如果谁在没有证人或契约的情况下，从某人的奴隶手中购买或报关金、银、奴隶、牛、羊、驴子或者其他任何一件物品，他就被认定为小偷并处死……如果谁偷偷拐走了未成年的人，他将被处死。”

这两个文本之间间隔3700年。第一段文字出现在德国《刑法》第242条中，并且和1871年版本的原文字句都一样。另一段是《汉谟拉比法典》的第6、7和14条，是最早的成文法律文件之一，于公元前1800年前后在巴比伦撰写而成。更久远的类似的法律条文，例如，乌尔纳木（公元前2100年）、埃什南纳（公元前1920年）和里皮特伊施塔（公元前1870年），大多更不完整，并且没有本质的区别。更加久远并且可能是最古老的书面法律文件是约公元前2350年来自喀什的苏美尔国王伊力卡基那颁布的诏书，该诏书包含了对宫廷官僚机构的一系列指示，如减免债务、减免税款和大赦。但是这些法令并不是对可以预见个案的规范，即使涉及的是重要的国王的意志。严格来说这是命令，而不是法律。[1]

与此相反，《汉谟拉比法典》努力为描述一项法律规定提供证据，而不仅仅是一道强有力的命令。《汉谟拉比法典》包括282条法律规定，包括序言和结语，以楔形文字记录在超过两米高的石碑上。1901年，它在古波斯帝国晚期首都苏萨出土，有3块相互匹配的断片。这部法典以汉谟拉比的名字命名，他最初是一位军事领袖，后来成为第一王朝的第6位巴比伦王，从公元前1792—前1750年统治整个美索不达米亚。“太阳治愈者”“伟大的人”，或“父系亲人治愈者”，都是对他名字的诠释。他因经常在全国各地执行相同的司法权而闻名。由于法典的文本在很多陶土片上也能看到，因此可以复原石碑难以辨认的下半部分，据猜测石碑极有可能被用作法律抄写员的模板，并可能用于教学。《汉谟拉比法典》在近东地区被传抄了大约1000年。另一方面，石碑本身必须具有不同的功能，仅凭它选用的黑色又光亮的闪长岩材料就说明了这一点。为了突显被刻画内容的永久性，这种当时昂贵的进口石材仅用于制作统治者肖像。现在，让我们回到本章的主题。[2]

首先，在成文法的起源中法条内容的详细性值得人注意。德国1871年版本的《刑法》的盗窃条款内容基本上与今天一样，是很有目的性地被制定的。要检验是否被盗，它会清楚地表明：拿走物品的是陌生人吗？它是可移动的吗？是否有据为己有的意图，犯罪者是不是不仅要拿走这件物品，而且还要干其他的勾当？他的意图是不是非法的，例如，作案人已经向物品所有者付款，但对方没有将货物交给他，他是否有权支配该物品？根据法律所有这些澄清盗窃是否发生的步骤是以非常经济的方式进行的。没有任何法律的字眼会试图通过概念精确来解释现实可能造成的任何反对意见。法律面向未来，并尽可能完整充分地书写这类案件在将来的可能性。

相比之下，最古老的法律并不强求经济以及同时涵盖尽可能多的方面的术语。它以案例清单的形式，防止案发后的诡辩。因此，巴比伦的法典包含14条针对盗窃惩罚的条款。如果赃物被称为“牛、羊、驴或者其他任何一件物品”（§7），那么就要对“其他任何一件物品”有洞察力，如果要确定是否被偷盗，基本上视具体的物品而定。尽管如此，为了同时理清其余的条款还要举例说明，如果小偷偷了“一头牛或一只羊、一头驴或一只猪或一艘船”（§8），而这些又属于神的或宫廷的财产，会受什么样的惩罚。与《旧约》中刑罚条文相似，这个法典分别讨论了故意杀人以及杀害自己的父母的案件中会发生什么。[3]

最早的成文法规“一条针对一罪”的属性，在后来的法律文本中被概念性地概括，说明了当时法律的产生与判决程序非常接近。它不包含着眼于未来的法律，而是从过去的判断开始。在诸如“如果一个男人已经将新娘送给他的儿子，并且他的儿子已经认可了她，但之后该男子又使她怀孕，并且被人发现捉住，那么他会被绑起来扔进水中。”（§155）这样的规定中，人们更多地考虑将特定犯罪的叙述视为惩罚规范。“并且被人发现捉住”这样的字句只是为了保持规范，但出现在一个律法章节中是没必要的。毕竟如果没有案犯被捕法律肯定失去作用。早期的法律仍会让人们记起具体的案例类型和“犯罪场面”[4]。这种对实际案例和过程记录的引用证明了一种接近直观感受的法律，不是源于立法，而是来自起草者，来自政治权威所确认的习惯。法律的起源——在狭义上是对社会规范作出具有约束力的决定——取决于法院。[5]

根据《汉谟拉比法典》的说法，伤及他人性命的人肯定主要判死罪，此外还有财产犯罪、房地产问题（“田地、花园或房屋”）和土地管理、债务问题（利息购买）、通奸和违反家庭责任以及继承的问题。但研究证明，该法典并不是美索不达米亚所认为的法律内容的完整集合。

但在我们讨论法律之前，让我们花一点儿时间来研究一下它们被带到世人面前的形式上。伟大的法国亚述学家让·博泰罗指出，巴比伦人和亚述人在获得知识时以列表式的方式思考。无论是医疗、魔法还是法律背景，始终根据具体情况逐个呈现，以便从案例

（征兆、特征、冲突）的比较中获得正确的判断。为此在所有事件叙述中省略了具体名字，受害者或原告被删除。在这种情况下，只记录了典型的问题。之后模型案例的解决方案以“如果X，那就Y”的形式呈现。紧接着，专家对这些问题进行多样改变，为类似但不同重要案例提供解决方案。

在涵盖范围明显更大的巴比伦的征兆意义列表中——解释了2000个征兆——例如：“当一个女人生了一个右耳明显小的孩子时，父亲的财产就会被分”——相应地也有一个明显小的左耳（财产增多）和两个小耳朵（变贫困）。在医学论文中，症状疾病序列的因果关系理念以同样的方式阐释：“如果出现下半身疼痛，发热，肤色发黄和食欲不振，则可能有性病。如果只是上半身大量出汗，则……”诸如此类的阐释。人们会猜测，实际上第一个案例通常是要已确定的，随后讨论的案例也可能是为了实践的目的而构建出来的。根据新生儿的特征，关于命运语言的文字不仅讨论了双胞胎和三胞胎的，而且还讨论了八胞胎和九胞胎。[6]

列表式的方法对最早成文的法律的概念区别也起了作用。研究一个有说服力的个案，要看在其他情况下是否引起其他法律后果。相应地，《汉谟拉比法典》在其第1～5条引入了涉及无法证明指控的时间变化。首先（§1）指出，如果原告错误地指控被告谋杀，原告将被处死。如果某人被错误地指控盗窃时，却没有结论，可能这种情况在法典撰写者的记忆中并不突出。然后（§2）描述了一个针对巫术指控——基本上难以核实——的决策程序，如果被告在诉讼程序中幸存下来，也会同样以一般杀人罪处死结案。随后（§3）是关于证人在“涉及生死的诉讼”和（§4）关于付款的诉讼中的虚假陈述。最后（§5）澄清了对事后改变判决的法官该如何处理。从这些文字可以看到法典的作者如何一步一步沿着司法程序的进程安排他们对法律操作的想法：虚假告发、调查取证、诉讼中的伪证、法官的腐败。

以这种方式发展出的美索不达米亚思想有两类：类比法和必要性。尽管相应的文献中没有这样的概念术语，但是有符合这类概念的操作程序：一个案例必然跟随另一个，并且案例是相似的，因此一个案例对另一个案例有启发。法律着眼于未来，并使用捕捉可能发生的一切的术语来回应它们的不确定性。另一方面，最早的成文判例法审视了过去的实际判决，并试图通过分解已知案件，为未来案件的法官提供规则。思维还不能脱离实例，更准确地说，案例不是例子，而是出发点。博泰罗指出了我们学习语法和基本计算的可比方式：不是通过语言学的或数学理论的理解，而是通过记忆可能性，例如er stiehlt，er stahl，er hat gestohlen（德语强变化动词的变位）。[7]

法规列表的创建可以基于案例的完全不同的特征来进行。根据第8条的说明，只有那些不能支付罚金——偷教堂和王室财产的赔30倍的罚金，偷奴婢侍从的财产按10倍计罚金——的小偷才会被处死。很多评论家猜测，在更为严厉的盗窃即被判处死刑的第6条中，“财产”这个通称是否意味着神的和宫廷的财产比黄金和白银更有价值？[8]也许这样解释更简单。这里被汇编在一起的可能是不同年代的规范。在一个阶层中，死刑适用，在另一个阶层中就有逃避死刑的可能性，这在很大程度上取决于财富。显然当时巴比伦社会认为盗窃王室或祭司的财产比盗窃上层阶级更为严重。因此，该法律的实施没那么简单，包括根据冲突各方是谁而不是冲突本身进行评估。虽然现代法律不仅有助于调节冲突，而且还使人们有处理冲突的能力，但早期法律的首要任务是遏制争议。该法律的目的是消除干扰。因此它非常直白地重视权力地位和被告引发更多麻烦的可能。打伤贵族的眼睛需要付出比打伤普通自由人更多的赔偿（§196～§199）。如果不顾及涉案者的社会地位如何，早期法律是没有执行规范的。在每次冲突中，都必须询问冲突各方是谁，他们来自哪个家庭，财产有什么，他们履行了哪些社会职能。在法庭上没有角色分离。宫廷高官在法庭上会受到与按日拿工资的雇工完全不同的对待。起初法律正义性并不是盲目的，只是在文本中非常谨慎地考虑了很多因素，例如，国王对自己的财产的重视、官员福祉或社会的安定。这并不仅意味着该法律文本反映了美索不达米亚社会中存在的不平等，它还意味着司法权是可以迁就的，例如，通过规则的例外保证社会的安定。由于这个原因，刚刚判处的死刑可能通过支付金钱突然被取消。

但为什么在早期法律中严厉的制裁就占据了如此大的空间呢？《汉谟拉比法典》不断发出死亡威胁：针对工作不力并危及他人的建筑施工者；针对伤害士兵的军官；针对献身于神庙却偷喝啤酒被

抓的女人。该法典尤其倾向于对称惩罚：打父亲的孩子手会被砍掉，打断别人骨头的人自己的骨头也要被打断，谁由于疏忽杀死了别人的孩子，自己的孩子也要被杀死。

要回答远古时期第一部成文法是什么样的问题，首先必须指出的是，它根本不是第一部法律。就像其他更古老的法典一样，《汉谟拉比法典》并不涉及成熟的、由当时的国王创立的规范。相反，在300年的时间里，美索不达米亚领土上已经形成确立固定行为规范的良好做法，其中很多行为规范在之前就是行之有效的。[9]所有社会都有法律，包括没有文字的社会。不久以后，法律对盗窃这样警告："你不应该偷窃......你不应该觊觎邻居的房子。你不应该觊觎邻居的妻子、他的奴隶、他的牛、驴或属于你邻居的任何东西。"又提到了"奴隶、牛、驴或任何某件东西。"可能在公元前1500年—公元前1000年之间写成的摩西第二本经书中的第九诫和第十诫，读起来就像《汉谟拉比法典》的回应。然而它是一种非常不同的腔调，因为它说，巴比伦的法律只是概述了违反规范的情况，而它把"应该怎么做"作为规范的核心。"你不应该偷窃"——但偷窃了。那我不"应该"到底意味着什么？

规范保障不了行为，而是强化了期望。它们并没有阻止犯罪——最近德国犯罪统计显示每年大约有240万起盗窃案件，侦破率为27%[10]。就这方面来说"你不应该偷窃"意味着：如果你反驳我们，我们不会对此不理睬，我们不会无动于衷，我们会坚持我们认为是正确的想法。不是我们期望错了，而是你做得不对。"应该"

意味着某事无论是否发生都适用。[11]

这种坚定无比的期望存在于社会行为的各个层面，例如礼貌、公开露面、近距离和远距离交往的标准。如果他们感到失望，可能导致法律这一方面的反应非常不同：出现误解，或者要求道歉。与规范破坏者的沟通被终止了，取而代之的是出现更多关于他们的交流，例如说他们的坏话，他们被视为奇怪可笑的人，或者他们正在试图为自己的行为辩解，视他们的年龄、社会地位或健康状况而定，甚至可能在法律可控范围内对违法行为减少惩罚。19世纪对反复违反盗窃规范而谈到的“盗窃癖”，今天用精神病学的一个术语表达为“冲动控制障碍”[12]。更古老的社会用中邪、魔鬼或罪恶解释在个别案件中的变态行为，并且难以得出宽容的动机——用不可能的原因的解释当然使事情变得更加可怕。这种神奇的思想在写出最早法律条款的时代并不陌生。对于涉嫌巫术（§2）和妇女通奸（§132），《汉谟拉比法典》拟定了所谓河神审判或淋雨实验的神意判决：如果被告被扔入河中下沉了，并且他在此之前不能证明自己无罪，他就被认为是有罪的。按照我们的标准衡量这是残酷的，因为我们不相信有罪的人比无辜者更容易被淹死。为什么人们会用河流来判断，并把审判程序设定到一个情景中，而不是请惩罚之神在某一时刻用闪电击打嫌犯？[13]

出人意料的结果是没被溺死的人证明自己无辜。那个虚假告发的人被处死，他的财产归被错误指控的人。与更简单的神意判决相比，这是文明的进步。更确切地说，与《汉谟拉比法典》相比，在法制历史的进程中一定出现过退步。决斗应该是其他法律文化针对没有决断的情况的另一种形式的神意判决，它只是赋予强者权利的一种方式。另一方面，这有一个非常不同的见解，即决策的可取性与缺乏合理理由的决策同时进行。[14]法院的做法反映在法典中说：必须要判决，但我们无法判决。每项规定记录一个法律概念，其中某些争议（巫术，通奸）被认为不容忽视又能产生巨大后果。然而，人们承认自己的判决没有决定性理由支撑，只得将其委托给河流，这表明，“罪疑惟轻——遇有犯罪事实有疑时应做出有利于被告的裁判”早在迷信神意判决的时代已经开始。在审判结束时，败诉方也宣誓不重申此案。这也表明早期的法律主要是阻止和解决争执。

一方面，巫术和通奸在《汉谟拉比法典》中构成犯罪事实的，要判处死刑。另一方面，神秘的信仰也可以对巫术进行判决，可能借助超自然的征兆。惩罚之所以严厉，是因为人们无法忍受这样的犯罪行为，但如果控告内容虚假，则会惩罚原告，所以在大多数情况下总有人要被处死。因此，诉诸法律是有风险的，胡乱指控他人可能是致命的。这两种情况下的不公正行为，以及对集体造成严重威胁的虚假指控的犯罪行为，以至于使审判具有净化仪式的功能。

这已经在巴比伦迷信习俗中得到详细论证。它认为，未来事件有神秘的征兆，它们似乎以不幸感染了要惩罚的人。有趣的是，巴比伦人从中看到了通过他们自己的仪式避免受邪恶预兆影响的可能性。为此，涉事者求助于神，可以在汉谟拉比的石碑上看到，太阳神沙玛什是法律和正义之神。用洗心革面的行为、顺天的姿态，有时甚至以赎金来唤醒他，可以请求他修改受到预兆影响的人的不利判决。相应的仪式具有法律程序的所有特征，由有关人员对不良预兆（狗、蜥蜴、蛇）的使者和载体提起诉讼。[15]

关于预兆、疾病的身体症状和法律原则的论文具有相同的形式，这不仅仅归功于美索不达米亚宗教学者的知识技术，也与他们在命运预言、医学和法律方面所看到的基本相似性相对应，总是与危机标志有关。在预兆、疾病和冲突中人们会感到自己面临决策的压力，在这种高度精神刺激时，无法确定是非，而只是预感。成文法律是以祖先的认知技能为基础，便于创立并受益，属于灵魂、身体和社会的危机，出于对后果的考虑必须给出判断，即使没有无可置疑的理由。陷入这种困境的社会以类比、模式、判例法运作，并希望判断与决策的理由不是被迫从个别案件出现，而是从案件系统中产生。这表明书面形式是保留延续此类系统的技术。

在其他方面，最早的书面法律也是证明过渡到后来所谓的“高级文化”的文件。在《汉谟拉比法典》中的个人过失，其亲属关系并不自动关联承担责任。如果已为人父的某人由于疏忽或故意杀害另一个父亲的孩子，作为惩罚将失去自己的孩子（§116、§210、§230），那么在这一情况下不存在孩子因为是杀人者的亲属就是同谋的看法。更确切地说，这个惩罚明显是针对遭受沉重打击的“财产所有者”。同样在已经提到的案件中，作假证的人会遭受被诬告之人将受的惩罚（§3）。

我们来讨论一下配偶之间的冲突案件。一方面，女性可以是家庭领导者，已婚妇女是可以做生意的。另一方面，如在第142条中所说，如果妻子拒绝委身于她的丈夫，那么必须检查她是否犯了错误，是否有过失。如果不是，反而是她丈夫冷落她在先，“她将带着她嫁妆回到她父亲的家里”。反之如果她“不专心”而忽略丈夫，“人们会把她扔进水里。”从中可以看到两性之间的不对称及不对称的职责分配：有罪的男人失去了他的妻子和妻子的嫁妆，而有罪的女人则被扔进水里。

在奴隶是物品的前提下，第一部成文法从经济上解释了这类物品的特殊性。如果一个人在国外购买了一个奴隶，后来确定这是别人丢失的奴隶，只要原物主和奴隶都来自购买者的家乡，那这个奴隶必须无偿归还原主人。因为有人认为，买方可能会被告知那是属于他人的已经逃跑或被盗奴隶。[16]未成年的自由人在美索不达米亚被偷走，可能是被绑架，但不是未成年人失去自由，而是他的父亲失去了管制权力，这并不表示法律缺乏区分犯罪行为的能力。确切地说，法律是一个社会的法律，在这个社会里未成年人被认为是他们父亲的财产，即使他们是作为自由人出生的。有奴隶的地方，人可能是物品，甚至可能对于一些不是奴隶的人来说也会这样。

相应的法律义务也很复杂，常有诸如“是，但”和“通常如此，但在有些情况下可能不同”的表述。因此，法律的制定随着对“责任”“合理性”“例外”“知识水平”“量度”和“公正性”等概念的相应反思。在诉讼程序中也考虑到这些因素，这也是为什么同一段法律条款对同一行为采取两种不同的处罚却并不矛盾：受害者经常会在肢体报复和支付赔偿金之间作出选择，因为刑事诉讼也被视为犯罪者和受害者之间的诉讼。无论如何，在刑法和私法之间并没有明确的区分，这同样适用于肢体报复和支付赔偿金，赔偿金不是支付给国家或国王，而是支付给诉讼中的另一方。惩罚应该使受害方满意。另一方面，受害者也被要求保持前后要求的一致性。例如，如果被背叛的丈夫原谅了他的妻子，那么男性通奸者也就不会受到惩罚（§129）。也就是说，如果考虑到公平，宽恕必须和行为相关，因此必须涉及到这两个“骗子”，它不能成为报复的手段。[17]公平的概念在这里是核心。著名的“以眼还眼”[18]在《汉谟拉比法典》中已有记载。据第219条，任何伤害了别人奴隶的人，必须“以奴隶换奴隶”。借出去的牲畜因疏忽而死亡，必须“以牛换牛”（§245）或“以羊换羊”（§263）偿还给主人。第196条甚至规定：“如果谁毁坏了另一个自由人的眼睛，他的眼睛也要被毁坏。”第200条有同样的针对牙齿的规定。今天在许多人看来是表达复仇和报复的权利主张，实际上是试图限制报复行为。或者更确切地说，主张固有的法律权利是为了解决先前通过复仇解决的问题。

因为复仇只不过是一种单方面的抗议，对规则的违背主要是恢复在犯罪前的状态。任何报复的人都意识不到这些，也不会从报复中获得任何好处。因为复仇无关于某些客观的状态，而是关于行动的期望得到认可，在这一范围内它是法律观念的一种基本表达。被抓到的小偷不会说：“好的，我马上把它还回去，再加上利息。”

这还不够，他要受到惩罚，因为主要不是他客观上改变了什么，而是他在社会关系中侮辱了谁：不只是受害人，还有所有其他人。换句话说，不仅存在一个客观的、以货币利益或财产支付的实际债务，而且还存一个在社会方面的债务。

但是，惩罚应该如何表现，又应该表现到什么程度呢？同态复仇法——以牙还牙，以眼还眼——似乎以矛盾的方式通过伤害和惩罚应该相互对应的等效原则限制了这项法律任务。被打伤眼睛的人通过同样的方式针对作案人，但这种方式并不会使自己的眼睛复原。或者想象一下，作案者本身就是盲人。“以眼还眼”根本上的意思是说：“一只眼睛价值换一只眼睛的等同价值”。在《出埃及记》21:24中记载着这个著名处罚方式，讲的是孕妇被打伤的案子该怎么处理。在当时的法律环境下，要按照妇人丈夫的要求，如果还有别的伤害，就要以牙还牙，以眼还眼。毫无疑问，这将损害等同于惩罚。在摩西的第五本经书中记录了超越《汉谟拉比法典》的宗族死刑的禁令：每个人仅为自己的罪行负责，凡被杀的都为本身的罪。[19]

最早的私人法律文件被记录在密封的陶土片上，涉及的是财产转让，一部分和遗产相关，一部分和婚姻相关，同时还提到了房屋购买和奴隶的收购。除了与交易有关的对象外，还记录了当事人控告或上诉的弃权声明，交易员、书记员和见证人的姓名。但这并不是严格意义上的合同，其中书面记录的意义是增加约束力，并可以检查是否所有事情都以正确的方式进展。更确切地说，这是对已达成一致意见的事实确定和陈述。此外，还有记录过程的备忘录，记录谁与谁争论、争论的内容和方式，以及事情的进展情况。这类文件的意义是给该诉讼的获胜者提供索赔的证据。从这里也可以看出，成文法最初是诉讼程序、仲裁程序和经济交易的凝聚物，没有成文法律条文，也没有合同法作为依据。当时的法院是仲裁法院，不适用一般原则。[20]

正如美索不达米亚的科学研究不知道可以通过抽象做出预测的实验一样，美索不达米亚的法规也不知道法律。“法典”一词是在文本出现之后立即就有了，因此具有误导性。法典记载了适用的规范，但不因其中包含规范就被视为法律。[21]与《拿破仑法典》不同，它是对那个时代法律的有序的、完整的总结。当规范被引入一种系统序列时，就会进行法律编纂。当记载《汉谟拉比法典》的石碑在1900年前后被发现时，许多国家正在重新编纂法律，德国的《民法典》只是其中的一个例子。可由此产生这样一种观点，即军事领导人汉谟拉比先建立巴比伦帝国，然后在统一管理过程中，将当地习俗、法院判决和指令纳入统一的“国家”有效制度。在该法典文本的重复和小矛盾中，仍然可以清晰地看出当地不同的冲突规则。但是，认为刻在石头上的文字是被“采纳”为具有约束力的法律的想法是鲁莽的。美索不达米亚根本没有统一的法律。此外，王室法规之外也有不成文的社会普遍规约，国王法院与寺庙、城市和住宅区的法院一起发挥作用。法典根据案件集中整理确立了皇家法院的判例法，国家利益涉及：严重犯罪、宫廷经济租赁、国家追收债款、无担保人的个人养老问题、上层阶级的法律问题、寺庙附近的红灯区问题。[22]

此外，国王也没有兴趣使案例法自身独立，以文本形式使其客观化，从而约束自己。从汉谟拉比时代流传下来的所有其他法律文件都没有提及该法典及其段落内容。如果它是一部法律文集，就有必要解释为什么其中没有提到重要的法律内容，例如，缺少描述故意杀人后果的条款。原因很明显：如果盗窃都已经以死刑论处，那么每个人都知道杀人更会被判处死刑。形成文字的仅是看上去不是不言而喻的内容，可能是出于培养新晋法官的目的。[23]

让我们把视线重新回到那块传给我们《汉谟拉比法典》的石碑上。石碑的上端是汉谟拉比本人以及太阳神沙玛什，巴比伦国王站在他面前祈祷。坐着的法律和正义之神手里拿着一个戒指和一根权杖。符号的含义目前存在争议，相应的解释有：测量杆和卷尺，或导绳和鼻环，或手写笔和圆柱印章或权杖和某一件东西。无论如何，太阳神沙玛什在巴比伦被称为“洞察一切的人”，因为他就像太阳驱使白天和黑夜的转换，因此他能掌管所有一切都在正确的方向上。他作为法官能把一切重新安排好。[24]

这种对整体秩序的职责也适用于国王。“使强者不凌弱，合乎寡妇和孤儿的心意，我在安努与恩利尔为人类福祉计的巴比伦，在基础就像天地牢固的圣所阿斯加拉，调解国家的诉讼案件，为国家做出决定，发扬正义于世，灭除不法邪恶之人，把我极其珍贵的话写在一个纪念碑上……”这些文字写在法律条文之前的序言中。

谁受到不公正的待遇，就来到石碑前——“在我的画像前”——让他看一看石碑，或者他可以大声朗读出来，这样他会得到明确的认识，汉谟拉比将为他伸张正义。这不是说石碑上的文本对任何法律冲突都规范作用。更确切地说，国王会修正下属主管机构权力滥用的情况，除非王室法院已有定论。之后理亏的人似乎会被带到石碑前。[25]在汉谟拉比留下来的一封信中提到，他以金匠的“穿墙”入室盗窃案为契机，命令将作案者和证人转交给他，以此表明这不仅仅是做表面功夫。事实上，这位国王处理了很多法律案件，并将这信的表述纳入法典，在“犯罪事实构成”意义上的第21条中写着：“如果谁利用房屋墙壁上的裂口闯入室内偷窃，他就必须在裂口前被处死，或被埋在那个洞中。”[26]

但是，在古代近东以口语文化为基础的地区为什么会将法律书面化呢？文字书写有几个优点。一个是时间上的：它可以保存会忘记的东西。一个是从实际出发的实质优点：它能明确会有争议的内容。一个是社会方面的：它至少在原则上提供了许多人可以阅读使用的东西，否则获悉到的内容只能靠耳听。简而言之，人们以此可以从上下文获取信息。作为档案，它支持记忆，作为规定，它促进反思，作为一种交流手段，它扩展了语音的可能性。[27]

但同时有必要将法律决定对社会公正的和社会秩序的贡献表达出来。当汉谟拉比让人制作石碑时，他在美索不达米亚当国王已经将近40年了；在序言中提到了征服埃什南纳，这一事件发生在他统治的第32年。他在石碑上的结束语是对所有敢于背离他的法律概念的诅咒，不是针对违法者，而是针对未来可能会妄图改变法律的国王。国王象征着法律的正义，而他自己只受神灵的审判。这些本身都不是法律依据，法律没有显示它不能对抗国王。很独特的是石碑上的序言、判决和结语不是图形分离的，而是彼此合并为文本。应该是要在石碑的帮助下使人明白并记住，法律属于国王，政治统治者同时也是美索不达米亚法院的主宰。他在神与人之间进行沟通调解。对此，《汉谟拉比法典》的任务不是公布王室法律规范，而是将其明确地记录下来并让每个人都了解。当然并非所有人都能阅读。石碑不是法律的通告，而是树立的政治纪念碑。它不是通告，只是为了彰显。它的出现不是让人阅读，而是警示标识。它所说的规范被认为不是写下来的，而是自称来自国王，即使它有记录的习惯。文字提供了读的内容，但它也可能揭示更深层次的内容。[28]就像人们可以观看和读懂图片。最早的成文法就是要描绘出这样的正义。

然而，在罗马，这一切都建立在一些看不见的东西上。根据法律历史学家玛丽·特雷斯·弗根的说法，没有哪个罗马人能证明曾经见过据说是罗马的法律基础——“最早也是唯一的罗马土地法”（西奥多·莫姆森）的《十二表法》。据说在公元前449年它们出现在市政厅前的讲坛上。古罗马政治家、哲人西塞罗就曾骂道，再没有一个男孩能够记住它们，早些时候人们还用歌曲传唱过。但是人们如何记住那些不存在的东西呢？没有人确切知道它们是由什么材料记录制作的：橡木、象牙、石头、铜、青铜？没人知道上面写的什么，西塞罗也只是创造了一个板块并仅是自己使用过，甚至连为什么有12块牌子也不能达成一致。[29]

因此，对法律的讲述取代了它的可视性。平民要求法律具有约束力，因此以书面形式固定下来的法律，为的是终止总是有利于贵族的司法权专断。为了誊写梭伦的法律，一个由3人组成的委员会去了雅典，在执行为期3年的任务后——这些使节是否曾到达那里，还是只到达意大利南部或从未出发，这些都有争议[30]——参议院已经设立了一个10人委员会，来制定罗马的法律。它们被呈现在十块牌子上，树立在古罗马城的广场上。一年之后又增加了2块。200多年后的历史学家利维乌斯与狄奥尼西奥斯・冯・哈利卡纳索斯是这样记录最早的罗马的法律的。

这里的描述是相反的。关于法律的起源只有故事，但这并不认为法律无效。不必追溯到源头，更不用说一个清晰、纯粹、公平的来源。起源是所有秩序的基础的旧观念是站不住脚的。因为对于假设的起源观察得越仔细，它看上去就更模糊和偶然：对它而言明确的内容，可能对别的事物来说也一样。“10人委员会的法律”，即罗马的10位立法者，在古代历史学家巴托尔德・乔治・尼布尔的《罗马历史》中说“直到帝国时期仍然是所有民事和令人尴尬的法律的基础。”[31]在这里法律的起源是看不见的，因为在公元前387年，书写罗马法律起源的牌子又被毁坏了，就在人们想相信这个起源说法的时候。法律本身的起源是无形的，因为创建的规范内容越丰富越古老，它们的基础就越难以辨认。

今天我们会问：什么时候适用法律？如果它已被议会通过，并且在提交宪法法院前就已经有效，议会能否修改宪法以检查法律是否适用？是的，但宪法本身决定了它可以被改变的方式和地点，以及由谁检查这是否按照宪法执行的。法律在宪法中有其基础吗？可能有，但即使有其基础也不稳固。那宪法的基础是什么？这些是在它们的序言和结束语所写的事情，以及在讲述它们自身的历史中出现的，但律师对此却无能为力。

第十三章
从手到头，然后从头到手
数字的起源

九是一，

十是没有。

——约翰·沃尔夫冈·冯·歌德

2个鹅卵石加上1个鹅卵石是3个鹅卵石。“所有的数字，”约翰·斯图尔特·米尔1843年在其《逻辑系统》一书中写道，“必须是代表某种东西的数字：没有像数字本身的数字。”然而，他又补充说，数字同时具有奇怪的属性，即它们是所有事物的数字。用它们所做的陈述无一例外地适用于这些数字的所有事物。无论有2个什么样的物体，如果人们在此基础上再添加另一个，就会产生3个。等式2（$a+b$）$=2a+2b$适用于所有数字a和b，无论它们指代的是什么。然而根据米尔的观点，算术的所有力量都来自于实物世界，而不是符号世界。数学是基于最简单自然现象的经验。人们可以从算术或代数运算中省略事物，并可以用“机械”的方式计算，这种想法是正确的，因为它们适用于所有事物，而不是因为它们与事物无关。[1]

约30年后，社会人类学的创始人爱德华·伯内特·泰勒提到了约翰·斯图尔特·米尔先生的这些观点。在他的著作《原始文化：关于神话、哲学、宗教、语言、艺术和习俗发展的研究》中，他把自己所处时代关于神话、思想、宗教、艺术和口传文化的习俗知识进行了总结，泰勒还在书中提到了这些文化的计数艺术。对简单社会数字概念的研究不仅证实了米尔认为我们对数字的了解是基于经验的观点，也弄清楚了人类的计数能力在哪些人类进程中出现。因为数字来自计数，数字认知的起源，包括数学的起源都来自于实用性；一切适用于所有数量的知识只会产生一种超历史印象，但与人类思想的所有结构一样，都源自于对非常明确问题的解决。我们认为2个鹅卵石加上1个鹅卵石是3个鹅卵石是理所当然的，但这又不完全是理所当然的。[2]

难以在语言方面表示更大的数量的难题属于为了得出数字而必须解决的问题之一。人类最多可以直接感知到4个客体，然后开始计数。1、2、更多——有些部落在1900年前后仍然这样计数，他们当时还没有与殖民者的认知技术密切接触，泰勒书中有很多相关的证据。现代语言很熟悉这种计数方式：一夫一妻制、重婚、一夫多妻制，在生活的某些领域，对于较大的数字并不要求精确。“很多”的表达本身就是多方面的：众多、堆、人群、群、多语言、班级、管弦乐队。据了解，阿兰达和其他澳大利亚部落最初并不知道任何关于数字排列的单词，而只知道带有一个或两个元素数量的单词：一和一对。谁想要表达数字3，就说："一和一对"，4就是"一对和一对"，但在此之后只有"很多"或通常以序数词的方式表达"还有另外一个"。在巴西中部的芒杜鲁克人可以始终准确地计数到3，有时候到5，之后就变得含糊不清，"5"这个词也用于表达6、7、8或9，当他们看到5个点时，他们有时也说是"4"或"很少"。[3]

同样地还有皮拉赫-印第安纳人，他们来自巴西西北部热带雨林中一个高度孤立的狩猎-采集群体，因语言学家丹尼尔·L.埃弗雷特的论文而闻名，他们的语言与其他任何已知的语言都不同。他们计数也不超过2，但除此以外他们甚至连使用数字递加都不会，例如"1+2"来表示3。皮拉赫-印第安纳人中也用1表示"很少"。因此，即使在最基本的数字中，离散量（1、2）和连续量（更多、更少）之间的差异在口头上也确定不下来。如果要为更大的数量进行说明，皮拉赫-印第安纳人似乎可以区分6个不同客体，但这取决于具体比较的内容。当人们从给他们看的10个客体中拿走4个时，他们将6个对象称为"2个"或"很少"，但是当把5个客体添加到他们之前看到的1个客体旁边时，他们会说"2个"或"多个"。当从10倒数时，受访者甚至将2个客体的数量用"1"这个数词表示，而所有被采访的皮拉赫-印第安纳人都很明确，当人们从1个客体开始计数时，下一个客体就会表示为"2"。这些词不会被连贯使用，这表明其中根本不涉及数字的概念。[4]

如果一种语言甚至没有一个明确的词表示“1”，那就清楚地表明最简单的计数过程是多么艰难。一些语言群体如果要表达超过4，就会使用非语言的字符，例如，沙子上的标记或用双手显示数字。在其他一些语言中，表达超过5时常用“1加上一只手”之类的表达方式。8则用“3加上另外一只手”。与此同时，在殖民化过程中，数字的英语词汇很容易就被整合到各自的部落语言中。芒杜鲁克人完全解决了涉及多达80个元素的非语言比较任务，估计仅是简单的加减法，即使这些印第安人说葡萄牙语，也就是说掌握了一些数字词汇。部落的成员不能继续数到3、4或10，只是因为他们没有这种需要，也没有这些日常习惯，因此他们的语言没有数字概念。对于日常生活中出现的问题，进行近似比较就足够了。[5]

数字概念开发的最早方法是象征性的。一个符号代表数过的内容，所数过的数量通过重复该符号表示。当中可能会用到手指或身体的其他部位，但在进一步的发展中可能会用到线条、绳结、点、石头。它们都不代表数字，而是代表所数的物品，仅告知关于物品的数量信息。[6]

如果我们为了寻求数字的史前起源而避开现在的简单社会，重要的是要避免得出相反的结论：并不是所有地方的线条标记或其他符号都与早期数学有关。在新石器时代晚期之前，人们所知的物品中，没有一件是确定无疑的计数辅助工具：中世纪的刻符号木、计数石块等诸如此类的物品。即使是1957年和1959年分别在乌干达、刚果边境地区的伊尚戈发现的著名狒狒骨头，因其平行的凹痕而在一些数学历史文献中被称为人类的最早的算术表，最早证明人类算术能力的文物，也没有这样的解释。数字是从计数中演变而来的，但是计数还不是数字，而且如果有人在骨头上做出3个标记，然后又做出了6个标记，就认为他掌握了倍数的概念，这样的推想是徒劳无用的。

同样还有1937年在下斯通尼斯（今捷克境内）发现的狼骨，可追溯到公元前3万年。狼骨表面的55个凹口分成5个一组（其实很难辨识）。或者我们看一下1973年从南非兰波姆波的山区出土的有29个凹痕的狒狒桡骨，大约有4.3万—4.4万年的历史。每次我们研究这些标记时都容易将它们解释为数字，即使它们只是用于绘图的符号文字。在手帕上打了一个结的人不需要用数字“1”去表达。如果有3个或12个结，情况也是一样的。这并不意味着人们知道3是12的1/4这样的知识，它只意味着能够区分不同的图形符号。[7]

有一个很好的例子可以说明。如果人们可以计数这些符号，也可以区分符号和数字的话，那意义就非常重大，这是考古学家亚历山大·马沙克论文的重点。他也首先从伊尚戈的狒狒骨头开始研究，但没有把它的凹痕解释为纯数字模式，而是月相的记录。还有其他带有标记的史前物品，例如，法国多尔多涅的阿卜力布兰查德出土的骨头（公元前3万年），来自利古里亚巴马拉格兰德洞穴的鹅卵石（公元前3.3万—前2.7万年），瓦伦西亚附近帕尔帕罗洞穴附近有图案的石灰岩（公元前2万—前1.8万年），或丹麦尤格罗斯出土的中石器时代的兽角制的斧头——马沙克将其解释为日历和日历符号，其规律性引起了数字的概念的发展。令人惊讶的是，没有哪两个符号系统是相同的，而且标记通常太小而无法在没有显微镜和摄影机的情况下进行计算和评估。人类学家埃德蒙·卡彭特提出了强烈的反对意见，他认为这类注释标记对猎人狩猎完全没用："人们不能在10月捕猎北极熊，如果捕猎北极熊的时间是10月，那这就不是个词汇问题，而是生死问题。"一般来说，簿记是推动了农业发展的定居群体的成就。在这里，人们不仅需要测量更大的数量，还需要追求准确性。[8]

正是随着早期文明向农业的过渡，计数也完成了一次飞跃。公元前7500年前后，在美索不达米亚出现了各种不同形状的黏土制品，例如，球体、圆柱体、圆锥体、四面体或圆盘，大小在1～3厘米之间。这些黏土制品中最古老的是人们在挖掘层中发现的，属于今天土耳其到中东的大片区域，也是农业开始的地方。正如我在《文字的起源》一章中说的，那些是用于计数和记录谷物或牧群动物等农产品的工具。每当一种物品以一定数量被送到指定的"官方"地点，例如寺庙或行政管理处，负责人就会存相应数量的石头，以便登记。对于成果的社会记忆从人工向非人工的存储介质过渡。那些已经使用了4000年的象征符号，仍然与发达的数字概念相距甚远，因为它们仍然将计数对象的数量和质量结合在一起。用圆形石头计数的物品，就不能用圆盘形石头计数。[9]

公元前4000年中期，在东方最早的城市建立过程中出现了新类型符号，通过它们的形状或标记来说明所计数的是什么物品。此外，密封的黏土球（研究者称之为“信封”）作为一种文件夹可以包含几个这样的符号。形状的多样性表明了不断增加的物品种类。如果有蛋形的“代币”（符号），那么2个陶土石加1个陶土石就是3罐油。其他符号指代的是羊、衣服以及香水或蜂蜜的数量。四面体再次通过它们所代表的技术单位抽象地扩展了商品的多样性。然而，这些符号没有交换功能，它们是一种簿记的手段，用于地方储备记录和经济再分配。

一旦进行计数和标记，就会涉及所选系统的效率能力问题。用2只手只能数到10，但这仅仅适用于1个人，正如数学历史学家乔治·伊夫拉在他的世界数学历史著作中所想出的精彩例子：当一个人的手指被用来计算另一个人数到10的次数时，那这两个人不仅能数到20，而是能数到100，3个人就可以数到1000。换句话说，这并不依赖于那些人类计算机的聚合：计数的顺序可以分层扩展并应用于其自身。人们已经在最古老的陶土符号中发现了较大的石头，它们象征着代表更小数值（也因此尺寸更小）的石头的总和。[10]

但在通往数字的道路上，决定性的抽象仍然伴随着计数符号。我们感谢法裔美国东方学家丹尼丝·施曼特-贝塞拉特对此进行的最详细的研究，她谈到的当时人们计数的原理讲到了“具体计数”，正如我们至今仍然认识的几个数词：独奏、一对、双胞胎、三重奏、公担（德国的计量单位，为50千克）。它们总是涉及一定数量和特定的被计数物品的组合，这就是为什么人们不能谈论一对相互“无关”的东西，虽然会有“高贵鱼的三重奏”，但不会有“1公担警察”这样的组合。因此，音乐家和药品的计数方式不同。这也可以在人种学观察中找到，当船只、男士、椰子各自的数量对我们来说都是“10”的时候，它们都会被分配以不同的数量词。特别是对于商品的计量单位，在专业语言中这些名称早已有了：1巴伦布是12块布，1克拉是200毫克的宝石。只有当人们翻译这种在专业语言中用于缩写的紧凑表达式时，它所保留的特征才会被分解：200-毫克-宝石。只有这样，才有可能在符号的层次上区分它的全部内容，即对对象的区别和比较，例如，在“克拉”中，由（1）某种物体和（2）它们的确切重量，或者如“二重唱”（1）人（2）他们的人数和（3）一种相互协调的行动。[11]

在约翰·斯图尔特·米尔看来，这些区别同样是对事物的经验和思维操作（称重、计数、鉴定）。只有当数字和事物能够被区分时，人们才能计数出无法感知的事物（上帝的三位一体表现），或者创造在数字上以前不存在的特定事物（八角形），或者对完全异质的物体进行运算（警察乐队的管乐四重奏重达6公担）。

如果有文字，客体间相应的区别更容易找到。在球形“信封”上，有一些数字符号来自公元前3500年前后，它们是为了保留行政记忆而凿刻在“信封”上，以显示其物品内容的象形文字符号，例如，油壶、大麦或绵羊的黏陶土符号的象形文字标志。正如我们在《文字的起源》一章中所见，这是其由来之一。例如，在一个空心球上刻有7个“油壶”符号。在采用这些“信封”300年后，美索不达米亚有了用于记账的文字板，取代了那些黏土空心球。起初它们也包含具体的数量，但大约在公元前3100年采用了新的书写技术，即使用石笔的一项根本的创新性书写技术：为了进行数量说明，图示符号不再被重复使用，在描述物品的图形符号之前的是深刻在黏土中的数字。

一个楔子意味着“1”，一个圆形符号是“10”，一个大楔子是“60”——在人类最早的书面文件中的大约1200个字符中大约有60个这样的数字。由此带来的书写便利是显而易见的。被计数的物品只需提及一次即可。因为和以往一样所涉及的仍然是用于测量的数字，并且以完全不同的单位计算诸如油、动物和谷物之类的物品，这些字符根据计算测量的对象不同来改变它们自身的数值。对象是动物时圆圈的意思是“10”，对象是谷物时圆圈的意思是“6”。我们现在认为“30块鹅卵石”是有30个鹅卵石，但“30只鸡”指的是一打。但这不再仅仅是“许多”或“一群”的问题。这个计算系统尚未统一标准，但已经堪称一个计算系统。因为不同计算系统中的各个数字符号代表不同的值，甚至有些数字符号相互之间从未相互接触过。例如，乌鲁克的会计师有代表60、120和600的符号，但最后两个字符从没有出现在他们的任何账簿中。记录者宁愿重复记录两次60，也没有写成120。这两个数字显然属于不同的，相互分离的计数体系。[12]

尽管如此，这些数字传达的不仅仅是数量和序列，它们和它们的象征符号还有赖于它们所计算的对象。有一个六步计数系统，但该时期所有幸存文本中只有不到一半使用了这个系统。然而值得注意的是，一些相应的数字符号——1、10、60、600——在1000年后的美索不达米亚文字记录中仍然能找到，后来被楔形文字所取代。这些数字在日历和商品列表中具有不同的值，在离散对象的列表中的计算方式与谷物等散装货物的计算方法不同。然而，替换这些非数字性表达功能的数量的可能性已经是可预见的了，因为它们与计数的对象名称分开注明，它们表示大的数量，记录了大量的算术运算，并且因为它们是一种系统性的经济活动的工具，计算系统的发展分担了经济活动递增的复杂性。[13]

"在一个葫芦、竹筒、挖空的树桩、网和动物皮的世界中，这些用于运输和辅助运输，物品是被保存而不是测量的，很难察觉储藏和数量的变化"，人类学家克里斯托弗·哈尔皮克的文章认为在简单社会中计算的发展受到限制，因为测量在其中具有另外一种意义。这是政治性经济学的问题和成就，接下来会引领算术技术的发展。数学是城市的孩子，它首先测算货品数量和分配、税收经济及其生产的决策问题。一块地有多大？它的预期收入？对其耕种需要多少工人？酿造某种啤酒需要的大麦和麦芽的比例是多少？[14]

等级、土地分配、历法测量和生产合理化等实际问题长时间以来一直借助于数字的作用。但接下来是数字本身的计算，不考虑人们用它们可以完成什么。如此一来就发现它们之间会有大小关系，例如，一块地的对角线、面积和边长之间的大小关系，这在农业和财产制度中最初是没有操作意义的，但仍然令人关注。在公元前三世纪和公元前二世纪之间逐渐出现了对数字和几何尺寸之间关系的专业研究。人们找到了二次幂的解表、二次和三次方程、平方根的计算方法。出现了关于数字属性的陈述，这和计数、测量或技术性计算方面的算术行为没有关系。对此后来发现的、归功于希腊人并记录在公元前三世纪的素数是经常被提起的大家熟知的例子。然而，数字的除法属性仍然是从计数中出现的数字单位的属性。

数字的起源只有当数字的产生并不归因于计数行为时才是完美的，因为它不计数任何东西且与任何大小无关：零。它存在于巴比伦数学体系中，同时又代表不存在。因为在这里——就像后来在玛雅人的日历系统中那样，它有一个蜗牛形状的标志——它只被记录为计数的空白区域。正如在我们的符号系统中，“007”中的零表示有一百个间谍，而詹姆斯·邦德被算在这个范围内，像“1001”中的零表示该数字中没有百位和十位，所以巴比伦人在他们计数的这个位置留下空白，如果有说明应该是：“该处没有登记”。空白的地方没有单独的符号。即使在今天的计算机键盘上零也是在那9个数字之后，而不是在它们前面，因为它是作为数字序列中的空白符号出现的，数数时我们从1开始，不管在什么地方——只有在作为数字本身时0在1的前面。[15]

即使是被证明在数学方面没有弱点的希腊人也没有使用零。亚里士多德的《物理学》有一段文字论述了物体运动的速度。根据这位哲学家的说法，它取决于运动所通过介质的抵抗力，即两个物体的关系：“运动的物体越不致密，越不具阻碍性和可分割性，产生的运动速度就越快。”因此，他得出结论，如果一个物体在一个空的空间中移动，那么它就会无限快，这个空间是不存在的，因为“没有任何东西与数字无关”。4是比3大1，比2大2，比1大更多，但4比“无”大多少没有数量额度。也就是说，4不是0的倍数，不能除以0，但是数字顺序是比率之一并“多倍于1”，所以“无”不是数字。“最小的数字，”亚里士多德指出，“是2”，因为他认为1不表示任何比率。原则上，某种思想的起源似乎与某种事物本身不同。对于零来说，知识的障碍相应地就更大，正如最早的数字研究者卡尔·门宁格所提出的那样，它是存在于那里被说明的东西，而那里又什么都没有。[16]

零出现的时间要晚得多，它来自印度，在公元500年前后才有记录，当加0或减去0时，数字的值不会改变。印度数字符号出现在公元前8世纪到公元前6世纪之间，也就是说那里有两个书写系统，直到公元7世纪才从中开发出婆罗米语，一种书写方法，其中777不是以700、70和7的单个符号形式来记录。此时零开始发挥作用，首先成为替代空白区域的标记。长度270是在公元前6世纪初的瓜廖尔碑文中出现的，保留在一座寺庙的建筑中，用数字2和7以及一个小圆圈标记出来；后来发现了以相同的方式记录数量的50。当我们用6个点……显示语言的省略时，我们使用类似的图形。公元650年前后，数学家婆罗摩笈在不能计数的地方都以小点标记。他认为0除以0得出0，但按我们的标准这一计算是错误的。和他同时代的巴斯卡拉甚至认为：（a×0）：0=a。对这个新数字的处理虽然不确定，但是给出了一个生成规则：当人们从一个数字中减去这个数字自身时，它就会出现。3个鹅卵石减去3个鹅卵石就没有鹅卵石了。

历史从数字的开始就得出结论，人们可以寄希望于虚无。具有讽刺意味的后果是印度语中的零在阿拉伯语中翻译为sunya（空白）和as-sifr（空洞），同样还有英语和法语的zero，和德语单词Ziffer。[17]

第十四章
女神在冥河岸边过渡到永生世界之前的最后一次纵欲狂欢
叙事的起源

……就像汤匙一样，不知道它漂浮在其中的汤的味道。

——《摩诃婆罗多》，第2册，第55章

每个人都会讲故事。这就是故事总是被讲述的原因：关于狩猎，关于居住在森林另一边的邪恶的家伙，关于酋长的妻子被人看见，当时她……但艺术并不是古时，要讲述已经发生的事情。艺术也不是要讲述可能发生或没有发生的事情。事实、吹牛、谣言、谎言都不是艺术。

流传下来的最古老的故事是史诗。就它们的形式而言它们是歌谣，从它们的内容题材来看是讲述英雄及其伟大的过去的故事。如果把人类历史最早的伟大史诗《吉尔伽美什史诗》、印度的《摩诃婆罗多》以及希腊的《伊利亚特》和《奥德赛》放在一起，就会产生一种意想不到的模式。吉尔伽美什是一位半神半人的国王，他想成为一个完整的神，但这只会在他放弃这一打算之后才能实现。印度史诗在20万诗行中讲述了妒忌，笃信神的上层阶级的嫉妒和跋扈，两个家族和他们的王子之间几乎无休止的战争。而荷马讲述了两国人民及其军队指挥官之间的战争，这场战争是由所谓的争夺世上最漂亮的女人海伦引发的，众神卷入其中。这三部史诗大约都起源于公元前900—前400年的印度王国和公元前760—前710年的希腊王国。

史诗讲述的是遭遇磨难的英雄的故事。最古老的《吉尔伽美什史诗》[1]说的是一个年轻、英俊、强壮、巨人般的美索不达米亚国王的故事，他2/3是神，1/3是人，是这样计算的：他的母亲是位天神，他的父亲是后来才成为神的人。他现在必须通过历险和磨难来诠释这种神和人的混合关系。他踏遍了整个世界，走到世界尽头，潜入地下水域，甚至进入神仙的专属领地。

但更甚于他踏足全世界的壮举的是，吉尔伽美什还体验到了所有的精神状态。起初，他是一个自私而又只顾自己快乐的强壮男子，最终成为一个参透生死的受人爱戴的贤王。在此期间，他经历了友谊、诱惑和哀悼等各色人际关系。为了让他了解这个世界不再自满，史诗的开头说众神决定给吉尔伽美什创造一个对手对抗他。这个名叫恩奇都的原始人“和瞪羚一起吃草”（Ⅰ，110）并生活在他的羊群中［“恩奇都，你的母亲，瞪羚，/野驴，你的父亲，悉心照顾你”（Ⅷ，3f.）］，直到诱捕者从神庙雇佣的神妓伊什塔尔在他面前脱去衣服，诱使他和她一起睡了六天七夜。结果，他的牧群开始疏远他。欲望使人类与动物疏远，但他从此有了智力。此外，他开始穿衣，参观牧羊人的营地，被邀请到那里吃面包、喝啤酒，杀死对牧羊人的营地造成危险狮子和狼，然后为了遇到吉尔伽美什，他和他的情人一起去乌鲁克，最后这里明确讲述了人类形成的不同阶段：生活在草原、游牧、茹毛饮血、狩猎、一夫一妻制［“我爱他像爱妻子一样”（Ⅰ，256），但也有“他想带着他的身体回到妻子们身边！”（Ⅲ，10）］、语言、牲畜，还有使用火、技术、城市。

这个城市是由吉尔伽美什建造的［“他建造了乌鲁克的城墙”（Ⅰ，11）］，因此，史诗的意义可归纳如下：人类历史的发展导致了城市的建立，但城市建立后该怎样呢？这部史诗是关于群居生活的史前史，最古老的伟大叙述让人想起祖先的世界。《吉尔伽美什史诗》的创作者，辛勒库尼尼，生活在公元前2世纪末，不是这位可能生活在公元前2750年前后的美索不达米亚国王同时代的人。史诗至少是第三方转述流传下来的，因为早在500多年前，这一故事材料的另一个版本就存在了。这不仅仅是一个历史事实，也是一种史诗形式。史诗开始时，最重要的事情已经过去了。史诗不会过时，因为它从来没有说过现在。正如俄罗斯文学家米哈伊尔·巴金廷所描述的，听众和歌手不仅不会巧合地存在于所讲述的内容中，而且他们生活在一个完全不同的时代，生活在另外一个完全不同的“价值-时间层面”。[2]因此在《吉尔伽美什史诗》结束时在不朽的（神一般的）/非永生的（人类）的区别更像是前天和今天的区别：前天与众神一样遥远，但这位国王可以通过他的子民来把握今天。

城市，关于其意义的第一个答案是吉尔伽美什和恩奇都建立友谊之地。这里是与住在寺庙中的众神交往的地方，例如爱情女神，也就是伊什塔尔（公主）（Ⅵ，6）和她的父亲在神殿伊娜“天堂之家”（Ⅰ，12）。这座城市是国家延伸的地方，两个朋友都武装起来，为了对抗杉树森林之王——只是我们在汉谟拉比法典的石碑上认识的太阳神沙玛什和吉尔伽美什的意愿，而不是恩奇都的——为原材料发动战争。

吉尔伽美什也是乌鲁克的化身，它不仅是史诗中所讲述的有确切尺寸的大城市，而且在公元前3500年前后形成了一个帝国的中心，其基础是商业、航海和征服，以及在寺庙经济中所表现出来的宗教。这部史诗与《荷马史诗》《摩诃婆罗塔》中体现出的奢华的内容一样，讲述者明显对在各自群体中讲述宝藏、装饰品和壮观景象时感到满足——城市的自我标榜是显而易见的。美索不达米亚人在史诗中讲述了他们自己的历史，他们文明的历史，以及他们的地形历史，杉树森林之王希望把巨石推到吉尔伽美什身上，当失败后巨石在那个统治者洪巴巴的击打下裂开，成为黎巴嫩和反黎巴嫩的锯齿状平行山脉（Ⅴ，130 ff）。[3]

众神爱上了胜利者，据说这里的女神伊什塔尔向他承诺各种各样的事情，如果他娶她。但史诗是人类和神灵分属不同等级的故事，即使这个人是2/3的神。在极大诱惑面前产生了一个难以复制的英雄：“我为什么要把你当作我的妻子？”（Ⅵ，32），接下来历数曾拜倒在女神裙下却遭厄运的那些沉浸于她诱惑的人——“你的手伸出来，你触碰到我们的羞耻心！”（Ⅵ，69）——她最后像《奥德赛》中的喀耳刻一样变成了动物。当被侮辱的女神怒不可遏地释放出可怕的天堂公牛到城市时，两个朋友联手杀死了它，导致众神要求两人中必须有一个牺牲：那就是恩奇都，发烧感染而死。这让我们想起时代差很远的普罗米修斯的故事，他教导人们在用牛的祭祀中欺骗神，因此他被锁链缚在世界的边缘的岩石上。唯一的区别在于，这里正在遭受神与人之间差异折磨的形象被分成两个人，其中一人被牺牲，另一人要重建文明。

吉尔伽美什为他的朋友哭了六天七夜（Ⅹ，58），他的朋友为了成为人曾经和神庙妓女一起度过同样的时间——“六天七夜后恩奇都站了起来”（Ⅰ，194）。[4]朋友的死彻底改变了吉尔伽美什的态度，他将世界视为对自己生命能量的一系列考验。他开始害怕死亡，离开乌鲁克，为寻找唯一一个永生不朽的人：乌特纳比西丁，也就是巴比伦在大洪水中幸存下来的诺亚。吉尔伽美什的探寻之旅一步步进行，在与狮子和蝎子人一起出现的场景之后，又进过天空所在的山脉内部，并超越世界的边缘，进入一个彼岸花园。吉尔伽美什精疲力尽。当“死亡之水”的渡船船夫对着他举起斧头时，他甚至都不反抗。意志之火熄灭了。从乌特纳比西丁那里他终于了解到这种疲惫的意义，他不再沉浸于精神的痛苦，而是身为国王要担负起照顾自己那些“普通人”（X，270 ff.）的使命。他对永生的印象是这样的：“我看着你，但是，乌特纳比西丁/你的四肢并没有什么不同！就像我一样！”（XI，2f.）。一个普通人得永生，因为众神中的一个神使他免于像其他所有人一样死于大洪水，并且众神对和平的要求把这个不顺从的见证者拉到一边。永生，也就是说，不是基于意志和成就，不是基于有关人士的英雄品质，而是基于众神之间的外交权谋。在史诗的最后有一段关于起源的叙述：这里出自大洪水，以及它如何产生影响。当英雄明白这些时就转身回家了。

他明白了什么？史诗表明，英雄非凡的指向和他与众神的较量是一回事，日常生活和证明自己的力量是另一回事。9千米长，7米高的乌鲁克城墙和文字是不朽的保证。英雄只能是文化里的英雄，绝非其他。[5]这种认识在吉尔伽美什早期拒绝爱神的以身相许就已经预先形成了，在他没有其他挑战的时候，在他之前那些在女神面前遭受挫败的人发挥了事实证据的作用。[6]

文学理论家米夏尔·巴金汀说：“在自己的时代里，你不可能变得伟大——伟大总能吸引那些对他们来说你已成为过去的后代。”[7]史诗是一种埋葬的形式，是树立纪念碑的形式。它在史学中有最鲜明的对比，史学家想知道它的真实情况，并在对其研究之后不得不在墓碑上写下“可惜她在撒谎”或“他对于同时代的大多数人来说是一种折磨”这样的句子。然而，史诗在其开始时吸收了这种态度的一些元素，它从来不只是一座纪念碑，因为它总是有来自纪念碑的史前史的叙述。想要在自己的时代里变得伟大的吉尔伽美什通过乌特纳比西丁了解了传说的真相：常听的关于大洪水的叙述是不切合实际的。大洪水中的英雄，那最伟大的，因为自己确保了人类继续存在，于是偶然成为了一个英雄。他的永生不是对其非凡行为的奖励，而是在势力博弈中处于尴尬境地的众神求和谈判的结果。

史诗叙述创造了想象的空间，只要神学家捍卫神学传统仪式和神话，宗教必将占据这个想象的空间。《吉尔伽美什史诗》这部史诗暗示了伴随神出现而产生的问题。宗教和史诗一样表达对无形的和难以测试的事物的看法，但史诗并不对其做出针对性的有约束的决定。这就是为什么它可以把神放在次要位置。礼拜仪式的经文说众神是崇高和圣洁的，他们的决定是明智和不变的，信徒们对祖先神的追随是无条件的，为了获得认可，有的史诗就会叙述这些绝对性是怎样体现在时间、行动和社交中的，但总有自相矛盾的东西。于是，众神有时就表现出饥饿、亲密、侮辱、淫荡、无助、狡诈和不和。仪式保护信仰免于偏差和分歧，其中一切必须完全按照规定进行。会有宗教教义，它讲述信仰的原因并使其确立不变，防止很容易出现的事情发生，即：有同样权利的人针对无形世界表达不同的看法。仪式和教义本身都受组织权力以及长老、国王和教会的统治和保护。仪式有助于形成能抵制否认的紧凑沟通。关于仪式起源和服务对象的每一个叙述都会破坏反驳者的野心，因此必须进行教条式的控制，以便能够完全抵制住否定的行为。对于仪式的需求不是让人感到无聊，而是让人惊讶，史诗与这种教条式的控制背道而驰。

没有人可以掌控史诗或神话。它们对神灵、庇护所、诫命和仪式的描述，通过传播一系列事件、行动、决定弥补了神圣经文和教义中可能存在的空白，以及可能被赋予不同解读（异议）的空白，它们擅自杜撰了一些关于众神的内容。雅各布·布克哈特写道，“如果一个祭司能对希腊宗教产生影响，那么希腊宗教从始至终都会不同。关于人格和神灵神话的最原始的、有时极其怪诞可怕的观点会被记录下来，并伴随着焦虑，这种焦虑不是出自政治和祭司的权势欲，而是因为通常他们相信自己受到前辈的观点的束缚；那所有史诗都将变得不可能。”[8]

祭司对美索不达米亚的宗教有很大影响。寺庙是城市中心最大的建筑物，是一个简单的“房子”，因为它被想象成一个神和他的家人居住的地方。属于他们的一切都被认为是神圣的。马尔杜克是巴比伦的城市之神，拥有5只神圣的狗，他的妻子有2位神圣的理发师——这种宗教不是教条式的，也不是由任何有名的人或团体所创立，而是与其众神相关之物，就像后来的希腊的神，留下了很大的解释空间。这种宗教并不比它所处的社会更有序。他们的神受到尊重、敬畏并被乞求赐福。正如巴比伦的格言所说的那样，信徒与众神的关系就像是面对一些高层人士，最好小心对待，最终没有人能够真正理解他们。但是，他们和贵族一样，当然要比普通人更好、更高、更漂亮、更博学多才、更强大。[9]

美索不达米亚的宗教使世界翻了一番。它让世界上存在的每一个物品和每一件事情，都有一位神负责。因此，存在数以千计的神，分管太阳、月亮和星星、森林和城市、爱和农业、天空和地、介于天地之间的东西以及绵羊和山羊。这是不切实际的，因为这样一来万神殿就会拥挤不堪，陷入窘境。这只能通过神的逐渐减少来应对，这在历史上也发生过。有必要思考一下，如果所有的河流都来自一个地下湖泊，那不是每条河都需要一个负责的神。地下湖泊的神就足够了。原因与结果、整体与部分或统领与从属等概念通过这种方式发挥作用。人类从自己所设想的神灵那里学会了逻辑思考。

但神明太多容易让人忘记该去崇拜谁，这个宗教让世界增倍的问题毕竟是次要的。更大的问题是，宗教里的天堂社会准确地反映了人类社会结构和自然观，显示了所有尘世间的问题症结，因此所有神，不管是爱神、战争或城市之神，都有各自的缺点。众神异于凡人的愤怒、嫉妒、饥饿、无情、淫荡或好斗，加倍施予世界，这与将他们描述得高大圣洁，说他们的决定是审慎和不可逆的经文相反。对于一种宣称众神既主宰一切又利善一切的宗教，人们会谈到它的矛盾之处，这意味着主宰一切包含可疑和不利。例如，女神代表爱情、婚姻、欲望和卖淫之一，当爱情、婚姻、欲望和卖淫不属同一个女神时，它会带来一定程度的敌对关系。美索不达米亚的众神在被刺伤时并不会流血，但由于相互矛盾的职权描述使得他们又有自己的弱点和担忧，而且他们与同类之间冲突不断。

在这种情况下，史诗失去了对泾渭分明的追求，并擅自杜撰了一些关于众神的内容。它必须要有听众，并让其听众及后来的读者处于聚精会神的紧张状态，这就要求在故事发生的过程中有意外发生，而不只是一味地阐述崇高的唯一性。并非巧合的是，这些出乎意料的叙事是基于国王的命运发生的。因为作为身处社会金字塔顶端的国王接触到了神的社会（天堂），并抛出这一问题：他身处哪个等级。吉尔伽美什试图成为尘世和神区别之处的另一面，但种种尝试告诉他，隐藏于其身体中1/3的人相对于其2/3的神占主导地位。

这就是诗歌叙事开始时所说的：半神是人。但这又是如何被讲述的呢？除英雄故事外我们再列举两个片段。首先是有设陷阱者的片段，设陷阱者的目标是针对野人恩奇都。史诗是这样描述的：恩奇都原本没穿衣服，浑身是毛，头发如女人头发般卷曲。他吃草，当捕猎者伏击他时，他把羊群推到水坑里："第一天，第二天，第三天/他走近水边，在对面碰上他。/捕手看到了他，表情便为之僵结。/但是他和他的羊群走入他的房子（大草原）/（另一个）陷入愤怒，他变得非常安静和沉默。/他的心是晦暗的，面容阴郁，/痛苦隐藏在他的身体中。/他的脸就像一个走了很远路的人的脸。"（Ⅰ，115～120）

首先，我们通过捕猎者的眼睛看到了野人，然后我们看到了捕猎者的脸。史诗成为观察者，要求听众和他换位思考，去看他的内心。不同情感充斥于这颗心中，这些情感无法轻易总结：愤怒、阴暗、忧郁、痛苦、疲惫。早期史诗的典型特征是使用现成的词句——“痛苦隐藏在他的身体中”，这一句子在这部史诗中出现了7次，后来当吉尔伽美什筋疲力尽时，对于他的脸的描写重复出现了6次同一句话，也就是“他的脸就像一个走了很远路的人的脸。”（X，9～223）艺术可以区分情感，我们通过学习人物内心描写区分在没有诗意的语言中哪些对我们来说是弥漫的情绪。不久以后，在荷马第一部作品的第一节中，根据翻译，他让女神吟唱出对阿喀琉斯的愤怒、苦涩复杂的情感和诅咒，这突显了史诗的成就，从而开启了一个清晰的情感世界。[10]

哪些情感态度对故事的叙述走向具有决定性作用呢？所选的第二个片段说的是史诗中最重要的两位女性，对回答这个问题具有启发性。自公元前3世纪末，伊什塔尔在美索不达米亚是性欲女神与金星的象征。在一些文字记录中，她甚至被称为神妓，有时被翻译为“妓女”，但也可能是对寺庙仆人的称呼。[11]在宗教鼓励生育，商业投入等大背景下，本来就是一个经济实体的寺庙，对男女之事的约束就没那么严格。自公元前2400年起，在美索不达米亚的职业名单上就出现了妓女。起初妓女与其他女性职业，如医生或厨师并列在一起。妓女的阿卡德语名称harimtu与“酒馆”一起出现在同时代的黏土片上：“我坐在小酒馆的入口处时，我就是伊什塔尔，一个充满爱心的harimtu。”另一方面巴比伦的史诗《埃拉》记载的乌鲁克是“安努和伊什塔尔的居所/妓女、交际花和应召女郎的城市”，并且这个社交聚会型的城市还有其他淫乱特征，在街上随意睡在一起是很常见的。因为伊什塔尔曾出神界下凡尘短暂徘徊，一个巴比伦神话记录了女神在那里的行程，“没有一个年轻男人在街头巷尾让一个女孩怀孕，年轻的男子都睡在家里而女孩都和自己的女性朋友们在一起。”[12]

《吉尔伽美什史诗》以这些内容为主题，在开篇就让妓女莎慕哈特在恩奇都获得人的理智，成为人的过程中扮演重要的角色，并将其归入女神之列留在吉尔伽美什身边。恩奇都死时，吉尔伽美什对这个与恩奇都共度七晚的女人（Ⅶ，102～130）进行了一番咒骂，这些咒骂包含了对妓女状况的相当准确的描述：“十字路口的尘土是你的住处！/废墟是你睡觉的地方……/醉酒者和口渴者可能会打你的脸！/在一次遭遇中，一位人妻是控诉者，她对你尖叫着！”莎慕哈特让人想起了她对垂死者的千般好，吉尔伽美什继续咒骂：“我的嘴，诅咒你，另外也会祝福你！/行政长官和王子可能会爱你！/离你一英里远的人可能会因为不耐烦而拍打自己的大腿！/……/七个孩子的母亲、妻子可能因为你会被抛弃！”（Ⅶ，152～161）

寺庙的妓女既好又坏。引入一个侧面，充分品味其意义的模糊性，就像神和英雄的自相矛盾一样，这种方式在人类叙事的起源阶段是典型的。多么奇妙的想法，史诗结尾也由这个主题主导，应召女郎和女神融为一体：在这部史诗的早期版本中，没有乌特纳比西丁和美索不达米亚的诺亚，世界尽头的小酒馆就是吉尔伽美什的最后一站。小酒馆的主人是来自乌鲁克的蒙面爱情女神伊什塔尔。她蹲在简陋的小酒馆的屋顶上，告诉那个不认识她的英雄，他对永生的追求是徒劳的，因为所谓的永生是众神留给他们自己的。就像一个妓女把他的朋友恩奇都从动物王国带出来一样，在这里，这位最后一家妓院的女主人将这个神话中的英雄在跨越海洋过渡到永生的世界之前又送回了人类世界。

因此，这部史诗绝不仅仅是对上层阶级的颂歌。只有当它不只是华丽赞美时，它才能赢得受众的兴趣。尤其还因为早期的史诗实际上是通过诵读传播的。据说荷马的作品代表了长达数百年的口头朗诵传统的高潮，最早可以追溯到公元前16世纪。即兴创作者和游吟歌手在公元前800年前后开始使用字母后不久就被“按乐谱演唱的歌手”取而代之。荷马本人在《奥德修斯》的插曲中插入一个场景，在这一场景中一位歌手被要求讲述木马的故事，这就是即兴而作。早在1928年，通过对荷马的修饰词的分析，可以证明他也是一位有即兴创作压力的歌手。这些——“经久不衰的”奥德修斯、“笨重”的船只、“敬畏上帝”的歌手、“爱吵闹”的人——在它们所在段落的特定背景中大多是毫无意义的。对于歌者来说这些主要用来填充韵律，总是使用相同的填充词来限定名词（奥德修斯、船只等），以减轻他的记忆负担。有了这种音乐技巧，他就能够完全专注于叙事过程本身。[13]

结合稳定的节奏这类辅助手段，口头叙述和即兴表演相得益彰，能够产生悬念，制造吸引力。但只要没有文字记录，悬念的持续时间都是有限的。如果人们想在音乐营造出的画面中驻足，就没有被记录下来的交响曲。对于一个需要持续几个小时的表演过程来说，避免最无聊的重复，提高史诗的可理解性，只有当吟诵是以书面形式进行，并且是背诵下来的时候才会发生。这反映出荷马的创作技巧，围绕特洛伊战斗场景是通过一次又一次的插入、间歇和回放，把情节放慢或加速，加上他高频使用直接引语和反语（大约占史诗诗行的2/3），从整个战场的全景视角变为直接的战斗动作的近景“特写”。我们从中可以看到各种熟练的创作技巧和吟诵规划，如果没有符号记录的支持，这些方法就不会成为歌手的表演习惯。在《伊利亚特》中荷马专注于根据传说持续长达10年之久的特洛伊战争中唯一一个长篇插曲，但在此之前和之后发生的事也被融入其中，仅这一事实就表明其结构不可能是即兴的，吟诵中还体现出高超的创作技巧。这部史诗超越了使用大量的情感波动、恐怖或异国情调等元素的传统史诗形象。它不仅仅是一种记忆伟大过去的方式，伟大之处也伴随着任性和灾难性的后果。更确切地说，艺术在这里已经成为艺术的手段得到了充分的发展，这也可以解释为什么人类历史上的第二、第三部史诗在经历2700多年的流传依然精彩饱满，没有任何缺失。[14]

第十五章
香烟还是能应对一切的解决方案？
货币的起源

特洛伊人，谁见鬼地需要一匹木头做的马？

——肖恩·奥肖恩

阿喀琉斯愤怒了。荷马的《伊利亚特》就是这样开始的，史诗所讲的也是他的愤怒。整部史诗随着阿喀琉斯的愤怒发展。他使得希腊人在特洛伊战争中处于失败的边缘，最伟大的战士因为被侮辱而不出战。在阿喀琉斯重返战斗之后，他的愤怒转化为无法估量的杀戮欲望。但是为什么阿喀琉斯这么生气呢？

第一是因为被夺取而没有收到补偿。第二是因为他没有得到与他的价值相当的待遇。希腊人从特洛伊抢走了大量物品，包括特洛伊祭司的女儿。然后，祭司找到希腊军营，“用大量的黄金”，或者像约翰·海因里希·沃斯翻译的那样用“能应对一切的解决方案”赎回自己的孩子。祭司想要支付我们今天所说的赎金。军营中的大多数希腊人都认为是可行的，但他们的领导人阿伽门农不这么认为。他更喜欢每次出战后在阿尔戈斯的家中享受这个长有杏仁般眼睛的女孩的服侍。他在不光彩的诅咒中赶走了这位父亲。这种拒绝接受赎金的行为冒犯了祭司的上神阿波罗，神对希腊人非常不满，以至于他们的先知卡尔查斯认为安抚对方的唯一方法就是不收赎金释放女孩——如果再增加100头牛作为献祭。这让阿伽门农暴怒。如果没有替代者他就不会放弃那个比他的妻子更好的女孩，而他又从阿喀琉斯的战利品中带走另一个女孩作为替代者。这就是阿喀琉斯生气的原因。[1]

荷马描绘了一个由总是容易发怒的贵族们统治的世界，在这个世界里，贵族对相互之间谁欠了谁什么的理解已经变得很脆弱。荷马笔下的英雄们多次拒绝有偿获取，例如珀涅罗珀的追求者之一欧律阿得斯提议给奥德修斯“20头牛”“矿石（原文：青铜）和金子以便达成和解”免于伤害。或者再提一下阿喀琉斯，一个特洛伊人在战乱中向他乞求活命，想让阿喀琉斯将他作为奴隶以100头牛卖了：“现在我花3倍的钱赎身。”那是徒劳的，英雄们拒绝赎金，因为他们认为报复、荣誉、友谊没有等价物。然而，他们没有等级观念，也不适应不言而喻的等级制度，只是不断地将自己的价值与其他人的价值进行比较。因此，阿喀琉斯抗议阿伽门农在分配战利品方面处于领导地位，并自行主导一切。由于他的愤怒，阿喀琉斯令自己孤立于希腊人团体和阿伽门农之外，因为他不愿意放弃这个女孩。两者都记录了这个群体的矛盾情况及其交换标准。[2]阿喀琉斯是对的，但他危及到了整体。

这种矛盾心理与货币的起源有什么关联？首先是时间上和空间上的关联。想要赎回自己女儿的特洛伊祭司当时还没有铸造过的金属片，但很快这些金属片就会成为支付手段的化身。荷马的《伊利亚特》出现在公元前660年前后，那时候的人根本不知道硬币。100年后希腊社会货币化。荷马所了解的，正如阿伽门农的故事所显示的那样，他知道付款，他知道赎金的意思，他知道黄金是交换手段之一。如果在《伊利亚特》中可以进行支付，那么容器、纺织品、妇女或牛也会易主，改变所有者。支付方式和铸造的金属货币是两码事。一些经济学史学家这样说：在有铸币之前就有了金钱。[3]

此时，我们处于两种社会交换形式发挥作用的历史边界上。一种与义务、等级制度、政治环境联系在一起。另一种形成了独立于这些背景的一种媒介。最古老的双面硬币，代表狭义上所说的最早的货币使用，出自荷马时代之后不久，大约在公元前640年。它们是在同一地区制作的，也就是荷马史诗故事发生的小亚细亚和希腊地区。生活在公元前570—前470年的希腊哲学家色诺芬认为小亚细亚古国的吕底亚人发明了钱币。希罗多德重申了这一结论，并且古币学的研究也证实了这一点。在丽迪雅，一个位于今天西安纳托利亚地区的王国，在公元前7世纪中叶和公元前6世纪初之间铸造了经济史上最早的硬币。然后从公元前5世纪初开始，从爱奥尼亚和塞浦路斯到西西里岛，甚至到马赛，到处都有铸币场所，为地中海地区提供钱币。在150年内古代经济已发展成为了货币经济。荷马的史诗是一个时代的产物，不仅在此后不久产生了城邦，而且那里也是历史上第一个货币化的社会。因此，货币起源的问题是荷马所描述的支付方式和交换习惯过渡到通过硬币支付的问题。[4]

关于货币是如何产生的，常见解释是：人们之所以交易，是因为他们自己不能生产出所有他们需要的东西。而且他们也不想自己生产一切，因为专业化可以改善买卖交易。一个人如果同时是渔夫、猎人、农民和兵器制造师，那他可能没有任何一种能做到正确精通。也就是说由个体组成的社会要有一些分工，迫使人们展开合作和贸易，这就产生了沟通。另一方面，商业意味着人们总是需要找到一个适合自己需求的易货合作伙伴，一个拥有自己刚好想要的东西的伙伴，同时自己又刚好可以提供给对方所需要的东西。像英国经济学家斯坦利·杰文斯所说的，这是以“需求的双重巧合”为前提的。这样人们要么必须等到完全匹配的易货交易者出现，要么接受无论如何都不需要的货物数量进行货物存储，不是为了自己消费，而是想以后交换自己想要的东西。[5]

然而只有当一个交换伙伴可以提供给对方所需的商品的时候，找到合适对应方的可能性才会增加，但这个对应方应拥有人人都希望拥有的通用交换媒介。它不一定是钱，也可能是香烟，红十字会为囚犯提供所有商品在战俘营中基本的互易定价——这么多克的巧克力值这么多克的咖啡，这么多克的咖啡可以换这么多克的人造黄油，这发生在最后把所有商品的价值以“香烟货币”表示之前。[6]这种媒介可以继续映射所有物品的价值大小，这就是为什么交易伙伴不必等到找到能与他完全交换现有价值的人的原因。如果人们要把所有商品针对其他所有商品各自相交换的价值表达出来，那么价目表会非常非常长，比如1千克的面粉等值于125克的咖啡或1/10的侦探小说或20个膨胀螺钉。也可能已经过了很长的时间了，直到有人有了等价值于一台照相机的膨胀螺钉。

这就是相关的理论。根据理论介绍货币被发明为交换媒介，作为一种价值储存，并作为降低贸易交易成本的价值尺度。它是由一种特别受欢迎的、可储存且易于运输的商品（例如黄金或白银）演变而来，以最终体现商品的购买力。面包师烤面包，想用面包与卖肉者交换肉。但卖肉的人已经有了足够的面包。因此，面包师必须为他提供一些每个交换对象从不会觉得足够多的东西：金钱。交易的人注意到有每个人都想拥有的商品，因此会多留一些这样的商品备用，随时准备完成一次有吸引力的货物交换；货币媒介迟早会从中发展起来。显然，货币起源于储蓄中。

然而，这个貌似合理的理论有一个缺点：它经不起推敲。买卖双方遇到双重巧合的纯粹交换，无论是在历史上还是在人种学上都无法证明。此外，最早的硬币发现于离它们的铸造地非常有限的半径范围内，这表明它们在远途贸易中没有或很少流通。[7]尽管它们在本地日常贸易中使用，但它们的价值相对较高，即使是当时最小的那些硬币。根据普鲁塔克的说法，即使是阿提卡的德拉赫马也值一只羊。这样的硬币对于小型企业来说是不合适的。[8]

硬币最初不是普遍使用的交换媒介。货币后来证明对买卖贸易有用但并没有说明它的起源。它出现在这样一个世界里，日常经济的特点不仅是自给自足，还要在陌生人之间进行交换。色诺芬的经济学教科书中写于公元前4世纪初，其书名理所应当地被翻译为《家政艺术》，书中更多的语句是关于谷物的脱粒而不是贸易的。事先进行准确的价值比较并一步步地进行交换，货物才能定期在所有者之间易手交易的观念对早期社会来说是陌生的。它以模糊的状况为前提，在货物的给出者得不到补偿的情况下没有制裁机制。交换涉及人们需要准确换回自己带到交换中的价值的想法也是如此。正如经济学家理查德·A. 拉德福德所描述的那样，在只有消费者和所有者而没有生产经济的战俘营中也会产生一种货币，因为囚犯来自一个已经知道金钱的社会。他们不是创造了货币，只是复制而已。与之相反，从事无货币经济研究的民族学家在这方面所遇到的都是基于近似价值评估的互惠义务。这一点今天我们还可以在礼物中认识到。谁如果给主人带来一瓶上好的巴罗洛，在回访时回送一罐自制果酱都会被认为是不合适的——但他也没有必要评估这种行为有多么小气。但同样不合适的是，在回访时使用价值相同的一瓶酒，甚至就是收到的那瓶巴罗洛当回礼。纯粹等值交换是发生在陌生人之间的行为，并且总是在人种关系上伴有交换部落之间的冲突和争执。然而，对于早期社会的当地商业圈来说，即使是个人之间的交换，它也是完全不典型的。[9]

早在1913年，英国经济学家兼外交官阿尔弗雷德·米切尔·因内斯就以类似的论据驳斥了交易宽松的货币理论。因此在这里货币可能已经不是一种商品，而盐或干鱼之类的媒介因此也不会是货币，因为如此一来干鱼和盐的供应商从客户那里得到的也会是干鱼和盐。因此，阿伽门农用一个女奴换另一个女奴并不是一个经济过程，不是支付，而是一种统治行为，一种强取。[10]

阿尔弗雷德·米切尔·因内斯有另一个论点。这位经济学家的模型假设面包师在想买肉时面临一个问题，也就是卖肉的人已经有足够的面包了。这迫使面包师不得不像其他专注于储存的人一样，总是主要储存一种紧俏的商品：金钱。但这个结论并非强制性的。如果屠户在已有足够面包而没有接受面包的情况下向面包师出售肉类时，就没有从中产生商品与金钱的交换。它更多的是遵循信誉和货物交换。明天屠户真的需要面包了，他会得到来自面包师的偿还。这种双重巧合问题的解决方案的中心不是金钱而是延期付款。你真的会相信像硬币一样抽象的东西被发明出来，是因为人们不能等待吗？

让我们从20世纪初的世界经济模型回到公元前600年后的爱琴海，并回到最早由证据证实的钱币的特点，它们的材质、重量、所铸造的正面和背面。因为它也是货币：作为金属制的支付手段与产地标记的组合，金属制品作为支付手段就像你可能会想到的特洛伊祭司的黄金，以前也已经存在过的，产地标记同样就像以前玉玺是象征国家尊严的标志一样，是众所周知的。早在1837年，英国钱币学家托马斯·伯格就将硬币称为“盖章的金属”。[11]主要是在美索不达米亚，有各种各样的经济形式：合同、信贷、利息、价格变化。

但还没有钱币。

吕底亚人最早的硬币由金属合金制成。让人震惊的是这种“萨尔德斯银币”（萨尔德斯是帕克托洛斯河附近的吕底亚的首都）是一种天然存在的金银合金，两种金属含量占比存在一定波动。与纯银块或纯金块相比——例如荷马的“非常多的金子”——合金的确切金属质量并不确定。有时硬币中会被掺入铜，以平衡不同成分产生的重量偏差。经证实，银的比例在20%至75%之间，有时甚至在铸币之前就添加了银。

但是为什么最早的硬币在其金属成分相当不确定的情况下仍被人们接受使用呢？毕竟黄金的价值当时就已经远超白银。从古代到近代金和银的价值比为1∶13.5。也就是说这并不是以金属的采掘量和需求为基础的稳定市场价格，而是因为太阳和月亮天体运行速度是按这个比例分配给它们的。在维特鲁威的第九本建筑学图书中，他讲述了希腊数学家阿基米德如何首次通过确定一个皇冠的金含量来发现物体特殊比重的。据说，他首先将皇冠和一块同等重量的金块浸入水池中，证明皇冠中肯定含有除金以外的东西。但阿基米德生活在公元前3世纪。当时无法确定不同的比重以及相同重量的硬币的金属组成成分。[12]

然而，已知人类最早的硬币几乎是同样重的。吕底亚的平均重量为4.71克的“三分尼的古银（铜）币”可允许的误差在0.02～0.1克之间，毫无疑问它们是有标准尺寸的。同样，在阿耳忒弥斯神庙中发现的无论是由合金制成的块状体还是硬币都是等重量的，时间可以确定在公元前560年之前。由于其中一些没有铸造特征，另一些有一面或双面的标记图案，看上去当时的人似乎在短时间内完成了货币开发：从标准化的普通金属片到经过印章公证的金属片，再到有当地徽章的硬币——有的硬币有皇家狮子，有的有埃伊纳岛的龟，或罗德岛的玫瑰，或米洛斯的苹果，或基齐库斯的金枪鱼或福卡的海豹。此外，在今土耳其艾菲索斯发现的一些硬币上有一个名字，研究者猜测是吕底亚一个国王的名字。最初，在硬币上打孔用于证明硬币不是镀金的，后来发展成通过压纹图案证明原产地。[13]

如果比较所有这些早期硬币，你会注意到它们的重量是标准化的，但不同的政体所用的硬币重量不同：吕底亚一个标准硬币重量为14.1克，萨摩斯岛的为17.5克，而福卡的标准硬币重量是16.5克。这也说明最早的钱币并不用在远距离交易中，主要在当地流通。合金与铸币一起使用表明，政治权威人士通过铸造硬币压花符号，确保各个硬币的支付价值可适用于更大的金额和他们自己的势力范围，无论这些硬币含有什么天然金属成分。硬币是具有政治印记的标准化金属。它们作为支付手段的价值通过规定确立下来，它是交流的保证，不受材料性能的影响。很久以后，在公元3世纪，罗马法学家朱利叶斯·保罗斯明确指出，对其价值具有决定性作用的不是硬币的“实质”，而是它的“公共形式”。但是，更准确地说，只有金属和它的价值的设定这两者在一起，才能构成硬币的支付特性。[14]

但是，如果规定不同硬币的金属含量相等，那么硬币的发明是不是成了仅仅让合金超过流通价值的策略呢？货币的起源就是一种国家欺诈？对于起源经常有这样的解释：有人引入了一项革新，其他人都看到了它的好处，但没有看清他们所参与的活动的实质，当他们发现缺点时，为时已晚。因此在货币发行之初，城邦试图通过发行带有本国政治印记的支付手段来表达自豪感的行为是一种欺骗行为，至少是自欺欺人的。其代价是执政者对个人的诓骗，是以不良货币换取商品的不平等交换谋取资源的形式。但问题不仅仅是为什么一多半的希腊城邦没有发行硬币，还在于如果货币使用仅具有政治功能，那么它是如何在经济上发挥作用的。[15]

如何才能强迫人们接受这些可疑的硬币呢？为什么硬币的发明者是那么狡猾，而它的传播者却是那么愚蠢，或者说至少是幼稚的呢？根据古代历史学家罗伯特·W.华莱士的说法，对最早的硬币的解释肯定要从两方面来理解：它们对发行者的盈利能力以及它们在接受者当中获得的认可。在一个黄金远贵于白银的世界里，没有印章标记的合金是会被怀疑其具体价值的。模压冲制和铸造用于消除这种怀疑并保证人们接受。这些硬币便于点数，而不用于称重。公元前550年前后的小亚细亚出现了所谓的灌浆技术，其过程是通过加热和盐-银反应把黄金从硬币中分离，这可能触发了向纯银币的过渡，而不再是这种合金制币。它们也有自己作为支付手段的价值，而不是作为使用客体，被融化后加工成其他商品。不是商人，不是“私人”，而肯定是政治当局将其带入商品流通并确保其支付功能。压印图案并不表示金属的质量，而是硬币的支付能力。

是什么导致货币成为支付方式？要回答这个问题，货币的两个区别于其他支付方式的功能是一定要提及的。货币是一种价值标准，它用一件物品来表达另一件物品的价值，并且货币勾销了债权，支付过后，债务一笔勾销。

我们再比较一下货币和信用卡。信用卡的概念本身具有欺骗性，因为它的使用会导致借款，包括利息承诺，把它称为“债务转移卡”会更确切。谁购买商品，就意味着他之前已接受了一种合同关系。卖方针对买方索款，买方欠付款。如果以现金支付，卖方接受这种方式，索款取消，这一经济事件结束。如果买方想要通过信用卡付款，则可能被拒绝。对此没有人必须接受。为什么不呢？因为接受信用卡与现金存在一种差异：信用卡付款后，索款不会消失。它只是被推迟，现在已成为卖方对信用卡公司的索款。为此信用卡公司拥有对买方银行的索款权利。简单起见，我们假设买方和卖方在同一家银行持有账户，降低对买方账户余额索款的风险，增强卖方接受信用卡支付的可能性。只有当卖方提取现金时，持续不断的索款才会结束。

因为纸币和硬币不代表任何索款。那它们又是针对谁的呢？人们不能用50欧元的纸币在中央银行换取任何东西。人们只能改变它。它所代表的无非是和它一起付钱的权利。一切运转正常时，金钱代表了购买力，反之则什么都不是。如果谁要将其保留供以后使用，那么就需要找到准备接受新买卖契约的人。[16]

有哪些债务是通过最早的硬币偿付的呢？如果假设最早的硬

币具有政治性的、以当地群体为特征的压印花纹，则私人债务很难考虑在内。相反，人们必须考虑政治债务和针对政治当局的私人索款，它们通过支付硬币来实现：例如士兵的军饷、在任者的工资、运动员的奖金。在这里，硬币的印记应该保证支付与购买力的实际联系。反过来，执政当局坚持要求以现金支付罚款或军税，因此，硬币的所有者能够在触犯法律和税收索款中赎买自由。这是公开承诺的，因此首先是公共义务引发了支付应该标准化的想法。[17]

这导致货币的第2个功能，即成为价值标准。早期的社会是如何通过一个唯一物品来表达其他不同物品的价值的？在货币经济出现后不久的小亚细亚和荷马时代的希腊，货品价值的第一个衡量指标既不是黄金也不是白银，而是牛。《伊利亚特》的叙述者在第六首歌中感到惊奇，宙斯使帕特洛克罗斯如此迷惑，“他没有思考/换取英雄狄俄墨得斯的盔甲，金色的光荣/交换，它值一百头公牛，其他的值九头牛”。无论是什么，不管是“换四头牛”的女人，“换十二头牛”的容器，还是“一百头牛”的奴隶，荷马通常用牛来表示价值的大小。[18]

然而，就此说牲畜在硬币出现之前被用作货币是不对的。因为牛并不是满足日常需求的常用交换方式，所以并不是用牛来支付，换取妇女、容器、奴隶，而是牛的价值。大多数时候当必须扣除大量价值量时，牛可以成为许多易货商品中的一种。尽管如此，古代拥有的大牲畜并不多——地中海的地形并没有为人类提供很多牧场。甚至那些拥有牛的人也不能轻易地将它们运送到更远的地方用于商业目的。另外，牛肉在分解后很难保存。人们会想要一种不太适合的交换媒介吗？看看公元前1275年埃及的一项条约，还有其他更古老的资料，它们都表明了价值标准和交换媒介之间的区别：奴隶在这里以一定的白银价格出售，但不是用白银支付，而是用相同价值的货物来支付。在硬币出现之前，价值标准并不等同于支付手段。[19]

但为什么在史前社会偏偏是牛成为一种基准呢？答案在于它的宗教仪式功能。这不是人与人之间的交换，而是人与神之间的交换，它带来了希腊人的第一个价值标准：牛是用作祭祀的动物。在原始历史交换中最重要的取决于交换的物品，这种交换还不是商业行为，而是对神的崇拜。根据神的信仰，人们从畜牧业等收益中对神进行“支付”，并从神那里得到了回报，换取好天气、健康和丰收。后来，交换关系变得更加抽象，上帝不仅仅是农业丰收的支持者，而是对所有事物都有所帮助。荷马史诗中的英雄不仅为了食物或天气而祭祀，而且需要在战争中得到帮助。经济史学家伯恩哈德·拉姆在1924年针对早期货币在希腊人的政治和宗教世界中的嵌入提出了一个非常有趣的分析结论：“如果将上帝与人之间的关系视为一种义务，那么这种从众多剩余商品中所凸现出来的物品，可以作为一种融媒或一种支付手段；当献上祭品是一种交易行为时，祭品也可以作为交换手段。”献祭的要求很严格，只有高质量的动物才能用作祭品，在当时主要是牛。因为祭品本来应该安抚众神，希腊人赖以生存的食物也没有剩余。祭品不是个人的礼物，而是针对集体的交换对象，应该给所有人带来回报，因此要标准化：“从动物群中选择牛作为祭品是经济思想的第一步。”最早的集体标准化生意是和众神做的。在神庙中牛被“支付”，然后集体消耗。[20]

除了崇拜神灵的祭祀之外，还有第2种支付，它导致固定价值标准的形成，创造了一种物品能够决定性地代表其他物品的观念：所谓的被杀赔偿金。这被认为是一种补偿性支付，是在史前社会为谋杀而支付的，以便让被谋杀者的亲属保持平静。被杀者的亲属要复仇，因为他们担心死者由于没有谋杀者的补偿性支付（献祭）而无法安息。让一个凶手赎罪的死刑最初是一种祭祀，时至今日仍然有神秘感，否则被谋杀的人不会安息，尽管事实上只有获得了他们损失的一种等价物的生者才会冷静下来。在已逝去的好友帕特罗克洛斯坟墓前，阿喀琉斯为他献祭了12个年轻的特洛伊人，就像在祭坛上一样。[21]

因为被当作祭品杀死的人的每个亲属都有要求杀人者赔偿，即复仇的动机，所以以人献祭可想而知会导致冤冤相报。用牛赔付被杀赔偿金终止了无休止的被杀与复仇。接受为一个死人准备的动物牺牲，也就是一种结束债务的付款，就这方面来说解决了一个问题，一个对于社会来说，不解决就会比缺乏需求巧合的物物交换更具破坏性的问题。正如以社会性祭餐为目的牛的支付偿还了与众神的一笔集体债务一样。在这两种情况下，已经描述的货币的特点都会起作用：不仅可以推迟索款，还可以解决索赔。但是最初的牛，后来的动物符号、贵金属以及最后出现的硬币必须作为普遍的债务补偿媒介先被接受。换句话说，必须要有替代的概念：一种特定的祭祀品可以被另一种所替代。艾杰克斯指责阿喀琉斯是残酷的人，因为让他参加特洛伊战争的代价太大，被杀赔偿金对他而言是象征："即使是兄弟被谋杀/或者儿子死亡，也有人会接受赎罪。"[22]

支付牛或贵金属已经要取代活人祭祀。神在某种程度上不再被想象成对人类或动物饥渴的形象——梭伦在公元前600年前后禁止在雅典用牛祭祀，在某种程度上，带有动物或植物穗子标记的符号作为偿还债务的手段而盛行。"货币"在语言上与"Gilde"（教徒工会，兄弟会）和"Vergeltung"（相互报复）有密切关系；拉丁语的"pecunia"指的就是"金钱"，来自"pecus"一词，即牲畜；"Obolus"（希腊古代钱币）派生自希腊语"oboloi"，是用来吃祭祀动物的烤肉叉子；"古希腊银币单位及希腊现行货币单位德拉赫马"最初指的是"一把烤肉叉子"，同样也意味着仪式联系，这种模压冲制过的付款方式的起源归功于这些联系。有零星的迹象表明，硬币出现之前，在德尔福，铁制烤肉叉子实际上可能具有过交换价值——它是否可以被称作为"金钱"是值得怀疑的。但这一点足以让我们判定是金属物体履行支付职责的初步实施阶段。[23]

用金、银或合金来造币也可能适用于此，因为贵金属具有神奇的品质。在希腊语中被称为"agalmata"的东西，指的是珍贵的东西，作为客人或结婚的礼物，作为祭祀神的礼物，或者作为奖杯流通。在一些地方比赛中，运动员的奖励不仅有青铜容器，而且还有钱币，而在全希腊的比赛中，在获胜现场颁发月桂花环，奖金奖品在运动员的家中兑现。像神话中的金羊毛这样的礼物通常是用金或银做的。第一枚钱币让人想起护身符，这是给普通小人物的神奇奖杯。

英国钱币学家托马斯·伯格提出所有古代钱币的图案类型都涉及宗教训诫。因此古代钱币被赋予两种信念：拥有可以触发的力量的信念，因为有一种价值隐藏于其中，通过国家的压印盖章对此作出保证。还有一种是对政治性团体的信念，金钱使用者通过使用金钱与之发生联系。货币的发明是个人主义和集体主义相互促进的典型例子。自由表现在货币提供的选择可能性中，因为人们可以摆脱束缚并依赖于确保媒介可用性的政治集体而购买，这两者不是对立的。[24]

金钱的诱惑性从一开始就存于钱币的这两个信念之中，一方面对可触发力量的信念赋予个人以任性方式行事的可能性，而另一方面，对政治团体的信念会将其吸引到社会的政治经济中。例如希罗多德所说，他的第一本书几乎都是关于吕底亚人的！除了那里山中的金粉和做妓女的吕底亚女儿用她们的财富为政治纪念碑提供资金外。应该说，金钱的发明者是贿赂和道德边界转变的发明者。金钱使人们从社会习俗中解脱出来，使人听命于暴君（吕底亚的古阿斯），即使金钱进入流通的人。暴君总是倾向于贬低硬币的价值，或者在任何情况下随意地决定硬币的价值。此外，很快就有人注意到所有人所做的一切就是尽其所能为自己赚钱。希腊神话、诗歌和政治叙事都充满了金子、金钱和交易的故事，从米达斯国王到克罗伊斯和波利克拉底，再到索福克勒斯的《安提戈涅》中克里昂哀叹："因为所有一切当中，盖上章印的，就没有什么是糟糕的，就如这白银，所有的城市受其诱惑，吸引男人走出家门。"简而言之，钱被认为是麻烦制造者。因为它成为异常行为的诱因，并且它将每个行为与另一种行为所能获得的收入进行比较。"这值得吗？"这个问题在一个货币世界中提出与在一个没有金钱的世界中是非常不同的。因为自从有了金钱，不只是苹果与梨可以比较，而是所有东西都能够比较。[25]

第十六章
无分好与坏
一夫一妻制的起源

毫无疑问，狗是忠诚的。但因此我们就应该拿它当一个范例吗？它忠于的是人，而不是狗。

——卡尔·克劳斯

据说没有爱情的婚姻是不正当的，那爱又是什么呢？这个问题出现在1889年出版的列夫·托尔斯泰的小说《克莱采奏鸣曲》中著名的列车车厢段落中。主人公波兹德内谢夫被告知，这是很简单的："爱情是对一个男人或一个女人的排他性偏好，凌驾于其他所有人之上。"波兹德内谢夫反驳道："偏好？多久？一个月或两个月，或半个小时？"当对方以"非常长"和"有时是整个一生"来回答时，他很愤怒。实际上这种情况从未发生过。每个男人都会感受到，这里被称作爱情的东西，是对每一个漂亮女人的，如果要他在一生只对唯一一位女性有爱情的感觉，那简直是一个不可思议的巧合，这一点也同样适用于女性。那些人以前就了解可以预见到的不幸，只有在最初的时候爱着对方，仅仅是，还在追求的时候。波兹德内谢夫认为，魅力的命运是过饱和的。反过来，精神和灵魂上的亲密关系也不需要婚姻。没有人会为了某种理想而睡在一起。如果交配是婚姻的中心，那么这是一个骗局，因为交配对于婚姻不是必要的。自然中的状态是多配偶制，即一夫多妻制和一妻多夫制。任何强迫一对男女结婚的道德都会导致苦难的深渊。[1]

托尔斯泰不仅了解婚姻，他还了解达尔文的学说。如果他发现他的主人公波兹德内谢夫的观点与后来的进化生物学对一夫一妻制结论是一致的他可能不会感到惊讶。波兹德内谢夫是极度渴望爱情的，根据他这样的人的观点，一夫一妻制是极不可能的情况。虽然有些动物在家庭组成方面似乎与人类相似，尤其是19世纪研究者在鸟类中已经观察到这种情况。但首先，人类并非源自鸟类。其次，在与人类更接近的哺乳动物中，配对行为的形式非常多样，涉及到一个动物有多少性伴侣，由谁专门负责照顾后代等。[2]

关于这种多样性是如何产生的，谈的最多的是动物性伴侣的不同生殖利益。第一个论点是由英国遗传学家安格斯·约翰·贝特曼在1948年提出的，他是通过一项后来证明存在严重缺陷的研究得出自己的结论的。通过对果蝇的实验，他认为能够得出普遍性生物学原理，即雄性动物的繁殖成功率与性行为的次数成正比，而雌性的繁殖成功率不会因交配次数增加而增加。此外，雄性繁殖成功显示出很大差异：在观察期内，它们只有极少数的雌性伴侣，但超过1/5

的雄性在观察期内没有后代，因为它们没有被接纳成为雌性伴侣。贝特曼对此的解释是在动物王国里，雌性向每一个卵细胞中投入了大量的能量，而雄性即使面对大量精子细胞也几乎没有投入任何时间和能量。因此，雌性对性伴侣是挑剔的，因为配偶选择错误会让它们的基因在传递过程中付出巨大代价，而对雄性动物来说，这与个体交配的关系没有太大关系。因此雌性是稀缺的，雄性会为了雌性展开竞争。此外，雌性的初始投入更多地将它们与后代，而不是与雄性联系在一起。[3]

这样的描述（通常伴有女性害羞保守，男性鲁莽急切的社会刻板印象）对理解一夫一妻制有什么帮助？首先，一方必须承认每对伴侣都有两个，这意味着两性中的任何一方都不能比另一方滥交。生物学理论说，配对形式是两个要繁殖的个体之间的相互剥削。雄性性伴侣的贡献越低——特别是如果它除受精之外再无贡献，一夫一妻制就越不可能。只有当雄性一方也负责照料，包括取食，筑巢，保卫觅食领地，雌性和后代，并参与下一代的教育时，两性之间能量消耗的初始差异才会减少。但这些承诺义务并没有改变生物学上意义重大的策略性欺骗。雌性会根据两个方面决定被骗可能性：雄性遗传基因的“健康（适合度）”，这个在身体体征上寻找，另外就是看对方成为顾家又能养家的好伴侣的可能性。

如果配对出现一夫多妻，即当特别有吸引力的雄性有几个性伴侣时，那雄性之间的竞争会非常突出，因为那样的话对许多雄性来说很可能甚至连一个性伴侣也找不到。生物学家谈到一种“一夫多妻制门槛”时说，对一个雌性而言与已经配对过的雄性结合会更有利，因为他的身体和领地，甚至与雌性竞争对手分享他的资源，也比等待下一个身体和领地更富有的雄性更有希望得多。如果雄性在后代出生后对其漠不关心，也没有理由出现一夫一妻制。因此，一夫一妻制在哺乳动物中很少见，只有3%—5%的物种——10%—15%的灵长类动物——生活在一夫一妻制的群体中，例如狨猴、长臂猿、海狸、一些海豹、狐狸、獾和猫鼬。[4]

动物配对模式的多样性是由能量利用、物种特有的繁殖特征、相关物种的社会特征和生态因素的相互作用的结果。雌性的空间分布可能过于分散而不允许除一夫一妻制以外的任何方式，雄性则会有参与抚养后代的意愿。如果所有雌性同时繁殖，这将使雄性更倾向于确定的配对，保护孩子免受其他雄性杀害是另一个动机。最后，根据物种的不同，阻止其他雄性和雌性通过攻击性行为接触性伴侣的可能性也大不相同。有时甚至发生在同一个物种中。篱雀在鸟类学家中很有名，它不仅可以在一夫一妻制的群体中生活，还可以适应一夫多妻（一雄性，两雌性）、一妻多夫（一雌性，两三个雄性性伴侣）和多妻多夫（两个、三个或四个雌性，分享两个或三个雄性）。食物在其栖息地中分布越密集，雄性越有可能接触到几个性伴侣。[5]

因此，一夫一妻制在生物学上是罕见的。只有雄性多的配对形式更罕见，因为一妻多夫中的雄性动物还不如一夫多妻制中的雌性动物。相反，就人类而言，社会性一夫一妻制的夫妇是早期人类社会的普遍现象。生物学家根据雄性和雌性生物体重和身长或身型大小差异推断出一夫多妻制的普及程度，因为在争夺雌性的争斗中这些特征差异会清楚地表现出来。生物学家发现人类两性的这一因素只有1.15倍，并且通过非洲南猿阿法种也已经证明过了。然而与大猩猩和红毛猩猩不同，一夫多妻的黑猩猩两性之间的体型几乎没有差别，因此这个参数本身只能得出待确认的结论。

显然，对人类儿童的抚养教育比养育动物幼崽更复杂。人类成长更慢。人类在一岁时大脑发育到成人大脑大小的一半，而猴子和直立人在同样的时间内大脑能发育到成年者的80%了。与类人猿相比，这种缓慢的成长戏剧性地伴随着更长的预期寿命，此外这导致人类父母经常需要同时照顾几个后代，而动物界的抚育几乎总是连续进行的。父母一方照顾孩子，另一方提供保护尤其是获取食物，人类这种一夫一妻制的配偶组成对后代而言是一种生存优势，因为这大大降低了儿童死亡率——这种配偶组成允许劳动分工，能使伴侣之间相互支持，相互依赖。同时，人类的独特之处在于他们将一夫一妻制与群体生活结合起来。在少数以家庭为单位群居的类人猿中，这些家庭总是由一个雄性和他的“后宫”组成。[6]

然而，人类相对于近亲种群的特殊性之一是一夫一妻制和一夫多妻制的结合。在类人猿中，成年雄性要么是一夫多妻，要么没有异性伴侣，而人类可能一夫一妻制和混乱的性关系同时并存。19世纪受维多利亚时代的影响，盛行一种观点，认为鸟的配对方式是证实婚姻存在的自然模式，直到20世纪。1968年，属于一个时代，对一夫一妻制鸟类的类比被整个青年运动抛弃了，有名望的鸟类学家证明了超过90%的鸟类物种是“忠诚的”。但是40年来，通过DNA分析，人们越来越清楚的是，许多种鸟类都是另一种模式，即一夫一妻制群居和婚外性行为相结合。即使是天鹅，也被发现了不忠的行为。[7]

这就导致了动物和人类在一夫一妻制方面最重要的区别。在动物王国里，一夫一妻制似乎是由雌性的空间分布、同类谋杀幼崽的威胁或相同的交配和繁殖期所引发的。但对于史前人类来说，这些因素并不是解释其原因的因素。更确切地说史前从一夫多妻制到一夫一妻制的配对过渡似乎与狩猎-采集社会向农业社会和先进文明的过渡同时发生。在人类历史上，一夫一妻制从此变得普遍，不再是性交配模式，而是与一系列性行为相关的社会配对规范。规范在这里意味着作为一种社会期望，在法律和道德上得到支持，并且即使有违规范，令人失望也并不总是被放弃。因此，我在这本书中所探究的人类文明成就的最后一个起源是很特别的。因为没有人会否认直立行走、语言、音乐、农业、城市、史诗或者成文法律的存在。但是，一夫一妻制多被认为是一个神话，一种虚伪的主张，一种自我欺骗，特别是与其充满激情的推理词汇相结合时：“你，只有你是一个人。”

事实上，自从文明开始以复杂的方式发展以来，就有了其他各种各样的可能。例如，在狩猎-采集社会中多元婚姻占主导地位。在1980年前后编目的约1200种民族文化中，一夫多妻制是常态的占一半以上。正如我在关于城市和史诗的章节中提到过的，早在最早的城市出现时就已经存在制度化的卖淫，也存在制度化的妻妾制，例如在泰国，长期以来有正妻（mia yai）和妾（mia noi）的区别，正妻照顾家庭，妾随侍丈夫，在以性为目的旅游服务及其带来的染上重疾的后果影响下，妾的身份比妓女更受青睐。富有的专制君主占有大量的女性，特别是欧洲贵族所代表的文化将婚姻视为一种利用政治承诺的公约，但只有那些重视婚姻的人才会认真对待性。由于离婚的可能性变强，多配偶制也成为一种正常的现象。[8]

起初，对社会化的一夫一妻制的期望也只是少数高度文化性社会的一个区域性特征。它只是在最近几个世纪才在全球蔓延开来。1887年在日本，1953年在中国，1955年在印度首次宣布禁止一夫多妻制。摩门教于1890年正式宣布放弃其一夫多妻的传统，此前在1862年，美国通过反对重婚的法律时提及摩门教徒之后，因遭到反对而没有执行。大多数社会性的一夫多妻的土著文化中涉及到的都是小而简单的群体，这种一夫多妻制的繁殖模式通常被认为是对“病原体压力”，即感染威胁增加的进化反应。这种生活条件不仅有利于基因差异很大的夫妻，而且还能使那些对流行寄生虫有抵抗力的男性成为特别有利的性伴侣。[9]

其他解释长期存在的一夫多妻制家庭模式的假说不是基于生物不平等，而是基于社会不平等的研究。例如，在男性之间存在巨大的收入差异条件下，一夫多妻制将成为主要模式，因为年轻女性——或者是决定她们“归宿”的父母——如果可能的话，宁愿成为富人的第二个妻子，也不想成为穷人唯一的妻子。这种观点的论证遵循以下模型逻辑：假设在一个由100名女性和100名男性组成的群体中进行配对，使得那些最有吸引力的个体之间以某种标准排位配对。每个人都会得到一个伴侣：女性中的第一名和男性中排名第一的结婚，依此类推。一夫多妻制此时被引入这个一夫一妻制的群体，排名第40位的女性嫁给了排名第10位男性，这位男性能提供的——例如财富方面——是排名第40位男性的两倍多。从排名第41位的女性开始，所有女性都向上移动：排名第41位的女性和排名第40位的男性结婚，排名第42位的女性和排名第41位的男性结婚，排名第100位的女性和排名第99位的男性结婚，只有排名第100位男性现在找不到女性伴侣。一夫多妻制对个别高级别的男性有好处，他们可以独自拥有一部分女性，甚至几乎所有的女性作为伴侣，因为他们变得越来越少数化，也就是说男性的吸引力越不平等，被独占的女性越多。对中国、印度等世界上古老大帝国的家族史的回顾印证了这一假说，就像希腊人的第一部史诗《伊利亚特》，其起因就是将领之间对一名作为战利品的年轻女性的争夺，[10]其中一人是已婚的。

另一方面，在希腊的第二部史诗《奥德赛》中传为绝唱的关于一夫一妻制的歌曲，只不过说的是主人公踏上返家的征途，他的妻子和儿子在家期盼着他。作为婚姻标准，社会性一夫一妻制已发展成两种不同的社会类型：在不存在地位悬殊差异的小型边缘化群体中，没有刺激女性成为某人“第二任妻子”的诱惑动机，在美索不达米亚、古希腊和古罗马这样的城市社会中，法律强制执行这种家庭组成形式。人们称第一种情况为“生态增强型”一夫一妻制，第二种情况是“社会强加型”一夫一妻制。如果人们比较狩猎-采集经济（大约11%是一夫一妻制配对形式）、以园圃为食的实践农业经济（大约30%是一夫一妻制）和农耕经济（大约40%是一夫一妻制），可以看出一夫一妻制的影响越来越大，配对规范与社会生产方式之间存在联系。生态一夫一妻制与社会一夫一妻制之间可能存在联系。对此有一个可能的理由是伴随社会向农业经济转型，当地群居人口规模增长。狩猎-采集社会通常只有几十名成员，并且在空间上是孤立的，但农业型居民点通常由数百名个体组成，此外还与其他定居点互有来往。在人口密度较大的社会群体中，细菌引起的可传染的性病影响较大，特别是在一夫多妻的性行为是常态的情况下。因此，一夫一妻制具有选择性优势，甚至可能超越强制执行一夫一妻制付出的代价。[11]

但不能由此推断农业与一夫一妻制之间有紧密的联系。法老时代的埃及和阿兹特克人、印加人的国家一样是一夫多妻制。因此，试图解释这一点的人更多地是脱离了性行为的环境条件，大多是在争论婚姻规则的社会影响。一夫多妻制用生育的不平等补充经济和政治的不平等，加剧了社会不平等。例如，在某些特定的历史局面下，经济和政治的上层阶级必须考虑到所有男性居民，因为他们中很多人显然在一夫多妻制的社会中既没有性也没有家庭。禁止一夫多妻制，缓解因其造成的适婚女性分配不均，实现更普遍化的婚姻，可能是那些彼此之间存在竞争的城邦争取公民普遍认同感的一种手段。也可以这样说：一夫一妻制婚姻作为一种规范会减少社会中男性的性竞争。

从这个角度看，从生态一夫多妻制向社会一夫一妻制的过渡可以与其他减少社会竞争的制度相提并论，例如，精英纳税或把雇主的份额引入社会保险：作为政治性的再分配。由此可见，一夫一妻的形式也为很久以后的一人一票制奠定了基础。一夫一妻制的婚姻可以归因于政治妥协和多方利益相关者集体行动意识的出现。以希腊为例，在精英阶层比以前更弱的政治背景下，结束王室统治是过渡到社会一夫一妻制的必要条件。从《伊利亚特》到《奥德赛》当然并不是从贵族统治社会迈出的一步，更谈不上平等主义或政治民主的社会。从当时的社会走到梭伦的家族法还需要更多的时间。西方法律之父梭伦在公元前6世纪初从家庭模式中对女性和非婚生子女的身份进行了定位。但对小家庭，至少是女性对婚姻的忠诚，也有对一夫一妻制中男性的赞美，都被广泛接受了。[12]

据推测，因为一夫多妻现象的减少，无婚姻男性的数量减少也降低了社会上产生不正常行为的频率。地位低的未婚男性，没有希望组建自己家庭的，对未来不抱希望，容易在社交和性行为方面做出危险行为。对中国、美国和印度这些非常不同的国家的研究表明，处在已婚阶段（不是生活在非婚姻的共同关系中）的人犯罪倾向至少降低了1/3，暴力犯罪甚至降低了一半，虽然目前尚不完全清楚婚姻对职业选择产生的影响，例如，婚姻也有可能让人变老，但它和避免暴力行为有关。作为“父母是供养者”理论的社会学变体——从某种意义上说，已婚男性在较长一段时间内可能表现得不那么自私——这种假设看上去是合理的。在公元前100年前后，罗马有一位检察官说：“婚姻，如你我所知，是烦恼的根源；然而，人们必须结婚，这是出于公民意识。”[13]

这种表述不能掩盖这样一个事实：不管是在希腊还是在罗马，一夫多妻的性生活方式是司空见惯的。奴隶的存在使这样的生活方式也能同时维持社会性的一夫一妻制。婚姻不仅意味着生儿育女，还意味着嫁妆、财产所有权和遗产。一夫一妻制和一夫多妻制之间的选择一直也是一项经济决策。没有什么比法国历史学家保罗·维恩讲述的年轻卡托的故事更能体现这一点了：卡托一手操控，把自己的妻子转让给一位朋友，后又再娶她，顺便攫取了一份巨额遗产。这些历史发现导致弗里德里希·恩格斯在1884年关于家庭起源的文章中提出，一夫一妻制是私有财产的结果，私有财产将经济从最初的部落形式的共同财产制中解放出来，共同财产制在恩格斯看来是平等主义的和滥交的。这样看来，婚姻还具有保护财产的意义。那么，我们只是因为有财产意识而实行一夫一妻制吗？这可能会扭转社会生物学的观点，即财产的意义在于吸引女性。[14]

社会性的一夫一妻制和财产都成为人类早期高等文明中的政治成就。人类学家劳拉·贝齐希对一夫一妻制历史进行了广泛研究，并发表了大量研究论文，她引用了皇帝奥古斯都对罗马的一夫一妻制男性们的评语，说他们是罗马的头号罪犯，他们甚至比凶手更恶劣。为什么？因为罗马人有自己的小家庭，同时又通奸并生育非婚生子女，这让他如芒在背。在他看来，这些人就是那些非婚生儿童的“谋杀者”，因为他们没有让那些儿童成为合法的继承人，并将他们抚养成人。男性罗马公民之所以这样做的原因是希望留下大笔的遗产并防止他们死后资产被分割。所以他们更喜欢婚外性行为，而不是多娶。在罗马帝国遗产分割中并不存在所谓的“嫡长子继承制”，即第一个出生的孩子继承一切。因此，要“人为”确保只有一个儿子：主要通过婚外性行为，以及婚内的避孕、堕胎和杀婴。另一方面，皇帝对把遗产分配给几个孩子，即更为分散的财富分配更感兴趣，因为这会削弱来自贵族的政治对抗力量。因此颁布法律，补贴父亲陪产，对单身汉征税，强迫寡妇再婚，并惩罚通奸。最重要的是已婚的群体要很大。[15]

做出如上解释的人看到了男性向社会性的一夫一妻制过渡的主动性：要么是那些以此寻求在一个更广泛的基础上建立稳定统治，要么是那些因普遍实施一夫一妻制的特定再分配而受益的人。乔治·萧伯纳评论道，“摆在女性面前的现实问题是，嫁给一个第十等级的男人还是让一个第一等级的男人的10%属于自己，哪种情况会更好？”基督教提倡前者，并加强了古代流传下来的一夫一妻制家庭形式。古希腊、罗马历史专家彼得·布朗认为，早期基督徒的公众形象是由独身主教所塑造的，他们获得富有的女性支持，以照顾那些佚名的、背井离乡的和不受尊重的穷人。这一说法总结了哪些群体有特别的动机，推动了一夫一妻制发展。一个提倡放弃一夫多妻式性生活方式的宗教肯定对富裕女性具有吸引力，它的地位会由此提高。完全得到一个“一流”男人，当然比只拥有这个“一流”男人的10%更好。[16]

这样看来，一夫一妻制似乎有几个起源：美索不达米亚、希腊、异教的罗马和基督教。在现代社会中，经济、家庭法和生物学等观点的结合进一步消解。自18世纪以来，社会性的一夫一妻制的非物质方面得到发展，并逐渐占主导地位。在那之前，对这种两人共同关系的赞美在很大程度上依赖于亚里士多德在他的《尼各马可伦理学》中对友谊的论述：“一个人拥有的具备完美友谊意义上的朋友不会很多，就像很少有人会同时爱上许多人。因为这种友谊自身有一些过分的东西，这种过度的倾向按其天性会集中于某一个人。”

只爱一个女人而不是几个女人是爱得特别强烈的前提条件。正如清教徒在17世纪所说的那样，一个男人和一个女人，在性和社交方面都是同伴，婚姻是一种安慰，追求和希望的是永恒。自18世纪以来友谊关系变得宽松，因为一个人可以同时有几个朋友，这与友谊的意义并不矛盾。从这方面看爱情不是友情的增加。现在所说的亲密的爱情，在同一个时间只有唯一一个对象。为什么？因为它将两个不能相互比较的个体联系起来。“她或他有什么我没有的？”这样的问题无法避免，美丽、善良、风趣诸如此类。社会学家尼克拉斯·卢曼借让·保罗的观点对爱的原因做出解释：“不在于对方的品质，而在于对方的爱。”假设不可比性是爱的前提，那难以言语的爱情就是正常的而不是什么问题。在19世纪的同一时期，色情文学出于这个原因在道德上贬值：对人冷漠，缺乏兴趣。[17]

所有这些都增加了对个性的需求，并且一个人更加不可能满足各方面的要求。这样一来，一夫一妻制不再只是一种生殖模式、一种法律形式、一种家庭结构和对忠诚的主张。它是对爱情的期待。这里所说的在一定时间里只会对另外一个人感受到的爱情，不是有性繁殖的手段，但夫妻间的性行为是爱的表现。然而从社会学角度来看，完全基于爱情的婚姻是不可能实现的。两者之间涉及很多因素。但是，如果如此多的事情依赖于家庭——财产、教育、升迁，人们又怎么能够将一切都建立在无法形容而又容易再次消失的东西上呢？对一夫一妻制反事实的、规范性的坚持似乎已经发展为对这种“混乱”的弥补。如果已经混乱，那么至少还有成双成对的孤立，成双成对的有序。

散文家卡尔马库斯·米歇尔曾写道：“如果一个女人发现她的（一起生活一段时间）伴侣在欺骗她，并因此质问他，他肯定会说：‘我可以向你解释这一切。’但是当一个男人质问他有外遇的妻子或女朋友时，得到的回答是：‘它的确是发生了。’另外，例如他会辩解说：‘我们俩没关系’，而如果是她却反应相反：‘没什么可解释的。’”根据社会生物学和夫妻文化历史，两者都是正确的。在不正当的男女关系中一切都可以解释。但它对人类一夫一妻制的问题毫无意义，因为以爱情为前提的婚姻并不会只因为这种事情已经发生而消失——也可以被忍受、被宽恕甚至被允许。可是有时候在个别情况下这样的事实对双方没有一点儿帮助。[18]

结束语
起源的结束

成为一个起源的原则是应该包含超过整体的一半，并且已经可以对很多人们想知道的做出解释。

——亚里士多德

一个11岁的女孩问起人类的起源。她说，一开始的时候一定还有第三个和第四个人。为什么？假如亚当和夏娃生了该隐和亚伯两个孩子，但仅靠男人并不足以继续繁衍后代。一定还要从某个地方再来一个女人。而且，对孩子来说，这样的想法让人觉得不舒服，亚当和夏娃若生一个女儿，意味着兄弟姐妹之间会再彼此结合，繁育子女。

这个爱动脑筋的孩子提出的问题可以让18世纪的《圣经》评论者看看，它涉及的不只有生物学、历史学或宗教学课程的材料。它辐射了所有三个领域，并包含按原则思考的萌芽。我们应该怎么想象那些起源？是否只知大概或者也有深入了解？或者只知道一些故事呢？为什么那些对起源的描述听起来像真的在历史上发生过，就像《圣经》中讲述的故事？学校课程应该使用这种方式思考，而不是飞快地记住很快会被忘记的东西，这将是一件好事。有一句名言说："教育就是，当一切都被遗忘时所剩下内容。"如果我们在前几页中引证、概述和略微触及的研究的所有细节都被遗忘了，那会剩下什么？除了这些单独的知识收获之外，对于起源探索的收获是什么？

让我们暂时留在生物课堂上。10年前，当质量监督基金会对德国七年级到十年级学生的生物学书进行检查时，得出的结果并不十分乐观。有些课本每三页就有一些实质性的错误。雕鸮吃狐狸，蓝鲸的肠道长度是蓝鲸本身身长的五六倍，也就是1.5千米，这些滑稽可笑的错误都在检查报告中列出。然而，最严重的错误不是说错蓝鲸的肠道长度，而是书里为学生提供了大量这类毫无意义的关于消化系统的信息。他们学习一条鱼有多少个鳃，当他们写下"3"或"8"时，会被扣除分数，尽管关于呼吸系统的思考，至少对于五年级学生的生物学理解力来说起初并不重要，如果不是4个，它可能正好是5到6个。他们应该记住的是，蓝鲸和黑猩猩、鹪鹩在肠道或其他许多方面是如何不同的。这不仅适用于生物学，埃及人在社交行为上的表现与希腊人和罗马人不同，而在文学上歌德与克莱斯特或冯塔纳也表现各异。但是对如何对待这些差异，我们学得太少了。"雕鸮吃狐狸"和相反的说法都具有误导性，雕鸮可能从未吃过狐狸，或者也从来没被狐狸捕食过。我们最好思考一下金字塔或食物链图是否完全符合动物觅食和狩猎行为。

因此，质量监督委员会的调查发现，在德国教科书中收录的大量信息是含糊不清的。只有当信息有助于回答问题，有助于如何进行概念区分时，它才是重要的。准确地说出什么是“打猎”、什么又是“吃”？用什么方式区分动物和植物以及食草动物和食肉动物？为什么以一种语言称呼希腊人，却又以一个城市名称称呼罗马人？什么是“时代”？“古典主义”和“浪漫主义”为何被以不同时代看待，即使它们的很多代表作家生活在同一时代？只需要提出类似这样的问题就可以马上意识到，几乎我们所有人都没有学成毕业。已知和可知的东西的数量无限大于我们应对它们的能力。说到分工，大多数事情我们自己并不了解，但我们知道，在职业活动中专注于一个对我们来说易于掌控的领域，我们也可能对该领域非常精通，其他专家已经负责其余的事情。我不清楚“时代”是什么意思，也不清楚“食物链”这个词有什么意义。特别是早已发生的事实和文化知识——希腊人、罗马人等——似乎是可有可无的，或者仅为了娱乐。这也适用于美索不达米亚人、洞穴居民和许多生活在地面的猴子。

对此，答案是双重的。事实上，这些问题包括进化论、古代史和考古学的问题，只与那些开始研究人类流传下来的，残缺不全又远如银河外星系的过去的东西的人有关，因为面对的是无法改变的东西，他们也就没有探究技术问题的兴趣。因此，狭义上，在这些研究之外没有必要知道为什么地上的猴子会站起来，为什么法律会被写下来，以及烹饪是在4万年前、20万年前还是200万年前出现的。然而，在我们的史前史研究中，没有任何东西不会被数百人组成的科研组和局外人，凭借常人难以理解的精力，细致入微的精神和争辩的欲望探索出来。关于猿人的牙齿在不同书籍和文章中存在不相同的见解，就像维纳斯到底长什么样子和南美洲各个国家的河谷问题一样。我们标注的每个脚注似乎都可以添加出几十个这类问题。

一方面，关于人类早期的信息知识变得越来越准确。另一方面，正如我们所见，每获得一次新知识都会产生一些问题，这些问题又无法简单地通过其他信息来解决。人们应该如何想象从音乐和手势交流到我们称之为语言的词汇、句法和语法的合成物的过渡？为什么解剖学意义上的现代人出现的时间与文化的加速发展之间会有这么长的时间间隔？为什么最早期的农民在神庙中描摹的是野生动物，而不是驯养动物？为什么现金文明能在短时间内连续创造文明成就，却并未普及全人类，例如，美索不达米亚人没有使用货币，希腊人和罗马人都没有用零计算？

我们已经触及过类似问题，但科学并没有解决所有问题，而是推动研究进一步发展。因为这样的信息不会说话，而且早期信息只是少量留存且非常不完整，后世的研究只能靠建立模型才能展开，而模型本身又是不完整的。从这个意义上讲，亚当和夏娃的故事就是一个有缺陷的早期模型，其缺陷被一个11岁的孩子注意到了。在该隐杀死他的兄弟并被上帝画上免受追杀的标记之后，《创世记》

（4:16）说：“该隐离开了主，定居在伊甸园以东的挪得之地。该隐认出了他的妻子；她怀孕了，生下了以诺。”

神话就是这样，充满了不连续性。如果他们需要一个女性使情节继续展开，那这个女人就同样来自挪得之地，除了其所处的方位之外什么都没披露。但不只有神话如此。正如前文提到过的，对文明成就起源的研究也被迫面对类似的不连续性。会是谁接受了第一笔付款，又会是谁读出了第一个文字？人类学家创造了各种模型，直立行走发展的模型，语言的理据性的模型，通过金钱简化的原始货物交换的模型，或者使早期人类进入恍惚状态的原始萨满教模型，他们期望以这种恍惚状态与超凡世界建立联系。这些模型也具有无法证明的内容——它们也有相应的缺陷。有时候，早期的历史学家也会尝试利用当代部落社会的特征研究论证，因为我们无法与过去直接对话。从考古学角度来看，这些叙事和模型是废墟的产物，因为它们将所有缺失的结构和那些对可能的发展过程的思考与总结连接起来。所有没有变成化石以及在装饰、绘画和书写发明之前无法保存下来的东西，都被试验性（暂时）地引入化石上标记出的进程走向中。

因此，这类模型保留了一些不确定的内容构成，因为不断会有新的化石被发现，并且过去的废墟有可能成为整面墙壁。例如，在第一个城市乌鲁克，目前只有百分之几的建筑结构被挖掘出来。安纳托利亚的哥贝克力石阵目前只被视为一个礼拜场所，而不是墓地，但这只是因为到目前为止还没在那里找到坟墓而已。我们对美索不达米亚和中东提及甚多，而且文明起源的大多数假设都考虑到了这两个地区，这也可能只是偶然事件，因为一直以来在这里进行的考古工作比在中国的更多。对于寺庙和宫殿，无论是猜测的还是实际认定的，我们针对它们的研究时间比研究其他建筑物更长，因为相比普通住宅或墓地（除非是统治者的目的），它们吸引了更多早期考古学者的目光。因此，我们的结论只具有选择性（主观性）这一特点从其获取的物质基础开始就已经很明显了。

因此，还会有许多新的起源，伴随着对它们的记录，它们又将会改变。不久前在摩洛哥杰贝尔伊尔豪德附近的一个洞穴中，发现了部分早期人类头骨和石制工具，它们的出土把解剖学意义上的现代人类的出现时间又往前推了10万多年。到目前为止，人类最早的智人化石是1967年在埃塞俄比亚基比施（Kibisch）发现的，估计大约有19.5万年的历史，或者是2003年在赫托（Herto）发现的头骨，也是来自埃塞俄比亚，有超过15万年的历史。现在人类的起源地已从非洲东部转移到非洲西北部，并且时间已经推进到了30万年前。

假设“起源”这一术语的使用是有意义的。进化只知道过渡，各种进化的起源持续了很长一段时间，直立行走和语言的起源表现得最为明显。说到进化，我们不可能将某个标本视为其种属的第一个，也不能将某个标本看成该物种的最后一个。即使是杰贝尔伊尔豪德人——3个成年人，1个青少年和1个孩子——在个体特征上仍然与我们不同。已经10万岁的高龄智人穿着现代时装乘坐如今的公共交通工具并不会引人注目，因为按照现在人们常用的标准判断“你会认出他是人类”——这很有启发性。即使就在100年前，许多同时代的人也会更多地注意到差异而不是相似之处。从社会历史的角度来看，对陌生人归一化的冷漠又不失礼貌地对待是一个相对新的进化过程。

相反，相对古老的是，与大多数小动物群体不同，许多人类群体通过联姻接纳陌生人，以此跨越部落之间的界限。因为已经证明尼安德特人和人类交配，他们甚至不是不同物种的封闭群体。因此，个体生理结构对群体构成和亲属关系构成不具有决定性作用。托马斯·维恩和弗雷德里克·L.库利奇在他们那本关于尼安德特人的书中说，如果你在一个公共汽车站遇到尼安德特人，虽然他有一张与众不同的面孔和一个异样的头，“但他不寻常的外表又不至于让你迅速躲开他，步行至下一站等车。”

人类群体的这种特殊性，在特定情况下极易被接纳，但这不等于对陌生人普遍友好，甚至不能等同于异域意识的消失。人们对陌生人的态度千差万别。这里重要的不是怎么和他们打交道，而是要和他们交往，并且为生存而战并不是人际关系中唯一的社交模式。说到人类早期历史，我们面对的是孤立存在的、超过25万年的头骨出土物，即使在个别出土地这些出土物都是“看起来来自复杂多样的种群”，就像杰贝尔伊尔豪德的骨头所呈现的那样。

因此，必须将与起源有关的知识和从其中学到的知识以及适用于它们的研究区分开来。与起源有关的知识是当前的知识状态，其表述中不免会有诸如“可能”“相反”和“关于”等字眼。而我们从起源研究中获得的是对文明时代的需求感受，是当历史新的序列通过农业和城市、国家和文字得以浓缩并在空间上压缩时，一种加速的感觉。

我们从中学到的是，一切新事物都来自于人们看不到的，是一种过渡的某些事物。人们没有把寺庙看作货币经济的推动力，没有把坟墓看作接近神灵的地方及土地所有权的标记。婴儿的哭声包含旋律的连续弧线，与产道、发育历程缓慢和婴儿哭声之间的联系一样令人惊讶，而哭声得不到平息就意味着有危险。还有，大脑周长和社会群体大小相关的推测，以及抓虱子应该是语言的前期形式的猜想。

最终，我们从起源中知道任何一个起源，需要越来越多的东西来实现。没有任何一种文明成就归功于单一的机制、单一的原因。要完成有马、野牛、狮子和熊的洞穴壁画不仅需要技术上的先决条件——例如，彩色颜料和可控制的火焰以照亮洞穴——，而且还需要有利用物体进行交流的认知能力。狩猎以存储为动机，但也需要意识到，不仅是被猎杀的动物，猎人自身也是动物。或者，让我们再举另外一个例子：为了形成由一个特殊阶层，在领地内行使统治意义上的国家权力，根据理论，它需要熟悉集中决策，有成功的猎人和战士以及神授超凡能力，被征服者则要缺少逃跑的可能性，要有盈余可能的经济。因此不论是否遵循各自的假说，对各种起源的研究表明，不仅国家是以它无法保证的条件为基础，所有的一起都是以它们无法保证的条件为基础，种植植物很像宗教一样，叙述像婚姻一样。

因此，对起源的研究符合哲学家格奥尔格·威廉·弗里德里希·黑格尔曾在一所高级中学的演讲中提出的两个标准，当时是为了证明他在1800年前后对古代语言的研究。根据黑格尔的说法，外语语法中渗透着“逻辑教育的起源”，因为它迫使人们思考，思考的内容并不是“像在母语中不加思索地习惯性地产生的正确词序”。同时，古代世界有“对远方有异域感”的特点。这对理解有好处。因为它让人们在求知受教的过程中从自己的现在出发到远方，然后又回到现在，经历了浩瀚而成长。我想说的是：对过去历史的研究是好的，因为这经过对过去的审视证明现在的一切是很难实现的，所有有利于人的事物都归因于对困难的克服，或者至少是在尝试克服困难中发展起来的力量。一切的起源都是陌生和困难的，正是由于这个原因，对它们的研究让头脑恢复活力，这远远超出了临时获得的知识以及理解力。

注释

引言 车轮

1.海尔穆特·泽德尔梅尔的《众多证据：历史的起源》谈到了18世纪对起源争论的研究。汉堡，2003年。

2.引自弗里德里克·沃德·琼斯于1916年在伦敦出版的《树上栖居者》第5页。

3.引自约翰·彼得·卢德维格的《历史亲属关系——关于起源的由来》第1章，1693年出版。

4.参见尼克拉斯·卢曼的文章《社会秩序如何可能？》，出自1981年在法兰克福（美茵河畔）出版的《现代社会知识社会学研究》，第2卷，第195—285页。

5.例如埃尔曼·塞维斯1975年在纽约出版的《国家与文明的起源——文化进化的过程》第18页。

6.恩斯特·卡普的《技术哲学的基础知识——从新的角度看文化的起源》（1877年版，布伦瑞克）第29页起。

7.如果增加另一个自由度，它不再是一个轮子而是一个陀螺。参见奥托·帕茨尔特的《车轮的胜利》第20页。该书于1979年在德国柏林出版。

8.理查德·布里特《车轮，发明与再创造》第41页起，2016年在纽约出版；马穆恩·凡萨的《轮子和车，创新的起源》（奥尔登堡，2004年版）第14页起论述了中东和欧洲的运输；斯图亚特·皮高特1983年出版的《最早的轮式运输——从大西洋海岸到里海》。

第一章 双腿直立、可持续性、坚定不移 直立行走的起源

1.以下所有类人猿到人类的分支都被称为“猿人”，能人和现代智人被称为“原始人”，所有后来的人类被称为“早期人类”；参见弗里德曼·施伦克2008年在德国慕尼黑发表的《人类的早期——通往智人的途径》。

2.米歇尔·布吕内：《来自中非乍得上新世的新人类》，《自然》（418，2002年）第145—151页；米尔福德·沃尔波夫的论文《乍得沙赫人，还是乍得沙赫猿人》，《自然》（419，2002年），第581页起；大卫·毕干：《最早的人类——是不是更少？》，《科学》（303，2004年），第1478—1480页；布莱恩·里士满和威廉·荣格斯：《图根原人股骨形态学和人类生物学的演变》，《科学》（319，2008年），第1599—1601页；伯纳德·伍德和特里·哈里森：《第一次人类的进化背景》，《自然》（470，2011年），第347—352页；罗伯特·福利，克莱夫·甘布尔：《人类进化中社会转型的生态学》，《皇家学会的哲学交易》（B 364），第3267—3279页。

3.参见弗里德里克·沃德·琼斯的论述《在树上栖居的人》，第45页起，引自《特别：人的祖先》（1923年，布里斯班）。

4.欧文·洛夫乔伊：《人类行走的演变》，《科学美国人》（1988年11月），第118—125页（这里特指第120页）；马特·卡特米尔，弗雷德·史密斯的《人类血统》第129—232页（2009年版）。

5.凯伦·R.罗森伯格，文达·特里瓦森：《直立行走与人类诞生：重新审视产科困境》，《进化人类学》（1996年），第161—168页，《出生、产科学和人类进化》，《国际妇产科学杂志》（2002年），第1199—1206页。

6.迪恩·法克，格林·康洛伊：《非洲南猿阿法种的颅静脉系统》，《自然》（306，1983年），第779—781页。

7.引自约翰·哥特弗雷德·冯·赫尔德1784年在里加出版的《人类历史哲学的思想》，（第218页、第216页）：《通过直立行走人类成为了一个艺术生物》；汉斯·布鲁门伯格《人类的描述》第509—549页（2006年在德国法兰克福出版）。大部分完整的同源类型列表，都是在20世纪制订的，见马提亚·赫尔根的《生物技术时代的人类学科学理论》（2008年版），第191页起。（对此条注释我应该向明斯特的莱因霍尔德·施密克表示感谢）。

8.詹姆斯·格雷《动物如何移动》1953年版，第59页起；马特·卡特米尔：《四条腿很好，两条腿坏了：人类在自然界中的位置（如果有的话）》，《自然史》（92，1983年）第64—79页；艾尔伯格和安德鲁·米尔纳：《四足动物的起源和早期多样化》，《自然》（368，1994年），第507—514页。保罗·艾尔斯伯格将投掷石头描述为通过使用工具“解放身体”的最早的人类行为，见《人类之谜》（莱比锡，1922年版），并以《逃离牢笼——人类起源的条件》为题重印（吉森，1975年，第72页起）。参见汉斯·布鲁门伯格《人类的描述》，第575页起。

9.马克·F.狄福德，皮特·S.翁尔加：《饮食与最早的人类祖先的进化》，见《美国国家科学院院刊》第97卷（25，2000年），第13506—13511页。

10.克利福德·J.乔利：《食籽雀：一种基于狒狒类比的原始人种分化模型》，《人类》（5，1970年），第5—26页；舍伍德·L.沃斯本：《工具和人类进化》，《科学美国人》（203，1960年），第62—75页。

11.引自查尔斯·达尔文1871年在伦敦出版的《人类的血统以及与性有关的选择》，第435页起；雷蒙德·A.达特：《非洲古猿：南非的人猿》，《自然》1925年2月刊，第195—199页；《从猿到人的掠夺性过渡》，《国际人类学和语言学评论》1953年第1卷第4章；艾当·鲁思：《运动模式无法预测啮齿动物、灵长类动物和有袋动物的枕骨大孔角》，《人类进化杂志》（94，2016年），第45—52页。

12.卡特米尔·史密斯《人类的血统》第133页。

13.大卫·莱克伦《雷托里足迹保留了人类双足生物力学的最早直接证据》，《公共科学图书馆期刊》（5，2010年），第1—6页；卡罗尔·V.沃德《来自肯尼亚卡纳皮奥和阿里亚湾的非洲南猿的形态学》，《人类进化杂志》（41，2001年），第255—268页。

14.拉尔夫·L.霍洛威：《工具和牙齿：对犬齿减少的一些猜测》，《美国人类学家》（69，1967年），第63—67页；舍伍德·L.沃斯本：《关于霍洛威的工具和牙齿》，《美国人类学家》（70，1968年），第97—101页；克利福德·J.耶丽：《食籽雀》，第8页；又见克雷格·斯坦福《直立，成为人类的进化关键》2003年版，第104—121页。

15.威廉·R.莱昂纳多和M.L.罗伯逊：《比较灵长类能量学和原始人类进化》，《美国体质人类学》（102，1997年），第265—281页；威廉·R.莱昂纳多《人类营养进化的充满活力的模型》，参见皮特·S.恩戈编辑的《人类饮食的进化：知识，未知和不可知》第344页起，2007年版。

16.欧文·洛夫乔伊：《人类的起源》，《科学》（211，1981年）第341—350页；《根据地猿始祖种重新审视人类起源》，《科学》（326/5949，2009年）第74—74页。苏珊娜·卡瓦略的动物实验论文《黑猩猩携带行为和人类直立行走的起源》，《当代生物》（第22卷No.6，2012年）第180页起；伊莲·N.维迪恩和W.C.麦格鲁：《黑猩猩和倭黑猩猩的双足：测试双足运动行为演变的假设》，《美国体质人类学》（118，2002年）第184—190页。对洛夫乔伊，特别是斯坦福的质疑，（引文）同上，第113页；苏珊娜的论文《哈达尔原始人的运动适应》；埃里克·德尔森《祖先：艰难的证据》（纽约，1985年）第184—192页，另参见卡特米尔·史密斯《站立》，第212页起。

17.野生猴子双腿直立几乎仅是为了饮食的论断，参见凯文·D.亨特的《人的双足进化：生态学与功能形态学》，《人类进化杂志》（26，1994年），（118，2002年），第183—202页以及《用双足运动》，载于麦克·P.穆伦贝恩编著的《人类进化的基础》2015年版，第103—112页。关于双腿行走的的气候条件，见理查德·波茨《上新世人类进化的环境假设》，载于勒内·博贝等人编著的《东非上新世的人类环境》中《对动物证据的评估》一文，2007年版，第25—47页；葛戴·沃德·盖布瑞尔等人的论文《地质与中新世晚期阿瓦什山谷的古生物学，阿法尔裂口，埃塞俄比亚》，《自然》（412，2000年）第175—178页；马克·A.马斯林等人的论文《东非气候脉冲和早期人类进化》，《科学评论》（101，2014年，季刊）第1—17页。偶尔的、习惯性的和强迫下的两足运动之间的不同，参见威廉·E.H.哈考特-史密斯《两足运动的起源》，载于维尔弗里德·亨克和伊恩·塔特索尔编辑的《古人类的手册》2013年版，第1483—1518页。对于并不熟练的地猿属（*Ardipithecus*）的论述引自蒂姆·D.怀特等人的论文《猿和早期原始人类的古生物学》，《科学》（326，2009年），第64—86页；诹访元《拉米杜斯地猿齿系的古生物学意义》，《科学》（326，2009年）第69—99页。

18.乔纳森·金登《低起源：我们的祖先第一次站立的地点、时间和原因》2003年版，第115—193页。

19.关于直立的交际目标的论述，参见尼娜·G.雅布隆斯基和乔治·卓别林《重新审视原始人类双足论的起源》，《大洋洲考古学》（27，1992年）第113—119页。

第二章　牙齿的时代和节日的时代
烹饪的起源

1.路德维希·费尔巴哈《科学与革命》（1850年），载于《采集工作》1989年版第5卷，第347—368页（此处引自第358页）。

2.克里斯汀·博瑞《海豹血、因纽特血和饮食：生理学和文化认同的生物文化模型》，《医学人类学》（5，1991年，季刊）第48—62页；理查德·C. C.法音斯《耆那教和摩尼教的植物灵魂——文化传播案例》，《东西方》（46，1996年）第21—44页。

3.克里斯·奥甘等人：《人类进化过程中摄食时间的系统发生率变化》，《美国科学院院报》，（108，2011年）第14555—14559页。

4.钟晨波、桑福德·E.德沃《你的吃饭方式决定了你：快餐和急躁》，《心理科学》（21，2010年）第619—622页。

5.詹姆斯·博斯韦尔和塞缪尔·约翰逊·LL.D的《赫布里底群岛之旅》1813年版，第12页。

6.艾伦·沃克《饮食猜想和人类进化》，出自《伦敦皇家学会的哲学议事录》，（B 292，1981年），第57—64页（此处引自第59页）。

7.瑞秋·N.卡莫迪等人的论文《加热和非加热食品加工的能量后果》，《美国科学院院报》（108，2011年）第19199—19203页。

8.詹姆斯·博内特《语言的起源和进步》，卷1，爱丁堡，1773年，第396页起。

9.艾伦·沃克《饮食猜想和人类进化》。

10.理查德·D.瓦克哈姆《生火：烹饪如何让我们成为人类》2011年版，第4章。

11.黑猩猩占8%，其他哺乳动物占3%至5%。这些数字来自杰姆斯·M.阿多瓦西奥和奥尔加·索弗的书《隐形的性：揭示史前女性的真实角色》2009年版，第4章。

12.莱斯利·C.艾洛和彼得·惠勒：《脑和内脏在人和灵长类动物中的进化：昂贵的器官假说》，《当代人类学》（36，1994年）第199—221页。

13.约翰·D.斯佩思《我们的祖先是猎人还是拾荒者？》引自彼得·N.佩里格林等人编辑的《考古学，原创读物的方法与实践》2002年版，第1—23页；胡安·路易斯·阿苏加、伊格纳西奥·马丁内斯《被选择的物种——人类进化的长征》2006年版，第143页；帕特·西普曼：《早期原始人的腐肉为食或狩猎：理论框架和测试》，《美国人类学家》，（88，1986年）第27—43页。

14.参见彼得·S.温加尔《对非洲早期人类饮食重建中的牙科证据的谨慎总结分析》，《当代人类学》（53，2012年），第318—329页；特福德·温加尔《饮食和人类祖先的进化》以及马特·斯蓬海姆、朱莉娅·李-斯索普《同位素证据下的早期人类的饮食，非洲南猿》，《科学》（283，1999年）第368—370页。

15.最初出现在查尔斯·罗林·布雷思和保罗·马勒的论文《后更新世人的齿列变化》，《美国体质人类学》（34，1971年），第191—203页；尤其令人浮想联翩的是查尔斯·罗林·布雷思、雪莱·史密斯和凯文·D.亨特的文章《奶奶你有多么大的牙齿啊！人类牙齿的大小，过去和现在》，出自马克·A.凯利和克拉克·斯宾塞·拉森编著的《人类牙科学的进展》1991年版，第33—57页（这里引自第41页）。

16.查尔斯·罗林·布雷思《（现代）形态产生过程中的生物文化相互作用和镶嵌式进化》，《美国人类学》（97，1995年），第711—721页。

17.阿曼达·G.亨利等人的论文《微积分中的微化石表明在尼安德特人饮食中消耗植物和熟食（珊因达尔 II，伊拉克，密探I和II，比利时）》，《美国科学院院报》（108，2011年），第486—491页。

18.雷蒙德·A.达特《从猿到人掠夺性的过渡》；查尔斯·金柏·林布林《捕食的重要性，人类和其他动物的进化过程》，刊载于《南非的考古简报》（50，1995年）第93—97页；罗伯特·W.苏斯曼《猎人的神话》，刊载于《宗教与科学杂志》（34，1999年）第453—471页。还有许多例子引自唐娜·哈特和罗伯特·W.苏斯曼的《人类，猎杀者/灵长类动物、食肉动物和人类进化》2008年版。

19.凯特曼·史密斯《人类世系》第211页。关于这项研究最具影响力的文章是舍伍德·L.沃什伯恩和切特·兰卡斯特的《狩猎的演变》，引自理查德·B.李和艾文·德沃尔编辑的《人是猎人》1968年版，第293—303页。

20.参见克里斯汀·霍克斯的文章《共享和集体行动》，引自埃里克·奥尔登·史密斯和布鲁斯·温特哈尔德编辑的《进化生态学和人类行为》1992年版，第269—300页。

21.对此论述最经典的文章是南希·坦纳和阿德里安娜·齐尔曼的《女性在进化过程中第一部分：人类起源的创新和选择》，刊载于《科学》（1，1976年）第585—608页。

22.约翰·D.斯佩思《旧石器时代的烘烤和沸腾的对比：（食物光谱拓宽）的增长》，刊载于《以色列史前社会期刊》，（40，2010年）第63—83页。

23.布鲁顿·琼斯的论文《容忍性盗窃：关于分享、囤积和掠夺的生态和演变的建议》，刊载于《社会科学信息》（29，1987年）第189—196页；尼古拉斯·彼得森的论文《需求分享：互惠和觅食者慷慨的压力》，刊载于《美国人类学家》（95，1993）第860—874页。詹姆斯·伍德·伯恩给出的一种关于社会经济政治分享的解释，见他的论文《分享不是一种交换形式：狩猎采集社会中的财产分享的分析》，引自克里斯·M.汉恩编辑的《财产关系：更新人类学传统》1998年版，第48—63页。对容忍性盗窃假说的谴责见大卫·斯隆·威尔逊的文章《狩猎、分享和多层次选择：再论容许的盗窃模式》，刊载于《当代人类学》（39，1998年）第73—97页。

24.参见克里斯汀·霍克斯等人的论文《哈扎人共享肉类》，刊载于《进化与人类行为》（22，2001年）第113—142页（这里引自第133页）。能量平衡和狩猎的象征性产量的形象说明引自彼得·德怀尔的文章《蛋白质价格：新几内亚高地狩猎500小时》，刊载于《大洋洲》（44，1974年）第278—293页。对狩猎更多的是炫耀的评判参见迈克尔·古尔文和金·希尔的论文《为什么男人要狩猎？重新评价“男人是猎人”和劳动的性别分工》，刊载于《当代人类学》（50，2009年）第51—62页。

25.安妮·S.文森特《在热带稀树草原环境的植物类食物：坦桑尼亚北部的哈扎人食用块茎的初步报告》，刊载于《世界考古学》（17，1984年）第131—148页；凯伦·哈迪等人的文章《人类进化中膳食碳水化合物的重要性》，刊载于《生物学季刊》（90，2015年）第251—268页（此处引自第253和258页）。

26.斯佩思《沸腾对比焙烧》第68页。

27.参见理查德·W.兰厄姆等人的文章《原生态的和被盗的：烹饪和人类起源的生态学》，刊载于《当代人类学》（40，1999年）第567—594页（此处引自第570页）。

28.参见弗朗西斯·伯纳等人的文章《南非开普敦北部阿奇尤尔洞穴阿基林地层火灾的显微地层证据》，刊载于2012年版《美国科学院院报》第1215—1220页；兰迪·V.贝洛莫《在肯尼亚库比地区的控制使用火的早期原始人类行为活动的确定方法》，刊载于《人类进化杂志》（27，1994年）第173—195页。

29.参见韦尔·布鲁克和保拉·维拉的文章《关于欧洲最早使用火的证据》，刊载于《美国科学院院报》（108，2011年）第5209—5214页；弗朗西斯科·伯纳等人的《微观地层证据》；纳玛·格伦-英巴等人的《以色列的Gesher Benot Ya'aqov地区人类控制火的证据》，刊载于《科学》（304，2004年）第725—727页；尼拉·阿尔弗斯–阿菲尔《以色列的Gesher Benot Ya'aqov地区的人类持续使用火》，刊载于《第四纪科学评论》（27，2008年），第1733—1799页。

30.参照兰厄姆等人的持续讨论文章《原生态的和被盗的》以及格林·L.艾萨克的文章《原始人类的食物分享行为》，刊载于《科学美国人》（238，1978年）第90—108页，转载于格林·L.艾萨克的《人类起源考古学》第289—311页；玛格丽特·J.舍宁格的《重建早期人类饮食模型：评估牙化学及矿质营养成分》，出自温加尔编辑的图书《人类饮食的演变》第150—162页以及亨利·T.邦恩对根部蒸煮假说的强烈批判：《肉类使我们成为人类》，出处同上，第191—211页（这里引自第201页）。

31.拉格姆《星火燎原》第183页。

32.见肯·塞耶斯和C.欧文·洛夫乔伊的论文《血球茎和牙槽骨：进化生态学和地猿始祖的饮食——澳大利亚古猿和早期人类的饮食》，刊载于《生物学》（89，2014年，季刊）第319—357页（这里引自第320页）。

33.见斯蒂芬·L.布莱克和阿尔斯通·V.托马斯的论文《考古记录中的狩猎采集群体的壁炉：基本概念》，刊载于《美国古物》（79，2014年）第204—226页；约翰·D.斯佩斯《什么时候人类学会煮？》，刊载于《古人类学年卷》（13，2015年）第54—67页；参见弗里德里希·冯·帕尔默的实验论文《旧石器时代炉灶中桦木沥青的出现》，刊载于《史前社会的通信》（16，2007年）第75—83页，以及亨利《微体化石的微积分》。

34.参见卡罗尔·R.恩伯《关于狩猎采集者的神话》，刊载于《民族学》，（17，1978年）第439—448页；格文·黑尔《为什么男人要捕猎》第56页；丽贝·西尔和露丝·梅斯的文章《谁让孩子活着？亲属对儿童生存影响的研究进展》，刊载于《进化与人类行为》（29，2008年）第1—18页；卡伦·L.恩迪科特《狩猎采集社会中的两性关系》，引自理查德·李和理查德·戴利编辑的图书《猎人和采集者的剑桥百科全书》1999年版，第411—418页。

35.参见西比勒·卡斯特纳的文章《会狩猎的女采集者和会采集的女猎人》，出自《澳大利亚原住妇女如何捕捉动物》2012年版，第55页。

36.参见乔治·西美尔《膳食的社会学》，（1910），刊载于《杂文和论文，1909—1918》（第一卷，完全版12卷，2001年出版）第140—147页（这里引自第140页）。

37.参见乔治·西美尔《膳食的社会学》，（1910），刊载于《杂文和论文，1909—1918》（第一卷，完全版12卷，2001年出版）第140—147页（这里引自第142页）。

38.参见伊恩·库伊特的文章《我们对农业社会前群体的食物储存、过剩和宴饮有什么了解？》，刊载于《当代人类学》（50，2009年）第641—644页。

39.引自汉斯·彼得·哈恩等人的文章《人类需要多少东西？西非三个村庄（豪萨、卡塞纳和图阿雷格）的物质占有和消费与德国学生的比较》，出自《非洲的消费，人类学方法》2008年版第173—200页；凯瑟琳·I.赖特《西亚早期村落烹饪与餐饮的社会渊源》，刊载于《史前社会学报》（66，2000年）第89—121页；布莱恩·F.伯德和克里斯托弗·M.莫纳罕的文章《死亡、殡仪仪式和纳图夫社会结构》，刊载于《人类考古学杂志》（14，1995年）第251—287页（这里引自第276页）；索尼娅·阿塔莱和克里斯汀·A.哈斯托夫的文章《食物膳食和日常活动：新石器时代恰塔霍裕克的饮食习惯》，刊载于《美国古代》（71，2006年）第283—319页。

40.帕特里克·爱德华·麦格文等人首次发表的分析文章《原始时期前和原始时期中国发酵饮料》，刊载于《美国科学院院报》（101，2004年）第17593—17598页；《对照分布式能源：解锁过去：探寻葡萄酒、啤酒和其他酒精饮料》2009年版，第2章；迈克尔·迪特勒的文章《酒精度：人类学/考古学视角》，刊载于《人类学》（35，2006年）第229—249页。

41.见鲁道夫·H.米歇尔等人的文章《第一杯葡萄酒和啤酒——古代发酵饮料的化学检测》，刊载于《分析化学》（65，1993年）第408—413页；娜奥米·米勒楼《比酒甜？葡萄在亚洲西部早期的应用》，刊载于《古代》（82，2008年）第937—946页；麦格文《解锁过去》第3章；罗伯特·J.布雷德伍德等人的文章《难道人类曾经离不开啤酒独自生活？》，刊载于《美国人类学家》（55，1953年）第515—526页（这里引自第519页）。

42.参考了布赖恩·海登和苏萨内·维伦纽夫对人种学和考古学节日研究的概述：《一个世纪的宴席研究》，刊载于《人类学年度评论》（40，2011年）第433—449页。参照奥利弗·迪特里希等人的文章《宗教崇拜和盛宴在新石器时代群体产生中的作用——来自土耳其东南部哥贝克力石阵的新证据》，刊载于《古代》（86，2012年）第674—695页。

43.见贾斯汀·詹宁斯等人的文章《以一种幸福的心情喝啤酒：古代酒精生产、运行链条以及宴饮》，刊载于《当代人类学》（46，2005年）第275303页；萨尔瓦·A.马克苏德等人的文章《上埃及早期王朝的啤酒（公元前3500—前3400年）考古化学方法》，刊载于《植被史和古植物学》（3，1994年）第219—224页。

44.见马塞尔·德西安娜和让-彼埃尔·弗兰特《希腊人的祭祀料理》1989年版第38页起；艾希霍洛斯《被缚的普罗米修斯，110行诗》，由约翰·古斯塔夫·德鲁瓦森翻译，1842年版，第414页。

第三章　嚎春的公鹿在餐桌旁变得更安静
说话的起源

1.亚里士多德《政治》，1253a 9—15，由尤金·罗尔夫翻译。

2.W.特库姆塞·费奇：《语音的演变：比较性的评论》，刊载于《趋势认知科学》（4，2000年）第258—267页；德尔斯《语言的演变》2010年版，第297页起；彼得·F.马尼莱奇《语音的起源》2008年牛津大学版，第65—79页。

3.约翰内斯·穆勒《对人体发声器官的身体力量平衡》1839年版；古纳尔·范特：《语音生产的声学理论》1960年版，第22—25页。

4.雷切尔·莫里森和戴安娜·莱斯的文章《在非人类灵长类动物

中的耳语类行为》，刊载于《动物园生物学》（32，2013年）第626—631页。

5.菲利普·利伯曼等人的文章：《上恒河猴和其他非人类灵长类动物的元音声道局限性》，刊载于《科学》（164，1969年）第1185—1187页；W.特库姆塞·费奇和戴维·瑞比的文章：《下垂喉并非人类独有》，刊载于《伦敦皇家学会会报》（B 268，2001年）第1669—1675页；约翰·J.奥哈拉的文章：《从语音学角度看语言基本频率的跨语言利用》，刊载于《音韵》（41，1984年）第1—16页。

6.费奇《进化论》，第311页、第327页。

7.麦克·奈阿赫《言语起源》第4页。

8.克里斯汀·E.沃尔、凯瑟琳·K.史密斯：《哺乳动物的摄食》，引自N. P. 格鲁普编辑的《生命科学的百科全书》2001年版，第6页。

9.莫林·唐纳德《现代思想的起源——文化与认知发展的三个阶段》1991年版，第115页起；菲利普·利伯曼、埃德蒙·S.葛瑞林：《尼安德特人的语言》，发表于《语言探究》（11，1971年）第203—222页；理查德·F.凯等人的文章《舌下神经气管和人类语言行为的起源》，发表于《美国科学院院刊》（1998年）第5417—5419页；大卫·德古斯塔等人的文章《舌下神经气管尺寸和人类语言》，发表于《美国科学院院刊》（1999年），第1800—1804页；威廉·L.蒋格斯等人的文章《类人猿舌下神经气管尺寸和人类语言的变革》，刊载于《人类生物学》（75，2003年）第473—484页。

10.罗宾·I. M.邓巴《梳理、闲谈与语言的演变》，1966年出版。

11.莱斯特·K.卡奇普尔和彼得·J.B.斯莱特：《鸟鸣，生物的主题与变化》2008年版，第236—239页；约翰·R.克雷布斯：《歌曲汇编的意义：博吉斯特假说》，刊载于《动物行为》（25，1977年）第475—478页；马萨约·索玛、若尔特·拉斯洛·波洛斯基：《鸟鸣演变的再思考：歌曲复杂性与繁殖成功关系的元分析》，刊载于《行为生态学》（22，2011年）第363—371页；费奇《进化论》，第339页；彼得·麦克奈拉赫：《言语进化的框架及内容理论》，刊载于《行为学和脑科学》（21，1988年）第499—546页；彼得·麦克奈拉赫：《言语起源》第93页。

12.彼得·麦克奈拉赫：《言语起源》，第91页；凯伦·希梅埃、杰弗里·B.帕尔默：《舌和舌骨运动在喂食和言语中的作用》，发表于《口腔康复杂志》（29，2002年）第880—881页。

13.威廉·J.M.莱维尔特：《言语产生阶段、过程和表示》，刊载于《认知》（42，1992年）第1—22页（此处出自第9页）。

14.邓巴《梳理》，第3、4章。

15.布罗尼斯娄·马林诺夫斯基：《原始语言的重要性问题》，刊载于查尔斯·凯·奥格登和艾弗·阿姆斯特朗·理查兹编辑的《意思的重要性》1997年版（第一版于1923年在伦敦出版），第323—384页；雷纳哈特：《关于日常对话中叙事的合法化和嵌入》，刊载于彼得·施罗德和雨果·斯蒂格编辑的《对话研究》1981年版，第265—286页；费奇，《进化论》第10.3.1章。

16.阿德里安·梅格迪钦等人的文章《从手势到语言：关于手势交流

及大脑侧化的本体和系统发育观点》，刊载于安妮·维兰编辑的《灵长类动物传播与人类语言——人类和非人类的语音、手势、模仿和指示语》2011年版，第91—120页（此处引自第106—120页）；迈克尔·A.阿尔比布的文章《灵长类发声、手势和人类语言的演变》，刊载于《当代人类学》（49，2008年）第1053—1076页。

17.戈登·W.赫维斯的文章《灵长类传播与语言的手势起源》，刊载于《当代人类学》（14，1973年）第5—24页；戈登·W.赫维斯：《语言起源研究史和手势假设》，出自安德鲁·洛克和查尔斯·R.彼得斯编辑的《人类符号进化手册》1996年牛津版，第571—595页。

第四章　这场比赛只有三人一起玩　语言的起源

1.非洲长尾猴举世闻名是因为罗伯特·M.塞弗思等人的文章《猴子对3种不同警报呼叫的反应：捕食者分类和语义交流的证据》，刊载于《科学》（210，1980年）第801—803页。

2.查尔斯·桑德斯·皮尔斯《新元素（凯娜·斯托切亚）》，刊载于纳旦·豪瑟和克里斯蒂安·克洛埃尔编辑的《皮尔斯本质论——哲学著作选编》第2卷，1988年版，第300—324页，以及《逻辑作为符号学：符号理论》（1897年），刊载于尤斯特斯·布切勒编辑的《皮尔斯的哲学著作》1955年版，第98—

119页。

3.查尔斯·F.霍克特：《语言的起源》，刊载于《科学美国人》（203，1960年）第89—96页。

4.德里克·比克顿《亚当的舌头——人类如何创造语言，语言如何造就人类》2009年版，第16—23页以及第37—54页。

5.对于动物信号的不适应性论述引自迈克尔·托马塞洛的《人际交往的起源》第26页起。语言产生于信号的这一经典实验是查尔斯·F.霍克特和罗伯特·阿舍尔的文章《人类革命》，刊载于《当代人类学》（1964年）第135—168页（此处出自第139—140页）。

6.西奥多·本菲《回顾19世纪初以来的德国语言学和东方语言学历史》1869年版，第295页；引自奥托·叶斯柏森《语言——它的性质、发展和起源》1922年版，第415页。

7.让-雅克·卢梭《论人类不平等的起源和基础》，引自《社会哲学和政治著作》，1981年版，第59—161页（此处引自第75—78页）。参看詹姆斯·H.斯塔姆《探究语言的起源——一个问题的命运》1976年版，第80页起。

8.特伦斯·迪肯《象征物种》1997年版，第50页起；托马塞洛《起源》，第70页；费奇《进化论》第12章，这一章为本书提供了很多参考依据。

9.德里克·比克顿《亚当的舌头——人类如何创造语言，语言如何造就人类》2009年版，第42—48页。

10.德里克·比克顿《语言和物种》1990年版，第147页起；德里克·比克顿《原始母语是如何演变成语言的》，刊载于克里斯·奈特等人的《语言的进化：社会功能和语言形式的起源》2000年剑桥版，第264—284页。对于这一假设我们需要进行审慎地讨论，请参阅布雷迪·克拉克的《以腐肉为食、狩猎和语言的演变》，刊载于《语言学杂志》（47，2011年）第447—480页。

11.迪肯《象征物种》，第12章。

12.邓巴《梳理》；马克斯·格拉克曼《绯闻与丑闻》，刊载于《当代人类学》（4，1963年）第307—316页；罗伯特·潘恩：《什么是流言蜚语？另一个假设》（1967年）第278—285页；马格纳斯·恩奎斯特和奥洛夫·莱玛的文章《移动生物合作的演变》，刊载于《动物行为》（45，1993年）第747—757页。卡米尔·帕尔称其为邓巴的痛点，参见《老妇人的故事：流言假说与廉价信号的可靠性》，刊载于詹姆斯·R.赫福德等人编辑的《语言演变的方法——社会和认知基础》1988年版，第111—129页。对于互动中的不确定，参看艾文·高夫曼《互动仪式——面对面行为的举止》1967年版，第113页。从合作交流的角度看猴子与人类的差异，参见托马塞洛《起源》，第186—206页。

13.W.泰库姆谢·费奇：《亲属选择与母语：语言进化中一个被忽视的组成部分》，刊载于D.金布罗·奥勒和乌尔丽克·格里贝尔编辑的《通信系统的演变和比较方法》2004年版，第275—296页（此处引自第288页起）；威廉·D.汉密尔顿《无私行为的演变》，刊载于《美国博物学家》（97，1963年）第354—356页。

14.让-路易斯·德萨利斯《为什么我们要说话——语言的进化起源》2007年版，第315—350页。

15.关于基本的手势语言的起源的理论，40年来仍然值得一读的是休斯的书《灵长类交流》。

16.托马塞洛《起源》第214—239页、第339起；托马塞洛《为什么类人猿不表达观点？》，刊载于尼古拉斯·J.恩菲尔德和斯蒂芬·C.莱文森编辑的《人类社会、文化、认知与互动的根源》2006年版，第506—524页；丹尼尔·J.普维内利和丹妮拉·K.奥尼尔《黑猩猩是否用手势来互相指导？》，刊载于西蒙·巴隆·科恩等人编辑的《从发展神经科学的角度来理解别人的想法》2000年版，第456—487页；《走向另一种思维科学：用类比逃避争论》，刊载于《认知科学》（24，2000年）第509—541页。

17.威廉·J.霍普比特等人的文章《动物教学的启示》，刊载于《生态与进化趋势》（23，2008年）第486—493页；格格利·西布拉和热尔吉·格格利的文章《自然教育学》，刊载于《认知科学发展趋势》（13，2009年）第148—153页；《西尔维娅的方法：模仿与教育学在文化知识传播中的作用》，刊载于恩菲尔德和莱文森编辑出版的《根》，第229—25页。

18.劳拉·伯克的文章《儿童个人语言能力：理论综述及研究现状》，刊载于拉斐尔·M.迪亚兹和劳拉·伯克的著作《私人演讲——从社会互动到自我调节》1922年版，第17—53页；丹·斯帕波的文章《从进化论的角度看证言与论证》，刊载于《哲学论题》（29，2001年）第401—413页。

19.叶斯柏森《语言》第420页；《对于比喻的构成》第431—432页；

费奇《进化论》第467页。

20.最后的尼安德特人参见克里·B.斯金格等人编辑的《边缘的尼安德特人》2000年版。共同的前身参见罗伯特·佛利和玛尔塔·M.拉赫尔的文章《模式3：技术与现代人的进化》，刊载于《剑桥考古学杂志》（7，1997年）第3—36页；约翰斯·克劳斯等人的文章《与尼安德特人共有的现代人类衍生的$FOXP_2$变体》，刊载于《当代生物学》（17，2007年）第1908—1912页；沃尔夫冈·恩纳德等人的文章《与言语和语言有关的基因$FOXP_2$的分子进化》，刊载于《自然》（418，2002年）第869—872页；史蒂文·米森《歌唱的尼安德特人——音乐、语言、思想和身体的起源》2006年版，第205—245页。

21.莎莉·麦克布里雅蒂和艾莉森·S.布鲁克斯的文章《对现代人类行为起源的新解释》，刊载于《人类进化论》（39，2000年）第453—563页（此处出自第521页和第530页）；伊恩·塔特索尔《现代人性的双重起源》，刊载于《人类学学院》（28/增刊2，2004年）第77—85页。

第五章　首饰、性和野兽之美　艺术的起源

1.保罗·瓦莱里《尤帕利诺斯或者建筑师》，引自《对话和戏剧》1990年版，第51—52页。

2.罗伯特·G.贝德纳里克对于石头的详细描述参见《来自马卡潘斯

盖的非洲南猿和南非》，刊载于《南非考古公告》（53，1998年）第4—8页。

3.埃雷拉·哈沃斯等人的文章《颜色象征主义的早期案例——卡夫泽洞穴现代人类使用的矿石》，刊载于《当代人类学》（44，2003年）第491—511页（此处引自第517页）；参看奈特等人的评论，刊载于《当代人类学》（44，2003年）第513—514页。

4.罗伯特·G.贝德纳里克的文章《最早珠子的意义》，刊载于《人类学研究进展》（5，2015年）第51—66页；克里斯托弗·S.亨希尔伍德等人的文章《来自南非的中石器时代贝壳珠》，刊载于《科学》（304，2004年）第404页；《人类行为的出现：来自南非的中石器时代的雕刻》，刊载于《科学》（295，2002年）第1278—1280页；阿布德尔贾比尔·布祖格等人的文章《来自北非有82000年历史的贝壳珠子及其对现代人类行为起源的启示》，刊载于《美国科学院院报》（1，04，2007年）第9964—9969页。

5.亚历山大·马尔沙克的文章《戈兰高地的中旧石器时代符号构成：最早的已知描述性图像》，刊载于《当代人类学》（37，1996年）第357—365页。

6.切斯特·R.凯恩的文章《非洲中石器时代标志性文物的含义》，刊载于《当代人类学》（47，2006年），第675—681页；宝拉·薇拉等人的文章《49000年前使用的牛奶和赭石油漆混合物，南非》，出自《公共科学图书馆》（10，2015年）第1—12页；关于原始雕塑研究的基本问题参看约翰·德·德斯梅特和海伦·德·克鲁兹的文章《早期艺术的认知方法》，引自《美学与艺术批评杂志》（69，2011年）第379—389页。

7.托马斯·希格姆等人的文章《测试奥瑞纳文化的起源和艺术的出现：盖恩克尔斯特勒的放射性碳年表》，出自《人类进化杂志》（30，2012年）第1—13页。

8.菲尔勒·后茨、菲利普·范·佩尔：《岩屑经济复杂性的早期证据：中更新世晚期芯轴生产、放样和使用8-B-11，西岛（苏丹）》，出自《考古学杂志》（33，2006年）第360—371页；沃尔夫冈·科勒《对猿的智力测验》1921年版。

9.林恩·瓦德利等人的文章《南非中石器时代工具与复合胶黏剂的夹杂对复杂认知的启示》，引自《美国科学院院报》（106，2009年）第9590—9594页；托马斯·韦恩的文章《手握矛与心灵的考古学》，引自《美国科学院院报》（106，2009年）第9544—9545页。

10.史蒂文·米森的文章《论早期旧石器时代的（概念媒介）心理模块性与艺术的起源》，出自《当代人类学》（37，1996年）第666—670页（此处出自第668页）；莱斯利·C.艾洛和罗宾·I·M·邓巴的文章《新皮层大小、群体大小与语言进化》，出自《当代人类学》（34，1993年）第184—193页。马特·J.罗桑诺针对原始历史问题上应用标志性（基于相似性）、索引（指示性）和符号（任意确定）标识的区别的论述出自《结交朋友、制造工具、制造符号》，刊载于《当代人类学》（51 S1，2010年）第89—98页。

11.苏·乔治·西美尔《社会学——调查社会化的形式》1908年版，

第278—281页。有些女性说她们穿着漂亮而且紧身的内衣不是为了她们的丈夫，而是为了自己，因为这种穿着会增强她们的自我意识。这实际上就是以首饰为例讲述传播学，虽然这属于自身意义方面的感觉，这个特性随后会再次传达给另一个男人。早期装饰和雕塑的材料的研究，参看兰德尔·怀特的文章《超越艺术：了解欧洲物质代表的起源》，出自《人类学年刊》（21，1992年）第537—564页。

12.克劳斯·约阿希姆·肯特等人的文章《狮子人的微笑——最近在赫伦施泰因谷仓洞穴的发掘与著名旧石器时代雕像的修复》，出自《第四纪》（61，2014年）第129—145页。

13.详细分析客体及其历史的研究参见兰德尔·怀特的文章《布拉桑普伊的女性，一个世纪的研究和解释》，刊载于《考古方法与理论杂志》（13，2006年）第251—304页。论一些人物的双性化参见《一个新的旧石器时代的女性小雕像："米兰的维纳斯"（卡斯泰尔诺拉沙佩尔，多尔多涅省的公社）》，刊载于《古天体生物学》（14，2002年）第177—198页。

14.引用的假说参见安妮·巴林和朱勒斯·卡什福德的文章《女神的神话》，出自《图像的演变》1991年版，第3—13页；约阿希姆·哈恩：《力量与侵略》《德国南部奥瑞纳冰河时代艺术的信息》1986年版；莎拉·M.尼尔森：《上旧石器时代的多样性（维纳斯）雕像和考古神话》，刊载于《美国人类学协会的考古学论文》（2，1990年）第11—22页；帕特里夏·C.赖斯：《史前维纳斯的母性或女性的象征》，引自《人类学研究杂志》（1981年第37期）第402—414页；皮埃尔·杜哈德：《旧石器时代德上层人物作为人类形态和社会组织的反映》，引自《古天体生物学》（1993年第67期）第82—91页；D.布鲁斯·迪克森：《信仰的曙光》，引自《欧洲西南部旧石器时代的宗教信仰》1990年版，第211页；雷·罗伊·麦克德莫特《旧石器时代女性雕像中的自我表现》，引自《当代人类学》（37，1996年）第227—275页；《这是对女性本质的极其有力的描述》，史密森尼博物馆的杂志引用了洞穴岩石小雕像的发现者，尼古拉斯·康纳德的署名文章，www.smithsonianmag.com/history/thecaveartdebate 100617099/（最后一次访问时间为2017年4月7日）。

15.参见罗伯特·G.贝德纳里克的论文《旧石器时代的女性主义的女神》，刊载于《人类》（1996年第91期）第183—190页，反对以当代功利化的意图妄断早期艺术功能化的沉闷。认同一个以毫无意义的实践结果作为旧石器时代文物起源说的结论，有一篇非常值得一读的文章：约翰·哈尔佛森的论文《古石器时代的为艺术而艺术》，刊载于《当代人类学》（28，1987年）第62—72页，可是不能解释，为什么当代画廊的自由艺术创作很难体现出洞穴黑暗艺术创作的精神。

16.赖斯的著作《史前维纳斯》第408页。

17.对保罗·G.班恩和吉恩·维尔特鲁特的论述提出进一步反对意见，参见《穿越冰河时代的旅程》1997年版，第135页和第170页，这也引起了人们对外阴标记唯一性的怀疑。

18.安德烈·雷罗伊·古朗：《西欧的史前人类艺术》1968年版。以前采用类似的方法，并受到艺术历史学家马克思·拉斐尔的启发，参见安妮特·拉明·昂珀雷尔的著作《绘画和雕刻》1959年版。法国出土的洞穴艺术最重要的研究者亨利·布勒神父是一位天主教神父，他可能对早期像“小教堂”“神社”“圣地”这样的词的出现做出了贡献，他为拉斯科创造了“西斯廷史前教堂”这一措辞，在他的传记里他被顺理成章地称为古生物教会的负责人：雅克·阿诺德/布勒神父。见《教皇的史前史——旅行》2011年版。

19.参见约翰·帕金顿友善又恰当批评文章《旧石器时代洞穴艺术中的象征意义》，刊载于《南非考古公报》（24，1969年）第3—13页，以及安东尼·史蒂文斯的文章《旧石器时代洞穴艺术中的动物：雷罗伊-古朗的假说》，刊载于《古代》（49，197年）第54—57页。

20.萨满教对于洞穴画的解读参考吉恩·克罗特斯的著作《世界摇滚艺术》2002年版。

21.安德烈·雷罗伊·古朗：《手和词——技术语言和艺术的演变》1984年版，第464页。

22.凯文·夏普和莱斯利·凡·杰尔德的文章《旧石器时代儿童洞穴标记的证据》，刊载于《古代》（80，2006年）第937—947页。

23.乔治·巴塔耶：《拉斯科或艺术德诞生》1983年版，第12、33和123页。

第六章 关于死者和动物宗教的起源

1.威廉·巴克兰：《地质论》或者《地质学和宗教的关系》1820年。

2.大卫·休谟：《自然宗教的对话》1779年；詹姆斯·赫顿：《地球理论》，附有证明和插图，1795年版，第199页。

3.威廉·巴克兰，《地质论》，第8页、第15—16页、第22页、第25页和第29页；玛丽安娜·索默：《骨头和赭石——帕韦兰红娘子的奇妙来世》2008年版，第39页。

4.威廉·巴克兰：《洪水遗迹》或《对洞穴中有机遗骸的观察，裂缝、洪积砾石和其他地质现象——地球大洪水的证明》1824年版，第82—92页。

5.赫尔曼·乌瑟纳：《神的名字——宗教概念形成学说的尝试》1896年版，第287页；参考《他可能在雷声中，但他不是雷声》，来自约翰·S.姆贝蒂的著作《非洲上帝的概念》1970年版，第8页；还引用了尼可拉斯·卢曼的文章《社会的宗教》，编者是安德烈·凯瑟琳（2000年），第11页的脚注10；马克思·穆勒：《自然的宗教》1889年版。

6.罗伯特·雷纳夫·马雷特：《宗教的门槛》1914年版，第13页；埃米勒·杜尔克海姆：《宗教生活的基本形式》1981年版。

7.爱德华·伊万斯-普里查德：《关于原始宗教的理论》1981年版（《原始宗教理论》1965年版），第58和81页。批判的可能性，重建考古学情绪参见凯瑟琳·A.德特维耶勒的文章《古代病理学可以提供证据（同情）》，刊载于《美国体质人类学杂志》（84，1991年）第372—384页。

8.杰里弗·穆萨夫·马森和苏珊·麦卡锡的著作《当大象哭泣：动物情感的生活》1996年版；厄休拉·莫泽·考吉尔的文章《死于树熊猴属》，刊载于《灵长类动物》（13，1972）第251—256页；亚历山大·K.皮尔，菲奥娜·A.斯特瓦尔特的文章《非人类动物对死亡和死亡的反应：理解人类停尸房实践演变的比较方法》，出自科林·伦弗瑞等人编著的《古代世界的死亡仪式和社会秩序：死亡不会有统治权》2016年版，第15—26页。

9.索默：《骨头和赭石》第274页，但他提出了一个问题：如果在一个坟墓中发现武器，又因为猎人大多是男人，可以推断坟墓中的骨架属于男性。假如里面附带有首饰，则被视为女性的或男性的。假如附有武器和首饰，武器起关键性作用。也许这是因为墓葬中男性占主，以此推测男性拥有更高的地位。

10.参见皮埃尔·M.维梅尔施等人的文章《旧时代中期埋葬在埃及的塔拉姆萨山》，刊载于《古代》（72，1998年）第475—484页。人类足足等了5.5万年才发现这种情况。其他例子是南非边境洞穴中的孩子，这个洞穴已被埋葬近7.5万年，还有纳兹莱特·卡特在埃及的发现。对于澳大利亚的案例，请参阅詹姆斯·M.鲍勒的文章《威廉德拉–拉克斯重提，人类占领的环境框架》，刊载于《大洋洲的考古学》（3，1998年）第120—155页（这里出自第151页）。

11.保罗·佩蒂特《人类墓葬的旧石器时代起源》2011年牛津版。

12.参见玛丽安·范哈伦、弗朗西斯科·德里科的关于旧石器时代可能有的随葬品的概述："和布里亚有关的身体饰品"，出自乔昂诺·兹尔奥、埃里克·特林考斯编辑的《一个孩子的艺术家肖像——来自Abrigo do Lagar Velho的人骨架及其考古背景》2002年版，第177页。法比安·梅的《真实的赭石着色：史前墓地》1986年出版，第204页；彼得·梅特卡夫、理查德·亨廷顿《象征性地：死亡的庆祝活动》1993年版，第63页。

13.弗朗切斯科·埃里克和玛丽安·范哈伦的文章《旧石器时代晚期丧葬习俗：社会复杂性和文化周转的思考》，引自《死亡仪式》第45—61页（这里是第49页）。

14.关于是否可以从受损骨骼及其年龄推断出原始人的同情感的争论，参见埃里克·特林考斯、M.R.齐默尔曼的文章《沙尼达尔尼安德特人的损伤》，刊载于《美国体质人类学期刊》（57，1982年）第61—76页；戴维·弗雷耶第的文章《意大利旧石器时代晚期的青少年矮小症》，刊载于《自然》（330，1987年）第60—62页；德特威勒《古代病理学可以为"同情"提供证据吗？》；莎拉·塔洛《考古中的情感》，刊载于《当代人类学》（41，2000年）第713—746页（这里是第726页及其后几页）。

15.朱利安·瑞尔-塞尔瓦托和克劳丁·格拉乌-米格尔的文章《欧亚大陆旧石器时代晚期殡葬习俗——对埋葬记录的批判性观察》，出自莎拉·塔洛和丽芙·尼尔森·斯图茨编辑出版的《牛津死亡与埋葬考古手册》2013年版，第303—346页（这里是第304页，第325页配有地图）。

16.保罗·佩蒂特《起源》；文森佐·福尔米科拉《从桑吉尔儿童到

罗米托矮人。旧石器时代晚期丧葬情景》，刊载于《当代人类学》（48，2007年）第446—453页。

17.唯一的参考来源是约尔格·奥尔希特的文章《马格达林时期的间接葬礼：夹鼻眼镜洞穴（布劳博伊伦，德国西南部）》，刊载于《古代》（14，2002年）第241—256页。

18.丹尼尔·德·考培特："......拥有土地的人"，出自罗伯特·H.巴恩斯等任编辑出版的《语境和层次——等级制度人类学论文》1985年版，第78—90页。在美拉尼西亚的例子中，对埋葬和空间秩序之间的联系进行了令人印象深刻的描述，不再是情境式生活方式，参见简·科伦《没有家园的人：欧洲中旧石器时代定居的性质》，出自威尔·罗伯勒克斯和克莱夫·甘布尔编辑出版的《欧洲旧石器时代中期的职业》1999年版，第139—175页。

19.阿尔布雷希特·迪特里奇《地球母亲——民间宗教的一种尝试》1905年版，第31页起。克劳斯·施里韦尔《20世纪末在西班牙的德国老年移民》，出自克劳斯·巴德等人编辑的《17世纪至今在欧洲的移民的百科全书》2007年版，第511—513页。

20.伊丽莎白·科尔森《权力之地和地面上的神殿》，刊载于《教化》（43，1997年）第47—57页（这里是第52页）。

21.科林·伦弗鲁《巨石、领土和人口》，出自西格弗里德·J.德莱特编辑出版的《大西洋、欧洲文化的适应性和连续性》1973年版，第198—220页。关于这个论点的争议性讨论的概述，可参见罗伯特·卡普曼的文章《几年之后——巨石、太平间实践和领土模式》，出自莱恩·安德森·贝克编辑出版的《太平间分析的区域方法》1995年版，第29—51页。最后还有约书亚·赖特的文章《土地所有权和地形观点》，出自莎拉·塔洛和丽芙·尼尔森·斯图茨编辑出版的《牛津死亡与埋葬考古手册》2013年版，第405—419页。

22.迈克尔·巴尔特《早期的巨石阵朝圣者远道而来，带着牛群》，刊载于《科学》（320，2008年）第1704页。克里斯·斯卡尔《纪念》，出自蒂莫西·因索尔编辑出版的《仪式和宗教》2011年版和《牛津仪式和宗教的考古手册》第9—23页。

23.寺庙和房子之间的区别可参考爱德华·B.班宁的文章《如此公平的方子——哥贝克力石阵和近东新石器时代陶器寺庙的鉴定》，刊载于《当代人类学》（52，2011年）第691—660页，房屋本身没有表现出宗教仪式性——例如埋葬，而只是在寺庙发现某些迹象，表明是定居点的一部分。房子里挂了画并不意味着人们住在博物馆，即使博物馆里也有厨房和衣帽间。

24.参见礼拜场所的汇编，克劳斯·施密特《“宗教仪式中心”和上美索不达米亚新石器时代》，刊载于《新石器》（2/05，2005年）第13—21页；克劳斯·施密特《首先有了寺庙，然后才是城市：对哥贝克力石阵和格鲁吉亚山发掘的初步报告》，刊载于《伊斯坦布尔新闻》（50，2000年）第5—41页；克劳斯·施密特《野猪、鸭子和狐狸——乌尔法项目99》，刊载于《新石器》（3，1999年）第12—15页（这里是第14页）；迪特里希等人的文章《宗教在宴会中的作用》；菲格罗伊·萨默塞特和洛德·拉格兰的文章《寺庙和房子》1964年版，第9页起；刘易斯·芒福德

《历史之城》1961年版。

25.参见安娜·贝尔弗·科恩和奈吉尔·葛林莫里的会议报告《在近东地区的新石器时代考古研究最新进展》，刊载于《Pal é orient》（28，2002年）第143—148页。

26.然而这种印象的先决条件是T形柱不仅仅是房屋的顶梁，而且很容易被看见。

27.《夏日、骨头和赭石》第231—246页。

28.汉斯·布鲁门伯格《洞穴出口》1989年版，第27页起。

第七章　宝贝，不要哭，你永远不会一个人走 音乐和舞蹈的起源

1.约翰·凯奇《实验音乐》，引自《沉默、演讲与写作》1961年版，第7—12页（这里出自第8页）。

2.齐格弗里德·纳德尔、西奥多·贝克：《音乐的起源》，刊载于《音乐季刊》（16，1930年）第531—546页。

3.卡尔·斯图姆夫《音乐的起源》1911年版，第11—12页。君特·德科洛克《歌唱的定义：动物声音研究》，刊载于《生物声学概论》1977年版，第33页。

4.戴维·W.弗雷耶、克里斯·尼古拉：《言语声音起源的化石证据》，引自尼尔斯·沃林等人的著作《音乐的起源》2000年版，第217—234页。安·M.马克拉农、格温·P.休伊特：《人类语言的进化：增强呼吸控制的作用》，刊载于《美国体质人类学杂志》

（109，1999年）第341—363页。施瓦本骨笛最有现实意义的测定日期，参见托马斯·海厄姆第的文章《测试模型》；关于带角的维纳斯，参见米歇尔·多瓦第的文章《旧石器时代的声音和音乐》，刊载于《考古学的记录》（142，1989年）第2—11页（这里是第10页）。

5.参见相应证据汇编：弗朗西斯科·德里科等人的文章《用于语言、象征和音乐的兴起的多学科的角度考古证明》，刊载于《世界史前杂志》第17卷，第1章（2003年），第1—70页（这里是第36—39页）。鸣啭的可仿效性辩护论文参见德拉古·库尼耶和伊万·图克《音乐起源新论：旧石器时代中期"骨长笛"的考古学和音乐学分析》，出自沃琳等人的著作《音乐的起源》，第235—268页（这里是第240—249页）。伊恩·莫雷对相关讨论的整体评价分析《音乐的进化起源和考古学》2003年版，第47—54页。

6.德里科等人的著作《考古学证据》第42—45页。

7.关于鸟骨，参考保拉·玛丽·特丽萨·斯科恩的文章《旧石器时代文化背景下的音乐考古学》，出自1992年剑桥大学《博士论文集》第84页；赫伯特·斯宾塞《关于音乐的起源和功能》（1857年）；人类最初的语言是音乐，此论点参考詹姆斯·伯内特和洛德·蒙博杜，在1774年写给一个从小就失明的朋友布莱克洛克博士的文章。他通过模仿鸟叫来学习音乐。伯内特得出的结论是，人类声音的变体通过音乐式的语言陈述完成，要么先于或至少与之同时出现，但驳斥了"歌唱语言"的存在——与"野人"和鸟类相关的音乐太简单了，参见詹姆斯·伯内特《起源与进程》第

403页、第469—470页、第472—473页。

8.斯图普夫《音乐的起源》第9页。

9.科斯汀·奥伯韦格、弗朗兹·高乐：《鸟鸣产生的代谢成本》，刊载于《实验生物学杂志》（204，2001年）第3379—3388页；詹姆斯·F.吉洛利、亚历山大·G.奥弗：《声学交际的能量基础》，出自《生物科学论文集》（277，2010年）第1325—1331页。最早描述埃塞俄比亚绿长尾猴根据不同捕食者类型的差异化警告信号的是托马斯·T.斯特鲁萨克的文章《绿长尾猴（非洲绿猴）之间听觉交流》，出自斯图尔特·A.阿尔特曼编辑出版的《灵长类动物间的社会交流》1967年版，第281—324页。据观察，只有更为机灵的家养鸡发现食物的叫声，此举没有任何欺骗目的。参看马塞尔·盖格尔、彼得·马勒《家禽中的食物召唤（原鸡）：外部参照物和欺骗的作用》，刊载于《动物行为》（36，1988年）第358—365页。

10.达尔文《人类的后裔》第705页；彼得·J.B.斯莱特举的例子《鸟类鸣唱的曲目：它们的起源和用途》，出自沃琳等人的著作《音乐的起源》第49—63页。对整个家禽种群的概述参见斯莱特《鸟类的鸣唱》第114—201页。

11.最早证明雌性争夺装备有扬声性装置的筑巢地点的实验参见达格·埃里克森、拉斯·沃琳《雄性的鸟鸣声吸引雌性——一次田间试验》，刊载于《行为生态学和社会生物学》（19，1986年）第297—299页；D.詹姆斯·蒙乔伊、罗伯特·莱蒙《鸣唱作为欧洲椋鸟雌性和雄性的魅力体现，歌声的复杂性对它们的反应的影响》，刊载于《行为生态学和社会生物学》（28，1991年）第97—100页；L.斯科特·约翰逊、威廉·A.瑟西《家养鹪鹩中雄性歌唱对雌性的魅力（莺鹪鹩）》，刊载于《行为》（133，1996年）第357—366页；威廉·A.瑟西、艾略特·A.布列诺维茨《物种识别中鸟类鸣唱的性别差异》，刊载于《自然》（332，1988年）第152—154页。

12.唐纳德·E.克罗德斯玛、琳达·D.帕克《海雀》（94，1977年）第783页。“唠叨的问题依然存在：为什么是这么复杂的行为？”这也适用于其他物种，例如超过会200种歌曲的夜莺，有超过300种歌曲类型的芦苇杆歌手，或者至少有20种，最多不超过70种歌曲类型的其他动物歌星。

13.更确切地说，多样性是信息吗？一个相反的例子可参考彼得·J.B.斯莱特对苍头燕雀的研究论文《苍头燕雀的歌曲曲目：观测、实验及对其意义的讨论》，刊载于《中国动物心理学》（56，1981年）第1—24页。

14.对于是缺点还是优点的经典论述参见阿莫茨·扎哈维《择偶——障碍的选择》，刊载于《理论生物学杂志》（53，1975年）第205—214页。

15.参见斯宾塞《音乐的起源和功能》第428页。

16.罗伯特·拉赫《关于有花纹装饰的Melpoëi发展史的研究》。《对旋律的历史研究》1913年版，第561页；斯莱特《鸟类歌曲的全部曲目》第59页；杰弗里·米勒：《从性选择看人类音乐的演变》，出自沃琳等人的著作《音乐的起源》第329—360页（在这里是第331页）。关于吸引力的暗示参见吉米·亨德里克斯、温弗里德·门宁豪斯：《什么艺术？达尔文之后的美学》2011年版，第113页。

17.达尔文《人类的后裔》第336页。

18.门宁豪斯《为什么是艺术？》第94页。

19.斯图普夫《音乐起点》第14页，将鸟类鸣唱对人类歌曲的模型效应归功于希腊哲学家德谟克利特。

20.桑德拉·E.特雷胡布等人给出了一个很好的概述《关于音乐和音乐性的跨文化观点》，刊载于《英国皇家学会哲学学报》（B，370，2014）第1—9页；安妮·弗纳尔德《母亲对婴儿讲话的语调和交际意图：旋律是否是信息？》，刊载于《儿童发展》，（60，1989年）第1497—1510页；中田隆之、桑德拉·E.特雷胡布《婴儿对母性言语和唱歌的反应》，刊载于《婴儿行为与发展》（27，2004年）第455—464页；安妮·弗纳尔德《人类母性对婴儿的发声是生物学相关信号：一种进化观点》，出自杰罗姆·H.巴科夫等人编辑出版的《适应心理，进化心理学与文化的产生》1992年版，第391—428页。

21.埃伦·迪萨纳亚克《早期母婴互动中的时间艺术》，出自沃琳等人的著作《音乐的起源》第389—410页；迪恩·福尔克《认识我们的舌头——母亲、婴儿和语言的起源》2009年版。

22.参见布鲁诺·内特尔等的文章《世界音乐之旅》，由恩格尔伍德·克利夫斯出版社于1992年出版；英格·科德斯《旋律基调作为灵长类动物交际与人类歌唱之间的连接纽带》，刊载于莱因哈德·科佩兹等人编辑的《第五届三年一度的ESCOM会议论文集》2003年公开发布，第349—352页。

23.恩德马泽赫·阿诺德·富曼尼亚等人的文章《吵闹但有效：在生命中前3个月的哭泣》，刊载于《语音》杂志（29，2015年）第281—286页；凯思琳·沃姆克和沃纳·门德的文章《人类婴儿哭叫的音乐元素：一开始就是旋律》，刊载于《音乐科学》（13，2009年）第151—175页。

24.杰西卡·菲利普斯–西尔弗和劳雷尔·J.特雷纳的文章《感受节奏：运动影响婴儿节律感知》，刊载于《科学》（308，2005年），第1430页；桑德拉·E.特雷胡布等人的文章《婴儿期的音乐情感调节》，刊载于《纽约科学院年报》（1337，2015年）第186—192页。

25.托马斯–盖斯曼的论文《合趾猿、长臂猿的二重唱歌曲：合作伙伴交换中的配对假设检验》，刊载于《行为》（136，1999年）第1005—1039页；托马斯–盖斯曼的论文《臂猿歌曲和人类音乐》，出自沃琳等人的著作《音乐的起源》第103—123页；米歇尔·L.霍尔《鹊鹨的二重唱功能：冲突、合作还是承诺？》，刊载于《动物行为》（60，2000年）第667—677页；《对鸟类声音二重唱的回顾》，出自《行为研究动态》（40，2009年）第67—121页；乔恩·格林内尔和卡伦·麦库姆的论文《雌性结群作为对雄性杀婴的防御：对非洲狮现场实验的证据》，刊载于《行为生态学》（7，1996年）第55—59页。

26.爱德华·H.哈根和格雷戈瑞·A.布莱恩特的论文《音乐与舞

蹈——联合信号系统》，刊载于《人类本性》（14，2003年）第21—51页；还有针对帕瓦罗蒂的问题。

27.凯文·莱兰等人的文章《舞蹈的演变》，刊载于《当代生物学》（26，2016年）第5—9页；史蒂文·布朗等人的文章《人类舞蹈的神经基础》，刊载于《影响因子》（16，2006年）第1157—1167页；布朗温·塔尔、雅克·劳奈、罗宾·I.M.邓巴的文章《音乐和社会接合："自我-他人"结合和神经激素机制》，刊载于《心理学前沿》（5，2014年）第1—10页。

28.卡尔·布科斯《工作和节律》1902年版第50页；《赛艇研究》，艾玛·E.A.科恩等人的文章《赛艇运动员的高度：行为同步与疼痛阈值升高的相关关系》，刊载于《生物学快报》（6，2010年）第106—108页；菲利普·沙利文和凯特·里克斯的文章《在团队队友与陌生人群体中的行为同步效应》，刊载于《国际体育与运动心理学》（11，2013年）第1—6页；布朗威恩·塔尔等人的文章《沉默的迪斯科：同步跳舞导致疼痛阈值和社会亲密度升高》，刊载于《进化与人类行为》（37，2016年）第343—349页；W.特库姆塞·费奇《舞蹈、音乐、计量和欢乐：一种被遗忘的伙伴关系》，刊载于《人类神经科学前沿》（10，2016年）第64条。

29.安德里亚·维尼亚尼等人的论文《合唱、同步与节奏的进化功能》，刊载于《心理学前沿》（2014年）第1118条；艾洛、邓巴《大脑皮质大小》；参见罗宾·I. M.邓巴《人类大脑皮层大小、群体大小和语言的协同进化》，刊载于《行为和脑科学》（16，

1993年）第681—735页。

30.米森《歌唱的尼安德特人》第137页；参见罗宾.I.M.邓巴《如何围绕篝火进行对话》，刊载于《美国科学院院报》（111，2014年）第14013页。

第八章 小麦、狗和耶路撒冷的非游玩之旅 农业的起源

1.参见约瑟夫·奥特盖耶·加塞特《狩猎》1957年版，第72页起：《人类的假期》；希罗多德·封·哈利卡那《索斯的历史》1828年版，第3本小册子（塔利亚），第22章，第325页；贾德·戴蒙德《植物和动物驯化的进化、后果和未来》，刊载于《自然》（418，2002年）第700—707页；马特·卡特米尔《西方思想中的狩猎和人性》，刊载于《社会研究》（62，1995年）第773—786页。

2.H.林·罗斯《论农业的起源》，刊载于《英国和爱尔兰人类学研究所杂志》（16，1887年）第102—136页。另一个原因是，只有个别几个大学生来自乡村，这就是为什么他们缺乏对农民的“同情”。

3.约翰·拉伯克《古代遗迹所描绘的史前时代和现代野蛮人的风俗习惯》1865年版，第3和第60页；V.戈登·奇尔德《最古老的东方，欧洲史前史的东方序曲》1928年版，第46页起；《人类创造了自己》1936年版，第66页。

4.克里斯蒂娜·A.哈斯托夫《里奥巴尔萨斯河最有可能成为玉米驯化的地区》，刊载于《美国科学院院报》（106，2009年）第4957页；约翰·斯莫利、迈克尔·布莱克《甜蜜的开始：糖和玉米的驯化》，刊载于《当代人类学》（44，2003年）第675—703页；中南美洲的综合生物考古学的论点来自多洛雷斯·R.皮珀诺的文章《植物栽培驯化新世界热带的起源：模式、流程、新发展》，刊载于《当代人类学》（52/S4，2011年）第453—470页。

5.参见格雷姆·巴克精彩概述中的评论：《史前农业革命——为什么觅食者成为农民？》2006版，第4章。

6.奥菲·巴尔-约瑟夫《在地中海东部累范特的纳图夫人文化——农业的起源》，刊载于《进化人类学》（6，1998年）第159—177页；布莱恩·博伊德《关于旧石器时代末期累范特（纳图夫人）的“塞西姆斯”》，刊载于《世界考古学》（38，2006年）第164—178页。

7.伊恩·库伊特、比尔·芬拉森《1.1万年前在约旦河谷的食物储存和预驯化粮仓的证据》，刊载于《美国科学院院报》第106卷（27，2009年）第966—10970页。

8.娜塔利·D.蒙罗《在纳图夫狩猎压力与职业强度的动物考古学措施》，刊载于《当代人类学》（45/S5，2004年）第5—34页；埃胡德·威斯等人的文章《驯化前的自主种植》，刊载于《科学》（312，2006年）第1608—1610页；戴蒙德《植物和动物驯化》，第702页。

9.多里安·Q.富勒等人的文章《假定驯化？长江下游地区公元前五千

年野生稻栽培驯化的证据》，刊载于《古代》（81，2007年）第316—331页；大卫·乔尔·科恩《中国农业的起源——以种跨领域观点》，刊载于《当代人类学》（52/S4，2011年）第273—293页。

10.这类群体的其他概述见克莱尔·C.波特和弗兰克·W.马洛的文章《觅食栖息地的边界怎样形成》，刊载于《考古科学杂志》（34，2007年）第59—68页（此处引自第65页）；罗伯特·贝廷格等人的文章《农业发展的制约因素》，刊载于《现代人类学》（50，2009年）第627—631页（这里引自第628页）；杰克·R.哈兰《土耳其的一种野生小麦收获》，刊载于《考古学》（20，1967年）第197—201页。

11.这种“环境决定论”表述得特别形象，参见埃尔斯沃思·亨廷顿、萨姆·纳韦伯斯特·库欣的著作《人文地理》1922年版，第327—328页。

12.马克·科恩《史前时期的粮食危机——人口过剩和农业的起源》1977年版；理查德·W.雷丁《对生存变化的普遍解释：从狩猎和采集到食品生产》，刊载于《人类考古学》（7，1988年）第56—97页（这里引自第73页）；关于新石器时代之前的狩猎-采集群体的规模，参见A.奈杰尔·格林-莫里斯、安娜·贝尔弗尔-科恩的文章《地中海东部累范特的新石灰岩化过程：外部包层》，刊载于《当代人类学》（52/4，2011年）第195—208页（这里是第198页《令人着迷的计算》）；H.马丁·沃布斯特《旧石器时代社会制度的边界条件：一种模拟的方法》，刊载于《美国考古》（39，1974年）第147—178页，“最小团体人数为

25至30人”。

13.迈克尔·罗森堡《在音乐椅上作弊：进化语境中的地域性和社会性》，刊载于《当代人类学》（39，1998年）第653—664页（这里是第660页）。

14.格雷戈里·A.约翰逊在这方面的相关理论《组织结构和标量压力》，见科林·伦弗鲁等人编辑的《考古学中的理论与解释》1982年版，第389—421页，以及布莱恩·博伊德的一个例子《房屋和炉膛、墓穴和葬礼；马拉哈地区纳图夫人的葬礼习俗，上约旦河谷》，见斯图尔特·坎贝尔、安东尼·格林编辑的《古代近东的死亡考古学》1995年版，第17—23页。

15.奥菲·巴尔-约瑟夫《东亚和西亚的气候波动与早期耕种》，刊载于《当代人类学》（52/S4，2011年）第175—193页（这里是第178页）；安娜·贝尔弗尔-科恩、A.奈杰尔·格林-莫里斯《成为农民：内幕故事》，刊载于《当代人类学》（52/S4，2011年）第209—220页；戈登·C.希尔曼、M.斯图尔特·戴维斯《测量原始种植下小麦和大麦的驯化率及其考古意义》，刊载于《世界史前史杂志》（4，1990年）第157—222页。

16.斯迈查·利耶-亚顿《农业的摇篮》，刊载于《科学》（288，2002年）第1602—1603页；参见马克·奈斯比特《对谷物种植出现的现有实证研究结果的严谨介绍——驯化谷物何时何地首次出现在亚洲西南部？》，见T.J.卡普斯、西茨·波特玛（编者）：《近东农业的黎明》2002年版，第113—132页。

17.艾伦·H.西蒙斯《近东新石器时代的革命——改变人类图景》

2010年版，第63页。

18.巴尔–约瑟夫《气候波动》；多里安·Q.富勒等人《创新的驯化：谷类作物驯化中技术、工艺与机遇的结合》，引自《世界考古学》（42，2010年）第13—28页；特伦斯·A.布朗等人《趋势生态和进化》（24，2008年）第103—109页“肥沃新月地带驯化作物的复杂起源”。多利安·Q.富勒、林勤《亚洲稻米起源与扩散中的水管理与劳动》，刊载于《世界考古学》（41，2009年）第88—111页；关于中美洲的单行道参见凯特·V.弗兰纳里《考古系统理论和早期中美洲》，出自贝蒂·简·梅格斯编辑的图书《美洲人类考古学》1968年版，第67—87页。

19.卡洛斯·A.德里斯科等人《从野生动物到家养宠物——驯化进化的思考》，刊载于《美国科学院院报》第9971—9978页；埃坦·切尔诺夫、弗朗索瓦·F.瓦拉《两种新狗以及其他来自南部黎凡特的纳图夫狗》，刊载于《考古学杂志》（24，1997年）第65—95页；达西·F.莫雷《家犬早期演化》，刊载于《美国科学家》（82，1994年）第336—347页；詹妮弗·A.伦纳德等人《新大陆狗在旧大陆起源的古DNA证据》，刊载于《科学》（298，2002年）第1613—1616页。

20.梅林达·A.蔡德《地中海盆地的驯化和早期农业：起源、传播和影响》，刊载于《美国科学院院报》（2005，2008年），第11597—11604页。

21.雅克·考文《众神的诞生与农业的起源》2007年版；在詹姆斯·梅拉特最早提出的论证《近东的新石器时代》1975年版，第53、

63、88、92、106、110—111页、115、152、166、198、255页。

22. 克劳德·列维·斯特劳斯《图腾崇拜》1963年版，第89页；特雷弗·沃特金斯《建筑房屋、框架概念、构建世界》，刊载于《东方古国》（30，2004年）第5—23页；彼得·J.威尔逊《人类物种的驯化》1988年版，第23—58页。

23. 梅林达·A.蔡德的研究概述《宗教和革命——雅克·考文的遗产》，刊载于《东方古国》（37，2011年）第39—60页；凯瑟琳·C.特威斯、尼莉莎·罗素：《当机立断：意识形态、男子气概和牛角在阿塔尔胡伊克（土耳其）》，刊载于《东方古国》（35，2009年）第19—32页；科林·伦弗鲁对这本书的指导性评论刊载于《东方古国》（20，1994年）第172—174页；加里·O.罗夫森《美国东方研究学院公报》（326，2002年）第83—87页；布莱恩·海登《加拿大考古学杂志》（26，2002年）第80—82页，以及罗兰·J.穆尔-科尔耶《农业历史回顾》（49，2001年）第114页。

24. 马克·维尔霍夫《黎凡特东南阿纳托利亚新石器时代的仪式与思想》，刊载于《剑桥大学考古杂志》（12，2002年）第233—258页（这里是第251页）；泽德《宗教与革命》。

第九章　有人打算建一堵墙
城市的起源

1. 参见伊斯雷尔·芬克尔斯坦、尼尔·A.西尔伯曼：《耶利哥城没有长号，关于圣经的考古真理》，慕尼黑，2006年。

2.赫尔曼·帕尔青格《普罗米修斯的孩子们——圣经发明之前的人性史》2014年版，第119页；奥菲·巴尔-约瑟夫《耶利哥城墙的另类解释》，刊载于《现代人类学》（27，1986年）第157—162页（这里第158页）。

3.斯蒂芬·布罗伊尔《古老的城市》（25，1998年）第105—120页；米迦勒·E.史密斯《古代城市》出自雷·哈钦森编辑的《城市研究百科全书》，2009年版，第24—28页。

4.赫尔曼·帕尔青格《普罗米修斯的孩子们——圣经发明之前的人性史》第115页；汉斯·J.尼森《古代中东史》1999年版，第21页；路易斯·沃思《城市化作一种生活方式》，出自《美国社会学杂志》（44，1938年）第1—24页。

5.约翰逊《组织结构和标量压力》；约翰·E.耶伦《现今的考古学方法：重建过去的模型》1977年版，第69页：罗伯特·L.卡内罗《关于社会组织规模与人口之间的关系》，刊载于《西南人类学杂志》（23，1967年）第234—243页（这里是第239页）；马歇尔·D.萨林斯《石器时代经济学》1972年版，第196页；《穷人、富翁、大人物、酋长：美拉尼西亚和波利尼西亚的政治类型，社会和历史比较研究》（5，1963年）第285—303页。

6.亚瑟·奥沙利文《第一座城市》，出自李察·J.阿诺特、丹尼尔·P.麦克米伦编辑的《城市经济学指南》2006年版，第42页。

7.巴尔-约瑟夫《气候变化》第161页；赫尔曼·帕尔青格《普罗米修斯的孩子们——圣经发明之前的人性史》第124页。

8.赫尔曼·帕尔青格《普罗米修斯的孩子们——圣经发明之前的人性史》第136页。

9.尼森《古代中东史》第24页；《中东早期历史的基本特征》1983年版，第39页。马克·范·德·米罗普《古美索不达米亚城》1999年版，以及对罗伯特·麦考密克·亚当斯的深层次研究《城市中心地带》；《幼发拉底河中部洪泛区古代聚落与土地利用调查》1981年版。

10.尼森《早期历史》第64页；罗伯特·麦考密克·亚当斯《城市社会的演变》1966年版；强调困难优势的类似论点，参见乔伊斯·考里斯顿、弗兰克·胡勒《季节性压力的生态学和近东农业的起源》，刊载于《美国人类学家》（93，1991年）第46—69页。

11.马克·范·德·米罗普《公元前3000—323年古代近东的历史》伦敦，2015年版；诺曼·约菲《古代国家的神话——最早的城市、国家和文明的演变》2005年版，第43页；《超新星》第62页；亚当斯《城市中心地带》第90页。

12.阿诺德·瓦尔特《旧巴比伦司法机构》1917年版；托吉尔·雅各博森《古代美索不达米亚的原始民主》，刊载于《近东研究杂志》（2，1943年）第159—172页；范·德·米罗普《城市；布鲁尔》，出自《古代城市》第220页。

13.范·德·米罗普《城市》第53—61页及第7章；V.戈登·柴尔德《城市革命》，刊载于《城市规划评论》（21，1950年）第3—17页（这里是第5页）；奥菲尔《神话》第54页；《早期美索不达米亚的国家政治经济》，出自《人类学年鉴》（24，1995年）

第281—311页（这里是第284页）。

14.范·德·米罗普《城市》第24页。

15.尼森《早期历史》第27页；亨利·T.赖特、格雷戈里·A.约翰逊《伊朗西南部的人口、交流与早期国家形成》，刊载于《美国人类学家》（77，1975年）第267—289页（这里是第282页）；亚当斯《城市中心地带》第77页。

16.亚当斯《城市中心地带》，第80页，亚当斯谈到“兼职专家的扩散”。参见范·德·米罗普《城市》，第27—28页、第101及以下几页。两个宗教秩序（祖先、寺庙）的对抗在后期的索福克勒斯的“安提戈涅”反映为个人冲突，家庭作为“国家的生殖细胞”的说法已经在这场冲突中达到了极限。

17.参照哈里特·克劳福德《苏美尔人》2004版，第60页起；格文多林·勒科《美索不达米亚：城市的发明》2001年版，第1章和第2章；保罗·惠特利《四个季度的枢轴——中国古代城市的起源与特征初探》1971年版，第225页；范·德·米罗普《城市》，第10章。

18.尼森《早期历史》第104页。

19.《巴比伦颂歌》，载于埃里克·艾柏林：《来自阿舒尔宗教内容的楔形文本I》1915年版，第12页，转载于《东方文学报》（19，1916年）第132—133页；参见吉尔伽美什的史诗和关于乌鲁克单身女性问题的全面研究，朱莉娅·阿桑特《圣化的娼妇妓女还是单身女人？》，刊载于《乌加里特研究》（30，1998年）第5—97页。

20.吉列尔莫·阿尔加兹《古代美索不达米亚文明的黎明和城市景观的演变》2008年版，第168页起；斯蒂芬·布罗伊尔《有魅力的国家：国家统治的起源和早期形式》2014年版，第209页。

21.奥菲尔《神话》第4章：《当复杂性被简化》，第91—112页；迪娜·卡茨《吉尔伽美什和阿伽：乌鲁克是由两个权力集体统治》，刊载于《亚述学期刊》（81，1987年）第105—114页；斯蒂芬·布罗伊尔《有魅力的国家：国家统治的起源和早期形式》2014年版，第222页。

22.范·德·米罗普《城市》第48页和第6章；奥菲尔《神话》第47页。

第十章 国王的强权
国家的起源

1.大卫·马洛《夏威夷古物》1898年版，第85页。

2.关于所提及的国家概念参见格奥尔格·耶里内克《普通国家学》1976年版，第394页；尼克拉斯·卢曼《社会政治》，由安德烈·基耶斯林编辑，2002年出版，第190页起；雷因哈特·柯赛雷克《国家与主权》，刊载于安德烈·基耶斯林编辑《历史学基本术语》；《德国政治社会语言的历史辞典》1990年版第6卷，第2页。

3.奥菲尔《神话》第41页。

4.对印度河流域在公元前2500—前1900年存在国家政权观点的驳斥，

认为充其量是由酋长领导的有“层级”的定居点，出自格雷戈瑞·L.波塞尔《印度河文明》2002年版，第57页。

5.马修·斯普里格斯《先波利尼西亚社会的夏威夷变革：主要国家概念化》，刊载于约翰·格莱德希尔等人编辑的《国家与社会：社会等级与政治集中的产生与发展》1988年版，第57—72页；约翰·海因里希·冯·蒂南1826年出版的著作《与农业和国民经济有关的孤立状态》中暗示到，夏威夷是一个不仅有经济模型概念的“孤立的国家”（第71页）。在夏威夷研究的介绍中，我们遵循那些伟大的专家们对其研究结果的最新总结，他们说出了其最本质的部分。另参见帕特里克·文顿·基尔希《酋长如何成为国王——神性王权与古代夏威夷国家的兴起》2010年版。

6.马洛《夏威夷古迹》第80—84页。

7.马洛《夏威夷古迹》第78页。

8.罗伯特·L.卡内罗《酋长国：国家的前体》，出自格兰特·D.琼斯、罗伯特·考茨编辑的《新世界的国家转型》1981年版，第37—79页。如果古老的夏威夷还没有成为一个国家指的是，将其描述为一个已经处于向国家过渡的社会（第42页）。

9.杰弗里·朗兹《王朝继承与权力集中》，出自乔治·A.科利尔等人编辑的《印加和阿兹特克国家1400年—1800年》1982年版，第63—89页；凯伦·拉德纳《库巴巴和鱼：关于卡克米什统治者的评论》，出自罗伯特·罗林格编辑的《从苏美尔到荷马：曼弗雷德·施雷特纪念文集》2005年版，第543—556页；布鲁斯·G.特里格《理解早期文明之比较研究》2003年版。

10.欧文·戈德曼《古波利尼西亚社会》1070年版，第430页起；乔安妮·卡兰多《夏威夷皇家近亲通婚：君主制的祭祀起源研究》，刊载于《移植》（1，2002年）第1—14页。其他古老的国家，其上层乱伦未被禁止的是古埃及和秘鲁的印加帝国。弗里德里希·席勒的诗歌可以在1797年的《缪斯年鉴》中找到，题目是《社会地位的差异》1797年版，第7页。

11.罗伯特·L.卡内罗《国家起源论》，《科学》169（1970）第733—738页。如果地球本身不再提供逃避的可能，它允许多少竞争国家（岛屿），取决于控制和武器技术以及民主。

12.帕特里克·温顿·基尔希《酋长如何成为国王——神性王权与古代夏威夷国家的兴起》2010年版，第203页；罗伯特·J.霍蒙《古代夏威夷国家——政治社会的起源》2013版，第217—256页；格雷戈瑞·L.波塞尔《没有国家的社会文化复杂性：印度文明》，引自加里·M.费因曼、乔伊斯·马库斯编辑的《古代国家》1998年版，第261—292页（这里是第264页）。

13.玛莎·华伦·贝克森编辑的《凯佩里诺的夏威夷传统》1932年版，第122页起。加纳纳斯·奥贝赛克拉《库克船长的神化》1992年版。

14.奥菲尔《神话》第34—41页。

15.社会类型的等级顺序，参见埃尔曼·R.塞维斯《原始社会组织》1962版，第59页起。泰德·C.勒威伦《政治人类学导论》2003年版，第43页。

16.肯特·V.弗兰纳里《文明的文化演变》，出自《生态学与系统学年评》（3，1972年）第399—426页；卡内罗《酋长》；亨利·T.莱特《前国家状态的政治形式》，出自蒂莫西·厄尔（编）《复杂社会的演变：纪念哈里·霍蒂赫尔的杂文》1984年版，第41—78页；蒂莫西·厄尔《一个复杂酋邦的经济和社会组织：哈莱利亚区、考爱岛、夏威夷》，出自《人类学博物馆的人类学论文》1978年版；蒂莫西·厄尔《酋长的演变》，刊载于《当代人类学》（30，1989年）第84—88页，其中"管理"被称为酋长的任务。

17.关于神奇社会性建国的最全面的描述参见布鲁尔《有魅力的国家》。

18.米歇尔·莫尔帕斯《印加帝国的日常生活》2009年版，第60—61页。

19.关于这种力量的经典文章参见亚瑟·M.霍卡特《超自然力量》，引自《人文杂志》（14，1914年）第97—101页；亨利·休伯特、马塞尔·莫斯《魔法设计的一般理论》（1902/03），刊载于马塞尔·莫斯《社会学和人类学》1989年版，第43—179页；雷蒙德·弗思《法力的分析：一种经验方法》，引自《波利尼西亚学会期刊》（49，1940年）第483—510页；参见保罗·范·德·格里普《法力的表现形式——波利尼西亚的政治权力和神圣灵感》2014年版，第54页。马特·汤姆林森、P.卡维卡·藤根（编辑）《新法术力——波利尼西亚语言与文化中经典概念的转换》2016年版；布雷德·肖尔《法力和禁忌》，引自《波利尼西亚民族的发展》1989年版，第137—173页；马歇尔·萨林斯《历史之岛》1985年版，第30页；萨宾·麦考马克《共同延伸：安第斯山脉的宗教信仰——早期殖民地秘鲁的视觉和想象力》1991年版，第156页。

20.基尔希《酋长如何成为国王》第88页、第222页；瓦列里奥·瓦列里《夏威夷等级系统的运作》，出自《L'homme》（12，1969年）第29—66页（这里是第36页）；《王权与牺牲：古代夏威夷的仪式与社会》1985年版，第165页。马洛《夏威夷古物》；帕特里克·文顿·基尔希、马歇尔·萨林斯（编辑）《阿纳胡卢——夏威夷王国的历史人类学》1992年版，第41页；米歇尔·J.库伯、博伊德、狄克逊《战争的风景：古代夏威夷（和其他地方）冲突的规则和惯例》，出自《美国文物》（67，2002年）第514—534页。

21.论夏威夷的行政专业化，参见查尔斯·S.斯宾塞《关于国家形成的速度和模式：重新思考新革命主义》，出自《人类学考古学杂志》（9，1990年）第1—30页（这里是第7页和第13页）。

22.布鲁尔的异议引自《魅力国家》第65页；应该恢复瓦列里秩序的仪式的描述引自《王权与牺牲：古代夏威夷的仪式与社会》1985年版，第200页起；萨林斯王室继承权混乱的证据见《历史之岛》第43页。总的来说，查尔斯·斯宾塞反对酋长国和古代国家之间的连续性（《国家形成》）。鲁思·本尼迪克特用“voltage”翻译“mana”见其文章《宗教》，载于弗兰兹·博厄斯（编辑）《人类学概论》1938年版，第627—665页（这里是第630页）。

23.国家政权的标准参见亨利·T.赖特《最新国家的起源的研究》，

引自《人类学年鉴》（6，1977年）第379—397页。由蒂莫西·K.厄尔直观地得出酋长社会的多样性：《从考古和种族角度看酋邦》，引自《人类学年度回顾》（16，1987年）第279—308页。约翰·巴恩斯、诺曼·叶斐《古埃及和美索不达米亚的秩序、合法性以及财富》，载于费恩曼·马库斯《古代国家》第199—260页。关于查科峡谷文化的政治特点参考斯蒂芬·莱克森的相反的立场《全盛时期的查科：在古代西南政治权利的中心》1999年版；科林·伦弗鲁《宗教经济中的生产和消费：在查科峡谷中表现出高度虔诚的物质相关性》，引自《美国文物》（66，2001年）第14—25页。莫切文化的山谷国家相关理论参考杰弗里·奎尔特、米歇尔·L.昆斯《莫切的陨落：南美的第一次国家的批判性声明》，引自《拉美古迹》（23，2012年）第127—143页，它不再谈论国家，而是谈论关于政治经济学，但收获不大。除此之外还有布鲁尔《有魅力的国家》第80页。

24. 关于"脱离资本"的讨论，参考理查德·布兰顿等人的文章《墨西哥瓦哈卡山谷的区域演变》，引自《田野考古学杂志》（6，1979年）第370—390页（这里是第377页）；理查德·布兰顿《阿尔班山的起源》，载于查尔斯·E.克莱兰（编辑）《文化变迁与延续》1976年版，第223—232页；罗伯特·S.桑特利《解构资本再思考》，引自《美国古迹》（45，1980年）第132—145页。
25. 萨缪尔·马纳卡拉尼·卡马考《执政的夏威夷酋长》1992年版，第14页。基尔希《酋长如何成为国王》第92—103页。

第十一章　不可小视的簿记
文字的起源

1.尼克拉斯·卢曼《社会系统概述》1985年版，第128页。

2.鲁迪亚德·吉卜林：《字母表是如何创建的》，载于《就像故事一样》2001版，第121—137页（这里是第134页）。

3.恩梅尔卡和阿拉塔的主，V. 501—506，苏美尔文学的电子文本语料库，牛津，http：//etcsl.orinst.ox.ac.uk（最后访问时间为2017年3月30日）。

4.关于西蒙尼德斯参考阿道夫·基尔霍夫《关于希腊字母历史的研究》1867年版，第1页，关于Eta、Xi和Psi的简单论断无论如何都是不正确的。

5.伊格纳斯·杰·盖尔布《从楔形文字到字母：文字科学的基础》1958年版。

6.彼得·达梅罗《作为历史认识论问题的文字的起源》《对于科学史的MPI检验》，预印本（1999年），第2页。

7.杰克·古迪《字母的逻辑和社会组织》1990年版，第94页；《书面与口头语言之间的相互影响》1987年版，第300页；让·博泰罗《美索不达米亚：文字、论证和众神》1992年版，第67—86页。

8.丹尼斯·施曼特·贝塞拉特《代币作为文字的先驱》，引自埃琳娜·L.格里高连科（编辑）《文字——摩西律法书的新视角》2012年版，第3—10页（此处为第5页）；汉斯·尼森等人《5000年前的信息处理——古近东的早期文字和经济管理技术》2004年版，第47

页。参见《数字的起源》。

9.丹尼斯·施曼特·贝塞拉特《代币作为文字的先驱》第7页；汉斯·尼森、彼得·海涅《从美索不达米亚到伊拉克》2009年版。

10.尼森等人《信息的加工处理》第71页；杰罗尔德·S.库珀《楔形文字系统的起源》，出自斯蒂芬·休斯顿（编辑）的《最早的书写：文字发明的历史和过程》第71—99（这里是第83页）。

11.达梅罗《写作的起源》第12页。

12.约翰·德弗兰西斯《可见的演讲——书写系统的多样性》1989年版，第20—64页；弗兰克·卡默泽尔《定义非文本标记系统，书写和其他图形信息处理系统》，引自佩特拉·安德拉西等人的《从史前到现代的非文本标记系统、书写和伪文本（埃及语言学研究专著八）》2009版，第277—308页。

13.大卫·N.凯特利《艺术、祖先和中国文字的起源》，刊载于《表现》（56，1996年）第68—95页（这里是第73页）。

14.爱德华·L.肖内西《中国文字的起点》，出自克里斯托弗·伍兹等人（编辑）的《可见语言：古代中东及其后的文字发明》2015年版，第215—224页；威廉·G.博尔茨《中国文字的发明》，出自《动物的生命》42（2000/2001）第1—17页；凯特利《艺术》第89页；《中国文字的起源：手稿和文化背景》，载于韦恩·M.赛讷（编辑）的《文字的起源》1989年版，第171—202页（关于官僚机构的论述见第185页）。

15.安德烈斯·斯塔德《最早的埃及文字》，引自伍兹等人的著作《可见语言》第137—148页；约翰·贝恩斯《最早的埃及文字：

发展、背景、目的》，刊载于休斯顿《第一个字母》第150—189页；斯蒂芬·休斯顿等人的文章《以前的文字：埃及，美索不达米亚和中美洲的淘汰文字》，刊载于《社会与历史比较研究》（45，2003年）第430—479页；亨利·乔治·菲舍尔《埃及象形文字的起源》，出自森纳的《文字的起源》，第59—76页。

16.斯蒂芬·D.休斯顿《美索不达米亚的早期文字》，引自《最早的文字》第274—309页。

17.尤里·克诺罗佐夫《玛雅象形文字研究的问题》，刊载于《美国古迹》（23，1958年）第284—291页；J.埃里克·汤普森《玛雅象形文字概述》1971年版；乔伊斯·马库斯《中美洲写作的起源》，刊载于《人类学年度回顾1976年》，第35—67页；弗洛依德·G.赖斯伯里《中美洲的古代文字》，引自森纳的《文字的起源》，第203—237页。

18.约翰·查德威克《线性B的解密》1967年版，第12—35页。

19.伊尔斯·舍普《克里特岛文字与管理的起源》，刊载于《考古学杂志》（18，1999年）第265—276页；海伦·惠特克《史前爱琴海文字的功能和意义》，出自凯瑟琳·E.皮奎特，露丝·D.怀特豪斯（编辑）的《文字作为实践工具：本质、表面和介质》2013年版，第105—121页；约翰·班纳特《克诺索斯线性B管理的结构》，刊载于《美国考古学杂志》（89，1985年）第231—249页。

20.安德烈·亚斯威利《将字母表介绍到希腊》，刊载于《瑞士博物馆》（62，2005年）第162—171页；特奥多松《东方文学、希腊字母和荷马》，刊载于《Mnemosyne》（59，2006年）第161—

187页。

21.巴里·鲍威尔《荷马和希腊字母表》1991年版，第184页；《为什么会发明希腊字母？碑文的证据》，刊载于《古典古代》（8，1989年）第321—350页；伊恩·莫里斯《荷马的使用和滥用》，刊载于《古典古代》（5，1986年）第81—138页；沃尔特伯克特《希腊宗教与文学的东方化时期》1984年版；里斯·卡彭特《古希腊字母表》，刊载于《美国考古学杂志》（37，1933年）第8—29页（这里是第9页）。

第十二章　冲动控制障碍
成文法律的起源

1.参照雷蒙德·威斯布鲁克《楔形文字法典及其立法渊源》，刊载于《从底格里斯河到泰伯河的法律》第1卷，2009年出版，第73—95页。

2.杰克·M.萨森《巴比伦的汉谟拉比国王》，刊载于《近东文明2》第901—915页；加布里埃尔·埃尔森-诺夫阿克、米尔科·诺瓦《正义之王：关于<汉谟拉比法典>的图像学和目的论》，刊载于《巴格达通讯》（37，2006年）第131—155页（这里是第141页）。

3.《出埃及记》21:12，21:15。

4.理查德·图恩瓦尔德《人类社会的民族社会学基础》第5卷，1934年在柏林出版，第88页；引自尼克拉斯·卢曼《法律社会学》1987

年版，第151页。

5.弗里茨·R.克劳斯《古代美索不达米亚法的中心问题：<汉谟拉比法典>是什么？》，刊载于《日内瓦》（8，1960年）第283—296页，指出了这种情况。

6.博泰罗《美索不达米亚》第169—179页；威斯布鲁克《楔形文字法典》，第35页。汉斯·沙伊欣《巴比伦-亚述人疾病理论：医疗诊断和治疗的概念之间的相关性》，刊载于《东方世界》（41，2011年）第79—117页（此处是第110页）。

7.博泰罗《美索不达米亚》。

8.保罗·科切克《关于巴比伦国王汉谟拉比立法的比较法律研究》1917年版，第74页。

9.雅各伯·J.芬克尔斯坦《乌尔纳木法律》，刊载于《楔形文字研究杂志》（22，1968/69）第66—82页。

10.联邦内政部（出版发行）《2016年警察犯罪统计报告》2017年版，第8页。

11.参照尼克拉斯·卢曼和以下相关权威法律理论文本：《法律社会学》，第43页。

12.关于“冲动控制障碍”学说框架下的“盗窃癖”，参见查尔斯·克雷蒂安·亨利·马克《与司法行政有关的精神疾病》1843年版，第181页；当今的观点，参见汉斯-于尔根·莫勒等人的《精神病学心理治疗》2003年版，第1632页。

13.德鲁·富登伯格和戴维·K.莱文在他们对这一条款的博弈论分析中的质问见《迷信与理性学习》，刊载于《美国经济评论》

（13131，2006年）第251—262页。

14.示例见亨利·C.李《迷信与武力：关于法律赌注、决斗诉讼法、神判法和酷刑的论文》1878年版，第217页。

15.斯特凡·M.摩尔《“关注我的诉讼案件！”——巴比伦人和亚述人如何保护自己免受预言所示的不幸的影响》，刊载于《德国东方社会》（124，1992年）第131—142页。

16.雷蒙德·韦斯特布鲁克《古代近东法律中的奴隶和主人》，《芝加哥肯特法律评论》（70，1995）第1631页。

17.约翰·伦格《错误及其制裁：关于古巴比伦时期的刑法和民法》，刊载于《东方经济和社会史杂志》（20，1977年）第65—77页；格哈德·里斯《古东方的债务减免是经济和社会政策的官方衡量标准》，出自卡贾·哈特–乌比波尤、弗里茨·米特霍夫（编辑）的《宽恕和遗忘：古代的大赦》2013年版，第3—16页。

18.《出埃及记》21：22–25；《利未记》24:10–23；《申命记》19：15–21。

19.雅各布·奇尼茨《以眼还眼：一个旧时的谣言》，刊载于《犹太季刊》（23，1995年）第79—84页；雷蒙德·韦斯特布鲁克《圣经与楔形文字法研究》1988年版，第45—47页；《申命记》24:16。

20.雷蒙德·韦斯特布鲁克《古代近东法律的特征》，出自雷蒙德·韦斯特布鲁克（编辑）的《古代近东法律史》第1卷，2003版，第1—90页（此处为第7页）；约翰内斯·瑞格《汉谟拉比石柱“正义之王”：古巴比伦世界的法律和法律问题》，刊载于

《东方世界》1976年版，第228—235页。

21.对沃尔夫冈·普雷塞尔的恰当定义参见《关于古代近东法律的法律性质》，刊载于保罗·博克尔曼等人（编辑）的《卡尔·恩吉施纪念文集》1969年版，第17—36页（这里是第29页）；约翰内斯·瑞格《<汉谟拉比法典>：正式颁布的法律或一本法律书籍？》，刊载于汉斯-乔基姆·格尔克（编辑）的《跨文化比较中的法律编纂和社会规范》1994版，第27—59页。

22.瑞格《汉谟拉比石柱》第231—233页；理查德·哈泽《巴比伦的旅店老板：<汉谟拉比法典>第108款》，刊载于《东方世界》（37，2007年）第31—35页。

23.尼尔斯·彼得·勒姆《古代西亚的正义，或者为什么不需要法律》，刊载于《芝加哥肯特法律评论》（70，1995年）第1695—1716页。只有配偶谋杀这一特殊情况会考虑第153、207和210条中被认为是具有致命后果的身体伤害。

24.埃尔森·诺瓦克、诺瓦克《正义之王》。

25.玛莎·T.罗特《汉谟拉比的冤枉者》，刊载于《美国东方学会杂志》（122，2002年）第38—45页；马克·范·德·米罗普《汉谟拉比的自我呈现》，刊载于《东方史料》（80，2011年）第305—338页。

26.参照多米尼克·查尔平《古巴比伦美索不达米亚的文字、法律和王权》2010年版，第5章。

27.扬·阿斯曼《关于埃及法律和社会规范成文化》，刊载于汉斯-约阿希姆·格尔克（编辑）的《跨文化比较中的法律编纂和社会规范》1994年版，第61—85页。

28.汉斯–约阿希姆·格尔克（编辑）的《跨文化比较中的法律编纂和社会规范》1994年版，第63页；马丁·朗《关于古代东方法典序言中人与神的正义观念》，引自海因茨·巴塔等人（编辑）的《法律和宗教》；《古代世界中人类和神圣的正义观》2008年版，第49—72页。

29.特奥多尔·蒙森《罗马历史》第1卷，1856年版，第257页；玛丽·泰勒斯·弗根《罗马法律史：关于社会系统的起源和演变》2002年版。

30.埃伯哈德·鲁申布施《十二陶板和罗马派往雅典的使团》，刊载于《历史》（12，1963年）第250—253页；迈克尔·斯坦伯格《十二陶板及其起源：18世纪的争论》，刊载于《思想史杂志》（43，1982年）第379—396页。

31.巴托尔德·格奥尔·尼布尔《罗马历史》1853年版，第528页。

第十三章　从手到头，然后从头到手　数字的起源

1.约翰·斯图尔特·米尔《演绎和归纳逻辑系统——一种论证理论的基本原则阐述和科学研究方法》1872年版第1卷，第275—276页。“虽然数字肯定是某些事物的数字，但它们也可能是任何事物数字”，原文中提到了一种逻辑、理性和归纳的系统和证据原理的一个相关视角与调查方法。

2.爱德华·伯内特·泰勒《原始文化：关于神话、哲学、宗教、语言、艺术和习俗发展的研究》1874年版第1卷，第240页。

3.P.罗切尔·格尔曼、查尔斯·R.加利斯特《儿童对数字的理解》1978年版；丹妮丝·施曼特-贝塞拉特《文字之前》1992年版第1卷，第185页；特奥多尔·G.H.斯特里洛《阿兰达语音学与语法》1944年版，第103页；乔治·伊夫拉《普遍的数字历史》1991年版，第25页，其中说明"一"和"一对"的概念只允许一和一对或两对配对，但不能用于继续添加第三个数量；皮埃尔·皮卡等人的文章《亚马逊土著群体中的精确和近似算术》，刊载于《科学》（306，2004版）第499—503页。

4.彼得·戈登《没有言语的数字认知：来自亚马逊古陆的证据》，刊载于《科学》（306，2004年）第496—499页；迈克尔·C.弗兰克等人的文章《作为认知技术的数字：皮拉语言与认知的证据》，刊载于《认知》（108，2008年）第819—824页（这里是第820页）。

5.莫里齐·奥科·瓦兹《关于亚马逊印第安语言中量化和数字的一些注释》，刊载于米歇尔·P.格拉斯（编辑）的《美国原住民数学》1986年版，第71—91页；罗伯特·M.W.狄克逊《澳大利亚语言》1980年，第107—108页；罗谢尔·戈尔曼、布赖恩·巴特沃思《数量和语言：它们如何相关？》，刊载于《认知科学趋势》（9，2005年）第6—10页；皮卡等人的著作《算术》第503页。

6.尼森等人的著作《信息处理》第169页。

7.并且物体和符号之间的一对一相加的成就很明显且具有启发性，

也没有出现数字，参见奥利弗·凯勒《伊赛伍德寓言故事，不可抗拒的数学艺术小说》，出自www.academia.edu（最后一次访问于2016年4月3日）。

8.亚历山大·马沙克《文明的根源：人类最早的艺术、象征和符号的认知开端》1972年版；卡彭特引用了马克西·格尔图赫的文章《农历日历或部落纹身》，（www.asaaperimonpress.com/online_journal_full_list.html，最后一次访问于2016年4月3日）。对马沙克的考古反对意见见弗朗西斯科·德里科的文章《旧石器时代的农历日历：一个谨慎的思考案例？》，刊载于《当代人类学》（30，1989年）第117—118页，他随后在《当代人类学》中的讨论（30，1989年）第491—500页；兰布罗斯·马拉福里斯《掌握数字的概念：智慧的思想是如何超越近似的？》，引自伊恩·莫雷、科林·伦弗鲁（编辑）的《测量考古学》2010年，第35—42页。

9.丹尼丝·施曼特–贝塞拉特《文字之前》，第184—194页；丹尼丝·施曼特–贝塞拉特《文字是如何出现的》1996年版；尼森等人的著作《信息处理》第47页。

10.乔治斯·弗雷《通用的历史》第55页起。

11.丹妮丝·施曼德–贝塞拉特《古代近东的象征系统：它在计算、写作、经济和认知中的作用》，出自莫利·伦弗鲁《测量考古学》第27—34页和第186页。

12.彼得·达莫夫、罗伯特·K.英格伦、汉斯·尼森《数字的第一个表征和数字概念的发展》，出自《彼得·达莫夫：抽象与表征——关于思维文化演变的论文》1996年版，第275—297页（这里是第289页）。

13.《彼得·达莫夫：抽象与表征——关于思维文化演变的论文》1996年版，第276页。

14.克里斯托弗·H.哈尔皮克《原始思想的基础》1979年版，第99页；彼得·达莫夫《计算的物质文化》。数字概念的历史认识论的概念框架见《科学史的MPI》预印本（117，1999年）第39页。

15.埃莉诺·罗布森《古代伊拉克数学：社会历史》2008年版，第198页；查尔斯·赛弗《零：一个危险思想的传记》2000年版，第16页。

16.亚里士多德《物理》IV，8：215b；III，7：207b；IV，12：220a；卡尔·门宁格《数字和数字符号：数字文化史》1992年版。

17.比布提布沙恩·达塔《印度使用零的早期文字证据》，刊载于《美国数学月刊》（33，1926年）第449—454页；卡尔·B.博耶《零：符号、概念、数字》，刊载于《国家数学杂志》（18，1944年）第323—330页；查尔斯·赛弗《零：一个危险思想的传记》2000年版，第71页；婆罗门库塔和巴斯卡拉《算术和测量的代数》1817年版，第136和339页。

第十四章　女神在冥河岸边过渡到永生世界之前的最后一次纵欲狂欢

叙事的起源

1.文字和评论参见《吉尔伽美什史诗》，由斯特凡·M.摩尔重新翻译和注释，2012年出版。

2.米夏尔·巴金汀《小说中的时间形式》，引自《历史诗学研究》1989年版，第221页。

3.吉列尔莫·阿尔加兹对乌鲁克的殖民权力进行了富有争议的解释，见《乌鲁克世界体系——早期美索不达米亚文明的扩张动力》1993年版，第110—118页。

4.也是六天七夜，吉尔伽美什没能清醒，这就是说他没有被赋予打败睡眠等能力，也无法战胜死亡（XI，209—241）。

5.莱克《美索不达米亚》第2章。

6.茨维·阿布施《伊什塔尔的求婚和吉尔伽美什的拒绝》，引自《<吉尔伽美什>史诗的注释》第6篇，第1—79行，全部收录在《宗教史》（26，1986年）第143—187页，从求婚和葬礼仪式的一致性猜测，吉尔伽美什被承诺将在来世的统治权中占据一席之地。

7.米夏尔·巴金汀《小说中的时间形式》第227页。

8.雅可布·布克哈特《希腊文化史文集》第6卷III.2，1956年版，第31、33页。

9.博特罗《美索不达米亚》第203—212页；威尔弗雷德·G.兰伯特《古代美索不达米亚的神：迷信、哲学、神学》，刊载于《回顾宗教历史》（207，1990年）第115—130页；托基尔·雅各布森《古代美索不达米亚宗教：中心问题》，刊载于《美国哲学学会会刊》（107，1963年）第473—484页；《黑暗的宝藏——美索不达米亚宗教史》1976年版。

10.基思·迪克森对设陷阱捕猎场景的叙事逻辑："看着对方在《吉

尔伽美什史诗》’中是怎样的”，引自《美国东方学会杂志》（127，2007年）第171—182页；参看奥托·班森《艺术与情感》，刊载于《理念》（12，1923/24年版）第1—28页。

11.科沙克《比较法研究》第189页；格尔达·勒纳《古代美索不达米亚的卖淫起源》，刊载于《迹象》（11，1986年）第236—254页。

12.齐维·阿布奇《吉尔伽美什史诗的发展及意义：解读性散文》，刊载于《美国东方学会杂志》（121，2007年）第614—622页；莱克《美索不达米亚》；斯蒂芬妮·达利《美索不达米亚的神话：创造、洪水、吉尔伽美什和其他》2008年版，第305页和第158页。

13.约阿希姆·拉塔兹《论荷马语解释中的现代叙事研究》，刊载于《神学期刊》（61，2005年）第92—111页；《奥德赛，第8首颂歌，V》，第250页起，第486页起；米尔曼·帕里《荷马诗中的传统修饰语——对荷马风格问题的评论》1928年版。

14.艾琳·J.F.德容、勒内·纽林斯特《从鸟瞰到特写：荷马史诗中叙述者的立场》，出自安东·比尔等人（编辑）的《古代文学中的新解释》2004年版，第63—83页。

第十五章　香烟还是能应对一切的解决方案？货币的起源

1.《伊利亚特》第1章，第13—324节。

2.《奥德赛》第22章，第57节及以下；《伊利亚斯》第21章的第80

节；理查德·西福德《金钱与早期希腊思想——荷马、哲学、悲剧》2004年版，第34页起。

3.威廉·里奇威《金属货币和重量标准的起源》1892年版，第2页；亨利·S.金：《古代造币作为货币使用的证据》，出自安德鲁·梅多斯、柯斯蒂·希普顿（编辑）的《金钱及其在古希腊世界中的应用》2001年版，第7—13页；戴维·M.夏普《吕底亚、印度和中国的造币发明》，刊载于《第十四次国际经济史大会报告》2006年版，www.helsinki.fi/iehc2006/papers1/Schaps.pdf（最后访问时间：2017年3月22日）第2页起。

4.色诺芬尼《Fr. 4》；希罗多德《历史，第一本书》第94页；里奇韦《起源》第203页起；金《古老的造币》；罗宾·奥斯本《成长中的希腊——公元前1200年至公元前479年》1996年版，第239页，第252—255页是一份公元前480年左右的地中海硬币制造场所的清单；锡福德，引文同上，第90页。

5.威廉·斯坦利·杰文斯《金钱及其交换机制》1890年版，第5页；卡尔门格尔《论货币的起源》，刊载于《经济学报》（2，1892年）第239—255页。

6.理查德·A.拉德福德《战俘营的货币经济组织》，刊载于《经济学刊》（12，1945年）第189—201页。

7.柯林·M.克雷《囤积，小变化和铸币的起源》，刊载于《希腊研究杂志》（84，1964年），第76—91页；罗伯特·M.库克《关于铸币起源的思考》，刊载于《历史》（7，1958年）第257—262页。

8.大卫·格雷伯《债务：最早的5000年》2012年版，第2章；罗伯特·A.华莱士《金银合金铸币的起源》，刊载于《美国考古学杂志》（91，1987年）第385—397页。色诺芬尼《经济学或家庭艺术》1866年版。

9.托马斯·克鲁普《货币现象》1981年版，第53页起；安妮·查普曼《易货作为一种普遍的交换方式》，刊载于《欧洲女权主义史杂志》（20，1980年）第33—83页（此处引自第36页起）；卡罗琳·汉弗莱《易货与经济解体》，刊载于《人文杂志》（20，1985年）第48—72页。

10.阿尔弗雷德·米切尔-英尼斯《什么是金钱？》，刊载于《银行业期刊》1913年3月出版，第377—408页；格雷伯《债务》第二章。

11.其中最早的硬币来自今天伊斯坦布尔地区的以弗所考古博物馆，那里有5枚硬币被带到了柏林。总共发现了大约2100个这样的硬币。参看斯特凡·卡维泽《亚德米西林硬币囤积和以弗所的第一枚硬币》，刊载于《比利时钱币和印记学杂志》（137，1991年）第1—28页；希福德《金钱》第115页起；托马斯·伯格《探寻我们所发现的钱币中影响古人选择印在其上的各种表现形式的动机》，刊载于《钱币杂志》（1，1836/37）第97—131页（这里是第118页）。

12.索福克勒斯《安提戈涅》第1038节；阿基米德的故事可能是虚构的：美国数学家克里斯·罗瑞斯计算过，在皇冠重量和容器直径的正常假设中，如果金匠用银取代了30%的黄金，水位仅比纯金上升0.41毫米，出自www.math.nyu.edu/~crorres/Archimedes/Crown/CrownIntro.html（最后访问时间：2017年3月22日）。黄金–白银的价值，参看卡尔–弗里德里希·莱曼霍普特的文章《重量》，刊载于波利–威斯索瓦–克罗尔的《古希腊罗马时代的百科全书，增刊III》1918年版，第592—598页；维特鲁威1914年的著作，第9—13页；华莱士《合金铸币》第390—391页。

13.参见关于卡维泽的讨论《亚德米西林的硬币囤积》第8—9页、第22页。

14.奥斯本《希腊》第242页，摘要18.1.1，引自西塔2010年在剑桥的演讲《古典时代的货币》；希福德《货币》第120页。

15.托马斯·R.马丁《为什么希腊城邦最初需要硬币？》，刊载于《历史》（45，1996年）第257—283页。

16.在这一点上一定要感谢哈·乔里斯，他作为凯恩斯主义金钱理论家在20世纪80年代坚持并论证了金钱和信用的差异。

17.马丁《为什么？》；《演讲节选：货币》第1章；迪斯《金钱、法律和交换：希腊城邦的造币》，刊载于《希腊研究杂志》（117，1997年）第154—176页（这里是第158页）。

18.《伊利亚斯》第6章，第234—236节；伯纳德拉姆《神圣的金钱》1924年版，第52页。

19.摩西·I.芬利《古代经济》1980年版，第25页；菲利普·格里尔森《货币的起源》，刊载于《经济人类学研究》（1，1978年）第1—35页（此处是第10页）；《演讲节选：货币》。

20.劳姆《神圣的货币》第22页和第40页。

21.劳姆《神圣的货币》第3页起；参看格里尔逊的《货币的起源》。

22.《伊利亚斯》第9章，第623节起；劳姆《神圣的货币》第39页。

23.希福德《金钱》第102页起；希罗多德《历史，第二本书》第135页；库克《猜测》；《演讲节选：货币》第160页。

24.路易·杰尔耐《古希腊人类学》1968年版，第97页起；西塔的演讲《杰尔耐的重新评估：价值与希腊神话》，引自理查德·巴克斯顿（编辑）的《从神话到理性？》1999年版，第51—70页（这里是第53页起）；迪斯《货币》第166页；伯根《查询》第121页。

25.希罗多德《历史，第一本书》第93—94页；索福克勒斯《安提戈涅》第295—297节；荷尔德林在这里以“被盖章的东西”翻译希腊语的“通行的钱币”，这不仅意指硬币，也指一种习惯。

第十六章　无分好与坏　一夫一妻制的起源

1.列·托尔斯泰《克莱采奏鸣曲》2011版，第127页起。

2.乌尔里希·H.里奇哈德《过去和现在》，引自克里斯托弗·博施（编辑）的《一夫一妻制：鸟类、人类和其他动物的交配策略和伙伴关系》2003年版，第3—25页；彼得·M.班尼特、伊恩·P.F.欧文斯《鸟类进化生态学：生活史、交配与灭绝》2002年版，第7章概述了不同鸟类的交配方式。第8章通过模型分析可以想象的交配行为解释。

3.参阅安古斯·J.贝特曼《果蝇的性内选择》，刊载于《遗传性》（2，1948年）第349—368页，以及罗伯特·L.特里弗的父母对子女未来的具有重要意义的教育方案：《父母投资与性选择》，引自伯纳德·坎贝尔（编辑）的《性选择与1871—1971年人类的演化》1972年年版，第136—172页。对于贝特曼实验评估的批判，参照布瑞恩·斯奈德、帕特丽夏·阿德尔·加沃伊《再论贝特曼经典的无性选择研究》，刊载于《进化》（61，2007年）第2457—2468页，以及帕特丽夏·阿德尔·加沃伊等人的论文《贝特曼对黑腹果蝇经典研究中没有性选择的证据》，刊载于《美国科学院院报》（109，2012年）第11740—11745页。

4.一般杂交模式理论参考史蒂芬·M.舒斯特的论文《性选择和交配系统》，刊载于《美国科学院院报》（106 S1，2009年）第10009—10016页（这里是第10012页）。在“高等物种的交配模式”方面参见戈登·H.奥里恩斯的文章《关于鸟类和哺乳动物交配系统的演变》，刊载于《美国自然学家》（103，1969年）第589—603页。

5.史蒂芬·T.埃姆林、刘易斯·W.奥林《生态学、性选择与交配方式的演化》，刊载于《科学》（197，1977年）第215—223页；M.E.伯克海德《篱雀之类鸟的社会行为》，刊载于《鹮》（123，1981年）第75—84页；尼古拉斯·B.戴维斯、A.伦德伯格《篱雀之类鸟的食物分配和可变交配系统》，刊载于《动物生态学杂志》（53，1984年）第895—912页（这里是第897页）；杰姆斯·F.威滕伯格、罗纳德·L.蒂尔森《一夫一妻制的演变：假设与证据》，引自《生态学和系统学年度评论》（11，1980年）第197—232页；迪特尔·卢卡斯、蒂姆·H.克劳顿布罗克《哺乳动物社会一夫一妻制的演变》，刊载于《科学》（341，2013年）第526—530页；克里斯托弗·奥佩等人的文章《雄性杀婴导致灵长类的社会一夫一妻制》，刊载于《美国科学院院报》（110，2013年）第13328—13332页。

6.参照唐纳德·A.詹妮对交配模式中的特殊情况的说明文章《鸟类一妻多夫的进化》，刊载于《美国动物学家》（14，1974年）第129—144页，以及安妮·W.高尔迪森对灵长类动物中一夫多妻制的研究论文《一夫一妻制及其在狨猴中的变异:这些与照料婴儿的代价有关吗？》；莱卡德·伯施《一夫多妻制》第232—247页。菲利普·L.雷诺等人的文章《非洲南猿阿法种两性异形与现代人类相似》，刊载于《美国科学院院报》（100，2003年）第9404—9409页，建议谨慎对待推断身材大小时应当考虑所处的家庭模式，以及发展生物学的论点的补充。海伦·科克尼奥等人的文章《直立人早期脑发育及其对认知能力的影响》，刊载于《自然》（431，2004年）第299—302页，希拉德·卡普兰等人的文章《人类生活史演变的理论：饮食、智力和长寿》，刊载于《进化人类学》（9，2000年）第156—185页，以及伯纳德·查皮斯《配偶结合与父母合作的进化历史》，出自凯瑟琳·A.萨洛蒙、托德·K.沙克福德（编辑）的《牛津进化家庭心理学手册》2011年版，第33—50页。

7.肯·克雷耶维尔德等人的文章《额外配对的父亲身份不会导致黑天鹅的性别选择差异》，刊载于《分子生态学》（13，2004年）第1625—1633页；罗宾·I. M.邓巴《你欺骗的心》，刊载于《新科学家》（160，1998年）第29—32页；查皮斯《配偶结合》第36—37

页。道格拉斯·E.格莱斯顿《一夫一妻制殖民鸟类的滥交》，刊载于《美国自然主义者》（114，1979年）第545—557页，对于可以解决交配模式的能量平衡的所有问题，都有一个特别深思熟虑的表述。

8.乔治·彼得·穆道克《世界文化图集》1981年版；约翰·哈顿《论自然选择与财富继承》，刊载于《现代人类学》（17，1976年）第607—622页；约翰·诺德尔等人的论文《泰国性态度的进化观》，刊载于《性别研究杂志》（34，1997年）第292—303页。

9.波比·S.洛《婚姻制度与人类社会的病原体压力》，刊载于《美国动物学家》（30，1990年）第325—339页。

10.罗伯特·赖特《道德动物：进化心理学的新科学》1994年版，第97页；理查德·D.亚力山大《达尔文主义与人类事件》1979年版；金泽智、玛丽·C.斯蒂尔《为什么是一夫一妻制？》，刊载于《社会因素》（78，1999年）第25—50页。

11.克里斯·T.鲍赫、理查德·麦克莱斯《疾病动力学和昂贵的惩罚可以促进社会强制执行一夫一妻制》，刊载于《自然交流》（7，2016年）第1—9页；史蒂芬·K.桑德森《人类社会中的一夫一妻制与一夫多妻制的解释——金泽与斯蒂尔的评论》，刊载于《社会因素》（80，2001年）第329—336页。

12.凯文·麦克唐纳《社会强制性一夫一妻制的建立与维护》，刊载于《政治和生命科学》（14，1995年）第3—23页；瓦尔特·沙伊德尔《一个特殊的机构？全球背景下希腊罗马的一夫一妻制》，刊载于《家族史》（14，2009年）第280—291页（这里是第287—288页）。

13.参照约瑟夫·亨利克等人的文章《一夫一妻制的难题》，刊载于《皇家学会哲学汇刊》（B367，2012年）第657—669页，以及罗伯特·J.桑普森等人的论文《婚姻是否会减少犯罪？个体因果效应中的反事实方法》，刊载于《犯罪学》（44，2006年）第465—509页。伯恩哈德·拉思迈尔《爱的故事——西方文化中的性别关系的变化》2016版，第201页。

14.保罗·韦纳《婚姻》，引自菲利普·阿里斯等人的著作《私人生活的历史：从罗马帝国到拜占庭帝国》1989年版，第50页。

15.劳拉·贝兹格《罗马的一夫一妻制》，刊载于《伦理学和社会生物学》（13，1992年）第351—383页；大卫·科恩《奥古斯都时代的通奸法：社会文化语境》，引自戴维·克尔策、理查德·萨拉尔（编辑）的《从古到今的意大利家族》1991年版，第109—126页；简·F.加德纳《罗马法和社会中的女性》1986版，第129页起。

16.彼得·布朗《古典时代晚期》，引自菲利普·阿里斯、乔治·杜比（编辑）的《私人生活的历史》1989年版，第一卷，第229—289页（这里出自第285页起）。

17.尼克拉斯·卢曼《激情的爱——亲密关系的编码》1982年出版。

18.在最后两段中，我引用了自己之前的文章《就应该这样！为什么我们成双成对相爱》中的表述，这篇文章于2010年11月14日在《法兰克福周日汇报》（第77页）上发表。